职业教育课程改革创新教材

服装设计与工艺专业群系列教材

服装工业制版

主　编　陈　鑫　陈畅足

副主编　周鸣谦　谷林润　黄发柏

　　　　王丽辉　米热尼沙·依马木

参　编　袁　超　叶云生　谭志海

科学出版社

北　京

内 容 简 介

本书以工作过程为导向，将服装制版相关知识进行横向构建。书中大部分案例来自企业生产一线，按照项目课程的产品，从简单到复杂，从单一到综合。本书共分 3 个模块、7 个项目，具体内容涵盖服装工业样板、服装工业样板制作的准备、裙装工业制版、裤装工业制版、上装工业制版、服装号型系列设置与成衣规格、服装工业样板推档。实训将工作任务作为学习的中心，实现了学习内容与企业实际运用的新知识、新技术、新方法同步。

本书既可作为职业技术学校服装专业及各类服装教育培训机构的教材，也可作为广大服装爱好者的自学用书。

图书在版编目（CIP）数据

服装工业制版/陈鑫，陈畅足主编. —北京：科学出版社，2023.3
（职业教育课程改革创新教材·服装设计与工艺专业群系列教材）

ISBN 978-7-03-070891-5

Ⅰ．①服… Ⅱ．①陈… ②陈… Ⅲ．①服装量裁-职业教育-教材
Ⅳ．①TS941.631

中国版本图书馆 CIP 数据核字（2021）第 258223 号

责任编辑：张振华　刘建山 / 责任校对：马英菊
责任印制：吕春珉 / 封面设计：孙　普

科 学 出 版 社 出版
北京东黄城根北街 16 号
邮政编码：100717
http://www.sciencep.com
天津市新科印刷有限公司 印刷
科学出版社发行　　各地新华书店经销
*

2023 年 3 月第 一 版　　开本：889×1194　1/16
2023 年 3 月第一次印刷　　印张：14 3/4
字数：350 000

定价：**59.00 元**

（如有印装质量问题，我社负责调换〈新科〉）
销售部电话 010-62136230　编辑部电话 010-62135120-2005

作为服装大国，我国服装产业正处于从服装生产大国向自主品牌强国转变的转型升级阶段，如何在这个过程中让服装品质内涵不断提升成为转型升级的关键。工业化成衣生产是现代服装加工的主要方式，服装工业样板的系统制作，可以为服装设计和工业化生产建立桥梁，将设计师的构想与创意有效地转化为商品，进而表达其设计理念与品牌风格。

服装工业制版是职业院校服装类专业的主干课程，是服装专业实践性教学环节的重要组成部分。服装工业制版是成衣工业生产的重要一环和关键技术，在整个服装设计中起着承上启下的作用。服装工业样板以款式设计、号型规格设计、结构设计、材料设计及工艺设计为依据，形成一整套样板，用于服装排料、画样、裁剪等生产环节。在服装工业化生产标准化、规范化的今天，服装工业样板的质量直接关系到成衣制造的技术质量与造型艺术，同时还关系到企业的发展、服装成衣工业的发展。这对服装行业从业者的样板设计能力提出了更高的要求。

党的二十大报告指出："加快建设国家战略人才力量，努力培养造就更多大师、战略科学家、一流科技领军人才和创新团队、青年科技人才、卓越工程师、大国工匠、高技能人才。"为了更好地贯彻落实二十大报告精神，编者根据二十大报告和《职业院校教材管理办法》《高等学校课程思政建设指导纲要》《"十四五"职业教育规划教材建设实施方案》等相关文件精神，结合编者多年的教学和实践成果，编写了本书。在编写过程中，编者紧紧围绕"培养什么人、怎样培养人、为谁培养人"这一教育的根本问题，以落实立德树人为根本任务，以学生综合职业能力培养为中心，以培养卓越工程师、大国工匠、高技能人才为目标。

与同类图书相比，本书的体例更加合理和统一，概念阐述更加严谨和科学，内容重点更加突出，文字表达更加简明易懂，工程案例和思政元素更加丰富，配套资源更加完善。具体而言，本书具有以下几个方面的突出特点。

1. 校企"双元"联合开发，行业特色鲜明

本书是在行业专家、企业专家和课程开发专家的指导下，由校企"双元"联合编写的新形态融媒体教材。编者均来自教学或企业一线，具有多年的教学或实践经验。在编写本书的过程中，编者能紧扣专业培养目标，遵循教育教学规律和技术技能人才培养规律，将产业发展的新技术、新工艺、新规范、新设备、新材料融入教材，反映服装设计师岗位及典型工作任务的职业能力要求。

2. 体现以人为本，强调实践能力培养

本书切实从职业院校学生的实际出发，摈弃了以往服装工业制版教材中过多的理论描述，在知识讲解上"削枝强干"，力求理论联系实际，从实用、专业的角度剖析各个知识点，以浅显易懂的语言和丰富的图示来进行说明，注重学生应用能力和实践能力的培养。

3．与实际工作岗位对接，突出"工学结合"

本书采用"模块化教学"和"项目化教学"的编写理念，以真实生产项目、典型工作任务、案例等为载体，以服装样板师岗位知识、能力、素养要求为核心，严格按照服装样板师岗位要求，构建知识、能力与素养结构体系，并根据该体系确定教学模块和教学项目，满足模块化、项目化等多种教学方式的要求。

本书将服装工业样板设计过程中所需要的理论和实操技巧转化为服装样板实训项目及学习任务。在项目中引入任务情境，分解任务要求，剖析任务内容，实践任务过程，进行多元任务评价，力求在任务中拆解工业样板制作步骤，在制单识读、款式分析、结构设计、净样板拾取、面里料和衬料样板制作、面里料和衬料样板排料、成衣试穿效果展示等环节中逐步突破，培养学生基础工业样板的设计能力。同时，借助典型款式的放码案例解读，拆解工业样板推档的过程和技巧，逐步锻炼学生的实践能力。

4．对接职业标准，体现"岗课赛证"融通

在编写过程中，紧密围绕"知识、技能、素养"三位一体的教学目标，将服装工业样板设计的相关知识、技能、素养融入教学项目，注重对接1+X职业资格证书和国家职业技能标准及技能大赛要求，体现"书证"融通、"岗课赛证"融通。

5．融入思政元素，落实课程思政

为落实立德树人根本任务，充分发挥教材承载的思政教育功能，本书凝练项目中的思政要素，融入精益化生产管理理念，将规范意识、成本意识、质量意识、创新意识、职业素养、工匠精神的培养与教学内容相结合。在学习专业知识的同时，可潜移默化地提升学生的思想政治素养。

6．配套立体化资源，便于信息化教学实施

为了方便教师教学和学生自主学习，本书配套有免费的立体化的教学资源包，包括多媒体课件、实训素材及自测题。此外，本书中穿插有丰富的二维码资源链接，通过扫描可以观看相关的微课视频，便于随时随地移动学习。

本书分为三大模块：模块1为工业样板基础知识，包含服装工业样板和服装工业样板制作的准备2个项目；模块2为基准工业样板制作，包含裙装工业制版、裤装工业制版、上装工业制版3个项目；模块3为服装号型规格与样板推档，包含服装号型系列设置与成衣规格、服装工业样板推档2个项目。

本书由陈鑫（新疆轻工职业技术学院）、陈畅足（中山市沙溪理工学校）担任主编，周鸣谦（苏州大学）、谷林润（新疆轻工职业技术学院）、黄发柏（新疆轻工职业技术学院）、王丽辉（邵阳工业学校）、米热尼沙·依马木（新疆轻工职业技术学院）担任副主编，袁超（中山市沙溪理工学校）、叶云生（中山市沙溪理工学校）、谭志海（中山市沙溪理工学校）参与编写。具体编写分工如下：陈鑫编写项目1～项目2，陈畅足编写项目3，谷林润、袁超编写项目4，袁超、叶云生和谭志海编写项目5，米热尼沙·依马木、王丽辉编写项目6，黄发柏编写项目7，周鸣谦负责全书配图的设计与制作。

在编写过程中，深圳市格林兄弟科技有限公司提供了工程案例和素材，在此表示感谢。

由于编者水平有限，书中难免存在不足，敬请广大读者批评指正。

目　录

CONTENTS

模块 1 工业样板基础知识

项目1 服装工业样板···3

1.1 知识准备：服装工业样板概述···4

1.1.1 服装工业样板的分类···4

1.1.2 服装工业样板的特点与作用···8

1.1.3 系列化工业样板概述···9

1.1.4 服装纸样设计师概述··10

1.2 知识巩固：服装工业样板认知练习···13

项目2 服装工业样板制作的准备··15

2.1 知识准备：服装工业样板制作的材料、工具、步骤和要求·························16

2.1.1 服装工业样板制作的材料与工具···16

2.1.2 服装工业样板制作的步骤···22

2.1.3 服装工业样板制作的要求···26

2.1.4 制定工艺单、封样与装船样···31

2.2 知识巩固：服装工业样板识别练习···33

模块 2 基准工业样板制作

项目3 裙装工业制版··39

3.1 任务：西服裙工业样板制作···40

3.1.1 任务描述··40

3.1.2 任务准备：识读制版通知单并解析款式图···40

3.1.3 实践操作：完成西服裙工业样板的制作···42

3.1.4 任务评价：西服裙样板制作任务评价··47

3.2 任务：A字裙工业样板制作···48

3.2.1 任务描述··48

3.2.2 任务准备：识读制版通知单并解析款式图···48

3.2.3 实践操作：完成A字裙工业样板··49

3.2.4 任务评价：A字裙样板制作任务评价··55

3.3 任务：斜裙工业样板制作···56

3.3.1 任务描述··56

3.3.2 任务准备：识读制版通知单并解析款式图···56

3.3.3 实践操作：完成斜裙工业样板···57

3.3.4 任务评价：斜裙样板制作任务评价··63

3.4 任务：育克裙工业样板制作 ·· 64
　　3.4.1 任务描述 ··· 64
　　3.4.2 任务准备：识读制版通知单并解析款式图 ································ 64
　　3.4.3 实践操作：完成育克裙工业样板 ·· 65
　　3.4.4 任务评价：育克裙样板制作任务评价 ·· 71
拓展训练：牛仔裙工业样板实训练习 ·· 71

项目 4　裤装工业制版 ·· 75
4.1 任务：女西裤工业样板制作 ·· 76
　　4.1.1 任务描述 ··· 76
　　4.1.2 任务准备：识读制版通知单并解析款式图 ································ 76
　　4.1.3 实践操作：完成女西裤工业样板 ·· 78
　　4.1.4 任务评价：女西裤样板制作任务评价 ·· 84
4.2 任务：男西裤工业样板制作 ·· 85
　　4.2.1 任务描述 ··· 85
　　4.2.2 任务准备：识读制版通知单并解析款式图 ································ 85
　　4.2.3 实践操作：完成男西裤工业样板 ·· 86
　　4.2.4 任务评价：男西裤样板制作任务评价 ·· 94
4.3 任务：牛仔裤工业样板制作 ·· 95
　　4.3.1 任务描述 ··· 95
　　4.3.2 任务准备：识读制版通知单并解析款式图 ································ 95
　　4.3.3 实践操作：完成牛仔裤工业样板 ·· 96
　　4.3.4 任务评价：牛仔裤样板制作任务评价 ·· 103
4.4 任务：短裤工业样板制作 ·· 104
　　4.4.1 任务描述 ··· 104
　　4.4.2 任务准备：识读制版通知单并解析款式图 ································ 104
　　4.4.3 实践操作：完成女短裤工业样板 ·· 105
　　4.4.4 任务评价：女短裤样板制作任务评价 ·· 111
拓展训练：高腰翻边裤工业样板实训练习 ·· 111

项目 5　上装工业制版 ·· 115
5.1 任务：女衬衫工业样板制作 ·· 116
　　5.1.1 任务描述 ··· 116
　　5.1.2 任务准备：识读制版通知单并解析款式图 ································ 116
　　5.1.3 实践操作：完成女衬衫工业样板 ·· 118
　　5.1.4 任务评价：女衬衫样板制作任务评价 ·· 127
5.2 任务：男衬衫工业样板制作 ·· 127
　　5.2.1 任务描述 ··· 127
　　5.2.2 任务准备：识读制版通知单并解析款式图 ································ 128
　　5.2.3 实践操作：完成男衬衫工业样板 ·· 129
　　5.2.4 任务评价：男衬衫样板制作任务评价 ·· 138
拓展训练 5.1：泡泡袖女衬衫工业样板制作 ·· 138

5.3　任务：女西装工业样板制作 ·· 141

  5.3.1　任务描述 ··· 141

  5.3.2　任务准备：识读制版通知单并解析款式图 ································ 141

  5.3.3　实践操作：完成女西装工业样板 ·· 143

  5.3.4　任务评价：女西装样板制作任务评价 ······································· 154

5.4　任务：男西装工业样板制作 ·· 155

  5.4.1　任务描述 ··· 155

  5.4.2　任务准备：识读制版通知单并解析款式图 ································ 155

  5.4.3　实践操作：完成男西装工业样板 ·· 157

  5.4.4　任务评价：男西装样板制作任务评价 ······································· 169

拓展训练 5.2：夹克工业样板实训练习 ··· 170

拓展训练 5.3：大衣工业样板实训练习 ··· 171

项目 6　服装号型系列设置与成衣规格 ·· 177

6.1　知识准备：服装号型系列设置 ·· 178

  6.1.1　人体体型 ··· 178

  6.1.2　号型系列 ··· 179

  6.1.3　服装号型系列 ·· 181

  6.1.4　服装系列号型成衣规格制定 ·· 186

6.2　知识巩固：服装号型系列知识巩固练习 ·· 189

项目 7　服装工业样板推档 ··· 191

7.1　知识准备：推档的理论与方法 ·· 192

  7.1.1　推档的基本原理 ·· 192

  7.1.2　推档的方法 ··· 196

  7.1.3　系列化工业样板推档知识 ··· 196

7.2　实践操作：服装款式工业样板推档 ··· 199

  7.2.1　裙装工业样板推档 ·· 199

  7.2.2　裤装工业样板推档 ·· 205

  7.2.3　上装工业样板推档 ·· 214

拓展训练：变化款式拓展工业样板推档 ·· 221

参考文献 ··· 225

模块 3　服装号型规格与样板推档

模块 **1**
工业样板基础知识

【学习目标】

通过本模块的学习，基于服装企业纸样设计师工作岗位情境，了解工业样板基础知识及其在服装成衣工业化生产中的重要作用，进一步掌握工业样板制作的材料、步骤和要求。

【模块导读】

随着社会和经济的发展，人们对物质文明和精神文明的追求不断提高，对于"衣着打扮"的需求变化周期越来越短，这促使纺织服装行业不断设计改进加工设备，以在保质保量的前提下提高生产效率。成衣制造的生产过程包括裁剪、缝制、熨烫等，生产环节中要有代表不同部位的"参照模板"。这就要求企业纸样设计人员把所有的结构、工艺尽量地在模板上进行处理和标注，使不同人员进行缝制操作时都有相同的参照物，从而减少操作中产生的误差。

可见，服装工业样板是由企业纸样设计人员将设计师的灵感结合人的人体工程学、功能学和美学转化成工业生产平面样板的方法。它可以快速、准确地辅助工艺操作人员制成成衣，以适应批量化、标准化、规范化的现代工业生产。

服装工业样板

知识目标

1）厘清服装工业样板的分类，尤其是系列化工业样板的内容。

2）了解服装工业样板的作用。

3）熟悉服装纸样设计师的工作环境。

能力目标

1）掌握服装工业样板的分类及特点。

2）具备基础的纸样分类整理能力。

素养目标

1）坚定技能报国、民族复兴的信念，立志成为祖国需要的行业拔尖人才。

2）树立质量意识、标准化意识，自觉践行行业道德规范。

1.1 知识准备：服装工业样板概述

1.1.1 服装工业样板的分类

服装工业样板是服装批量生产的重要环节，通过服装工业样板的设计形成一整套样板，用于服装排料、画样、裁剪等生产环节。服装工业样板以款式设计、号型规格设计、结构设计、材料设计及工艺设计为依据，利用服装工业样板设计的标准样板、系列样板完成其制作。

企业纸样设计师根据款式设计图和面料特性进行分析，绘制服装工业样板。依据不同的用途和场景，服装工业样板大致分为裁剪样板和工艺样板（图1-1-1）。

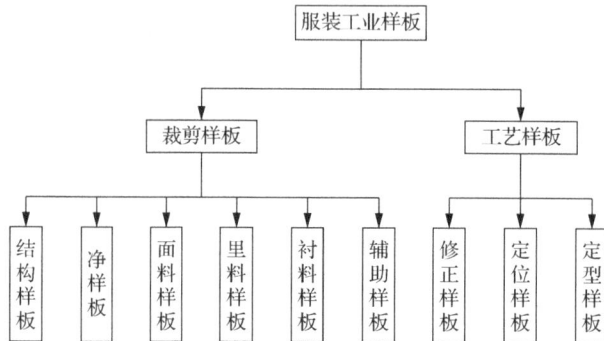

服装工业样板的
概念与分类

图1-1-1　服装工业样板的分类

（1）裁剪样板

裁剪样板又称大样板，通常是成衣批量生产过程中在裁床上排料、画样、裁剪时所用的样板，一般在裁剪车间中应用。它是保证成衣大规格、造型及工艺制作的主要依据与标准。为防止裁剪样板混乱，纸样设计师在绘制完基础结构制图后，应针对不同的生产流程，制作出不同用途的裁剪样板。依据具体用途，裁剪样板又可大致分为结构样板、净样板、面料样板、里料样板、衬料样板、辅助样板等。

下面以160/84A号型的女式马甲为标准制图，分别介绍相关的工业样板。

1）结构样板（图1-1-2）是绘制工业样板的第一个纸样，是依托人体结构特征，将服装立体结构分解成平面裁片的数字样板。纸张一般选用80g的牛皮纸、普通白纸、工程绘图纸等。

2）净样板（图1-1-3）是直接复制结构制图后没有经过放缝的纸样，是绘制面料样板的基础纸样。纸张一般选用30～250g的牛皮纸、牛皮箱板纸等。

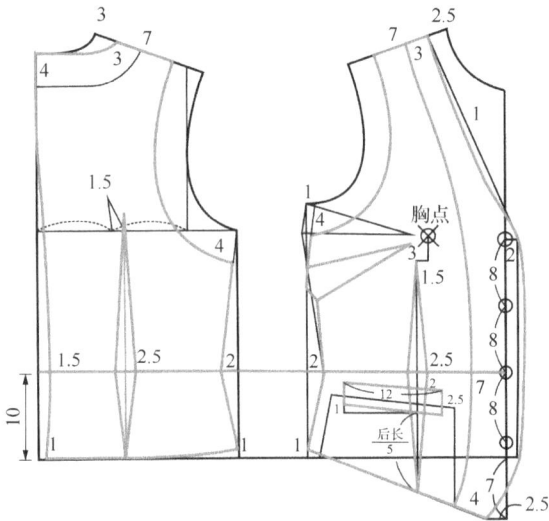

图1-1-2　女式马甲结构样板（单位：cm）

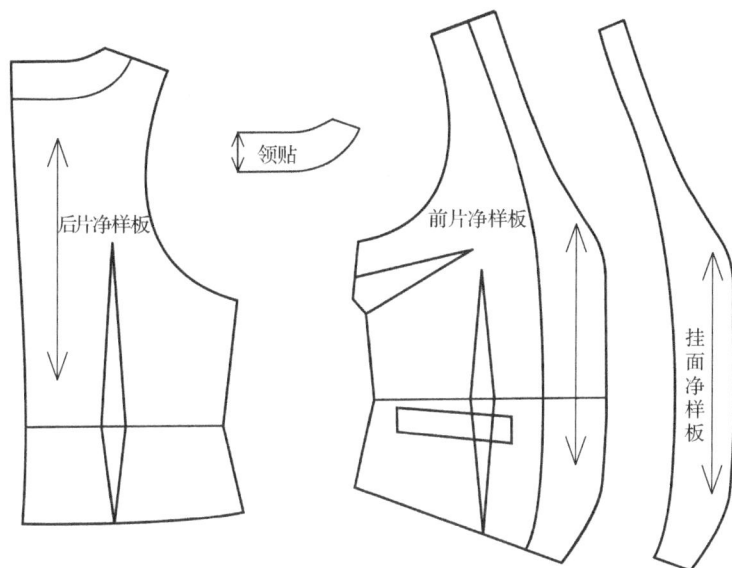

图 1-1-3　女式马甲净样板

3）面料样板（图 1-1-4）是用于裁剪服装外部面料的纸样，通过在净样板上按照服装各部位的工艺要求放出所需的缝份，并标注规定的文字。纸张一般选用 250g 左右的牛皮箱板纸、白板纸等。

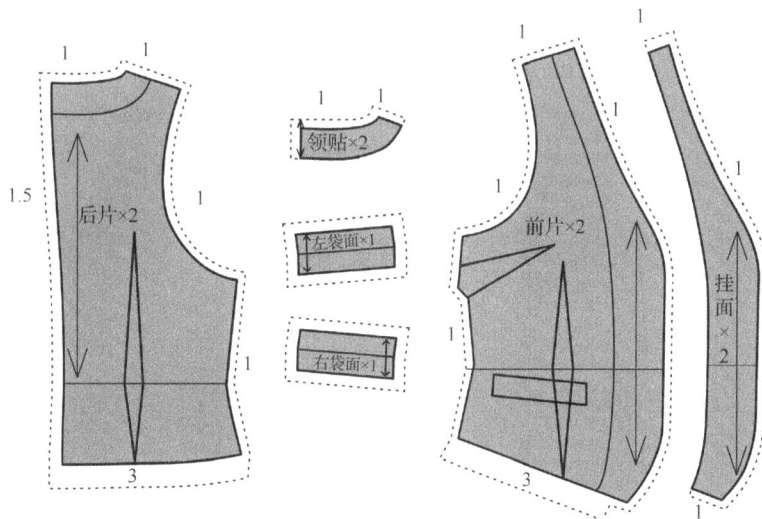

图 1-1-4　女式马甲面料样板（单位：cm）

4）里料样板（图 1-1-5）是用于裁剪服装内部里料的纸样，通过在面料样板或净样板上按服装各部位的工艺要求放出所需的松量。里料样板应尽量减少分割，其缝份比面料样板的缝份增加 0.5～1.5cm，在贴边处或折边的部位（如下摆、袖口），其长度比衣身纸样少一个折边宽。里料样板需标注清晰，以便使用时进行区分。纸张一般选用 250g 左右的牛皮纸、白板纸等。

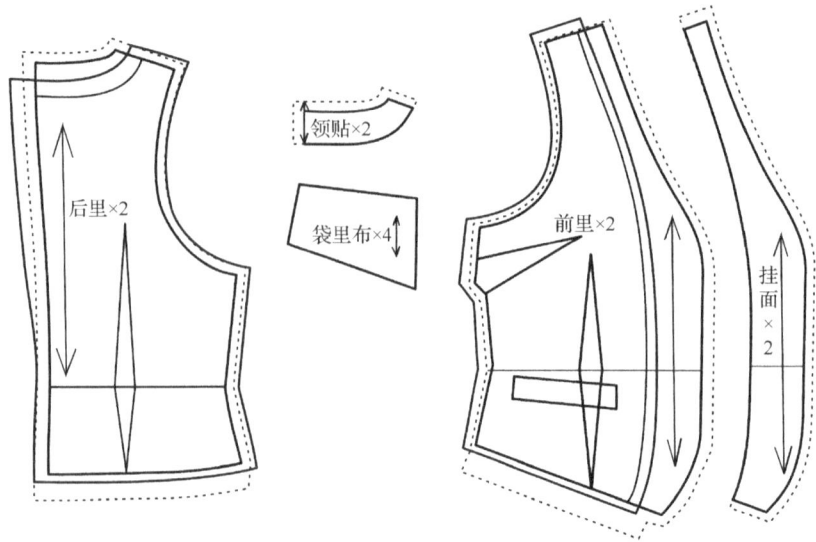

图 1-1-5　女式马甲里料样板

5）衬料样板（图 1-1-6）是用在服装面、里内部衬裁剪的纸样。它是在面料样板、里料样板的相关部位（如大前片、挂面、领、袖口、底边、开袋处、开衩处、袋盖）按照服装工艺要求制作的尺寸小于面料、里料风头的定型纸样。衬料有有纺和无纺、可缝和可粘之分。纸张选用一般同面料样板或里料样板。

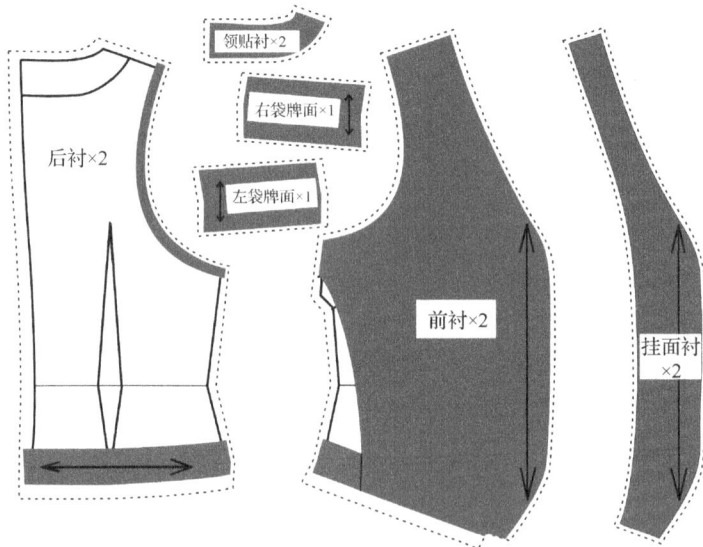

图 1-1-6　女式马甲衬料样板

6）辅助样板具有辅助裁剪作用，多数使用毛板，如夹克中常用的橡皮筋。由于橡皮筋的宽度一般是固定的，需要计算松紧长度，因此只需根据计算的松紧长度，绘制一份纸样作为橡皮筋的长度即可。

面料样板、里料样板、衬料样板通常应分别制版，当然也有相互通用的情况，如面料样板与里料样板通用、面料样板与衬料样板通用等，但必须用不同的颜色和文字加以说明、区分。

（2）工艺样板

工艺样板又称小样板、实样板等，是扣烫、劈剪、勾缝、缉明线及定位时所用的样板，一般在缝制车间及后道工序中的锁钉车间应用，纸张可用硬纸板、砂皮纸或者粘上无纺衬的硬皮纸，甚至铁皮等。工艺样板的主要作用是控制成衣各种有规定的小规格，保证服装造型和规格的一致性及标准化，同时提高服装生产的效率，如腰裤门襟缉线的部位、各纽扣位置、口袋位置等的确定。

1）修正样板是修正各类裁片时所用的样板。一般在缝制车间应用，其主要作用是保证成衣的大规格、造型、对条对格及对花要求等。裁片经粘合衬粘合后，有些面料会发生收缩与变形，为了保证成衣的大规格，要用修片样板进行修正。例如，丝绸西装的前片经粘合衬粘合后须用修片样板进行修正。又如，成衣砂洗丝绸衬衫制作时，由于过肩与前后片的丝缕方向和缩率往往不一致，因此过肩常采用先裁毛片、预缩，然后用修正样板修片的方法制作。其他的如有对条对格、对花要求的裁片往往也要用修正样板逐片修正，从而使服装的对条对格、对花等准确无误。

2）定位样板（图 1-1-7）主要用于缝制中或成型后，确定某部位或某部件的定位，如袋位定位、前面省位缝头定位、扣眼定位、门襟眼位、绣花装饰等。大部分定位样板为净样板。

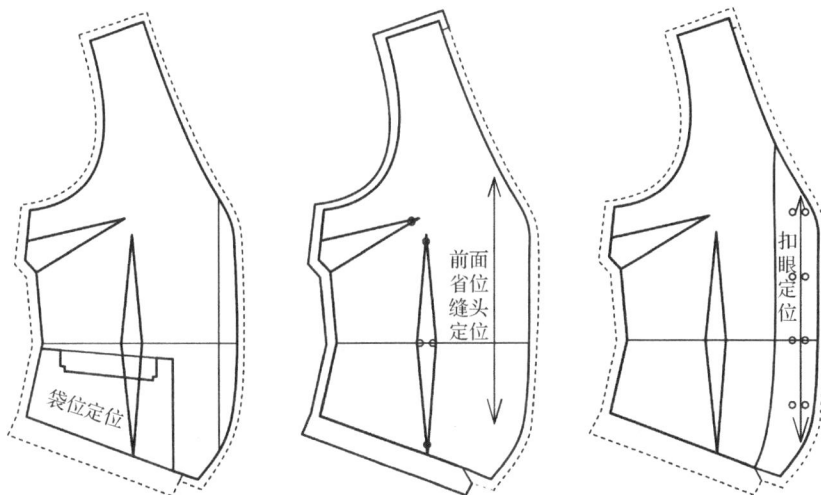

图 1-1-7　女式马甲定位样板

3）定型样板是指用于缝制加工过程中对小部位外形（如领子、口袋、袖头）有严格控制要求的一种工艺模板，大部分为净样板，通常选择较硬且耐磨的纸张。定型样板按照不同需要还可分为画线模板、缉线模板和扣边模板。

① 画线模板：按照模板勾画，可作为缉线的线路，保证部件的形状。例如，衣领在缉压外围线时，先用画线模板勾画净样线，这样就能使衣领的造型与样板基本保持一致。

② 缉线模板。按缉线样板缉线，可使画线与缉线重合，既省略了画线，又使缉线的样板符合率大大提高，如西装下摆圆角部位、袋盖部件等。一般缉线模板多采用砂纸等材料制作。

③ 扣边模板：用于某些止口只缉压明线、不缝暗线的部件，熨烫周边缝份，使裁片能够与净样板保持一致。扣边模板多用不易变形的薄铜或者铁板制成，主要为净样板。贴袋模板就属于扣边模板。

有时工艺样板也可以通过直接制作净样板，对必要的位置进行剪口和钻孔处理，以满足后期工艺制作的对位要求。

1.1.2 服装工业样板的特点与作用

1. 服装工业样板的特点

作为能适应规模化生产的服装工业样板，具备以下几个特点。

（1）精确度高

服装工业样板是以结构制图为基础的用于批量生产的样板，其制作是一项技术性很强、要求很高的工作。因此，样板的制作过程必须科学严谨，对投入生产的样板，要进行试制、试穿、修正等环节，只有做到准确无误后才能投入生产，绝不可粗心大意。因为任何小的失误都可能造成严重的后果，使企业蒙受巨大的经济损失。

（2）实用性强

服装工业样板作为服装工业生产的模板，是批量生产服装时，裁剪衣片和缝制加工的技术依据，也是检验产品规格质量的标准。它既可作为图样，也可作为板型，有利于排料画线、检验矫正等，对于提高生产效率具有重要的作用。

（3）规范性高

服装企业的生产一般为商品生产，要使产品型号最大限度地满足不同体型的人的穿着要求，就需要按不同的规格制作系列化的样板，每种规格样板都应具有规范的尺寸要求。企业可以利用服装工业样板（图1-1-8）进行不同规格的合理套排，充分提高面料的利用率，降低生产成本，提高经济效益。

图 1-1-8　服装工业样板

2. 服装工业样板的作用

服装工业样板是服装生产中的模板或模具，在服装生产中有以下几个方面的作用。

（1）减少误差，保质保量

服装工业样板是建立在科学计算和严谨制图的基础上，并经过试制、试穿，反复修正后确定的标准纸样。它贯穿于服装生产的每个环节，是整个生产过程的技术标准，对产品的质量起着规范作用，是保证产品质量的第一要素。在服装生产的每个环节，合理、正确地使用服装工业样板，可以最大限度地减小误差，为裁制出造型准确、结构严谨、质量合格的服装提供保证。服装工业样板的使用方式如图1-1-9所示。

图 1-1-9 服装工业样板的使用方式

（2）规范操作，提高效率

与传统的作坊式服装生产相比，现代工业化的服装生产效率有了极大提高，除了得益于新材料、新工艺，服装工业样板在提高生产效率中也发挥了巨大的作用。可以说，服装工业样板已经成为衡量一个企业技术水平的重要指标。服装工业样板在裁剪过程中能够准确、快速地画线，降低甚至消除成品的返工率；在缝制、熨烫环节，能够准确地定型、定位；在产品检验过程中，工业样板也能为检验产品的形状、规格等提供方便。总之，服装工业样板为服装生产的每个环节准确、快速地进行提供了条件，从而极大地提高了企业的生产效率和经济效益。

（3）提高效率，降低成本

利用服装样板排料、画线准确性高、速度快、调整方便的优势，在排料过程中，通过对不同形状、不同规格样板的穿插和反复调整，能够直观地寻找出最佳的排料方法，达到最大限度地节约用料，降低成本，提高经济效益的目的。

（4）巧用方法，灵活设计

随着社会经济和文化的不断发展，人们对服装的要求越来越趋向于个性化、多样化，使服装生产向小批量、多品种趋势发展，这导致服装工业样板的生命周期缩短，更新速度加快。借助相似款式，巧用服装工业样板，能够对服装的款式进行灵活的设计，同时可利用样板的分割、放缩、剪切移位等手段来设计新款式，简单直观，方便快捷。因此，利用已有样板进行新款式的设计制版能够减少部分环节，提高制版效率，适应小批量、多品种的生产发展趋势。

1.1.3 系列化工业样板概述

成衣是一种商品，要使同样款式的服装能满足不同身材和体型穿着者的需求，让每个人都能买到合乎自己体型要求的服装，就需要进行系列化成衣规格设计，形成多种服装号型规格。

服装号型规格是服装生产环节的重要内容之一。在服装工业生产中，外贸出口服装标准一般由客户提供或参照出口服装规格标准。我国在对不同地区、阶层、年龄等的调查研究的基础上，制定了新的国家服装号型标准，使成衣成为标准化、系列化产品。由于同一款服装的工业样板是不同规格的一套系列化样板，因此为了能够批量进行工业化生产，需要将统一款式的样板进行不同号型规格的处理，而这一过程也是服装工业样板系列化设计的过程，又称规格系列推板或放码。系列化工业样板设计是一项技术性较强的工作，一般以中间标准体为基准，兼顾各号型系列的关系，经过科学计算、放缩等操作，绘制出不同号型系列的裁剪样板，以满足不同体型的人群对同款服装的穿着需要。

1.1.4 服装纸样设计师概述

1. 服装纸样设计师的工作环境

服装纸样设计师是根据服装设计师设计的款式和尺寸要求，通过专业的计算，把组成服装的裁片计划在纸上的专业人才。通常服装纸样设计师在企业的板房工作，与服装设计师、车板师紧密配合。服装纸样设计师的工作场所具体包含如下办公设备。

1）纸样设计工作台（图1-1-10）：用于手工纸样设计，包括分析来样及制单，测量数据，结构制图、净样板、面料样板、里料样板等样板的手工绘制。

图 1-1-10　纸样设计工作台

2）计算机（图1-1-11）：用于款式处理和计算机辅助设计（computer aided design，CAD）纸样设计，包括运用设计软件进行服装款式图处理，运用办公软件设计制单，运用CAD制版软件进行计算机辅助制版等。另外，服装纸样设计师也常常运用计算机网络搜索信息，进行市场调研，并随时与客户保持联系。

图 1-1-11　计算机

3）数字化仪（图1-1-12）：用于手工纸样的扫描、读图。计算机的配图软件可以直接生产计算机服装样板，并随时进行改动，便于对服装样板进行电子修改、存档、调档、放码等操作，大大提高了生产效率。

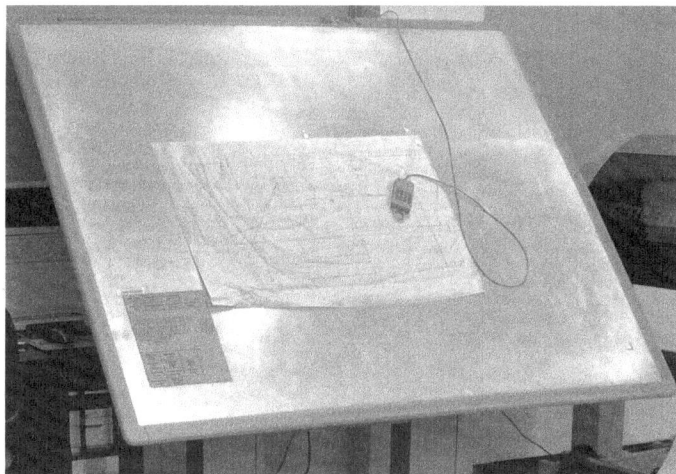

图 1-1-12　数字化仪

4）绘图仪（图 1-1-13）：用于打印 CAD 绘制的纸样或工厂唛架图。

图 1-1-13　绘图仪

5）服装纸样切割机（图 1-1-14）：用于切割服装工业样板。

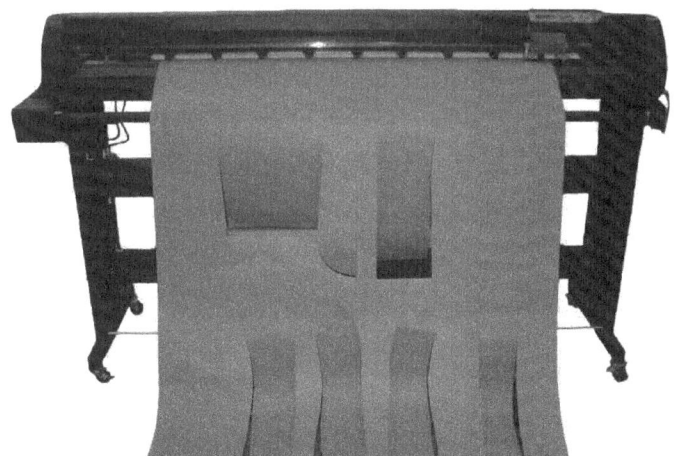

图 1-1-14　服装纸样切割机

6）数控裁床（图 1-1-15）：用于裁剪服装裁片。

图 1-1-15　数控裁床

2. 服装纸样设计师的岗位职责

服装纸样设计师的岗位职责主要有以下几点。

1）按照服装设计师的设计要求制作纸样，经审批后制成标准化的服装工业样板。

2）负责确定每个新开发款式的正确尺寸及成品效果。

3）负责根据不同质地、不同肌理的面料，对纸样做出不同的细节处理。

4）负责沟通和解决在裁板、车板过程中发现的异常问题。

5）负责填写各新板的表格、制单等，并存档留底。

6）在工作过程中，负责与设计师配合并沟通所出现的问题。

3. 服装生产原则与服装纸样设计师的职业素养

（1）服装生产原则

产品的品质（quality）、生产数量（quantity）和生产成本（cost）是服装企业生产的三大原则，也称服装工业制版与生产的 QQC 原则。服装企业在服装工业化生产过程中必须充分遵循这三大原则，在根据服装生产要求进行纸样设计时，在不影响成衣目标品质水平和款式造型的前提下，可通过合理使用服装工业样板实现降低生产成本的目标。

服装企业的生产与竞争离不开 QQC 原则，它是对服装纸样设计师的综合考验。首先，服装纸样设计师应熟悉服装工业样板与 QQC 原则之间的紧密关系，要具备根据款式的具体情况进行具体分析的能力；其次，服装纸样设计师应在制版过程中与服装设计师及主管部门进行充分的沟通。

（2）服装纸样设计师的职业素养

企业在工业生产时追求高品质、高效率，同时追求利润最大化、成本最小化。因此，在进行纸样设计之前，服装纸样设计师需要做大量的前期工作，如成品的效果预测、生产工序的把握、研究如何提高客户的认可度等。为了使服装纸样设计与 QQC 原则相结合，服装纸样设计师应具备一定的职业素养和专业技术综合能力，包括责任心、审美能力、制版能力、缝制工艺认知、面辅料认知、成本分析能力等。

1.2　知识巩固：服装工业样板认知练习

【填空题】

1．服装工业样板是通过服装工业样板的设计形成一整套样板，用于_____、_____、_____等生产环节。服装工业样板以款式设计、号型规格设计、结构设计、材料设计及工艺设计为依据，利用服装工业样板设计的_____、_____完成其制作。

2．依据具体用途，裁剪样板可大致分为_____、_____、_____、_____、_____、_____。

3．服装工业样板的特点是_____、_____、_____。

4．_____、_____、_____是服装工业制版与生产的 QQC 原则。

5．_____是一项技术性较强的工作，一般以中间_____为基准，兼顾各号型系列的关系，经过科学计算、_____等操作，绘制出不同号型系列的裁剪样板，以满足不同体型的人群对同款服装的穿着需要。

【简答题】

1．简述服装工业样板的分类。

2．试述服装工业样板的作用。

3．简述服装纸样设计师的岗位职责。

4．试述服装生产原则与服装纸样设计师职业素养之间的关系。

【实操题】

标记出图 1-2-1 中阴影部分服装工业样板的类别名称。

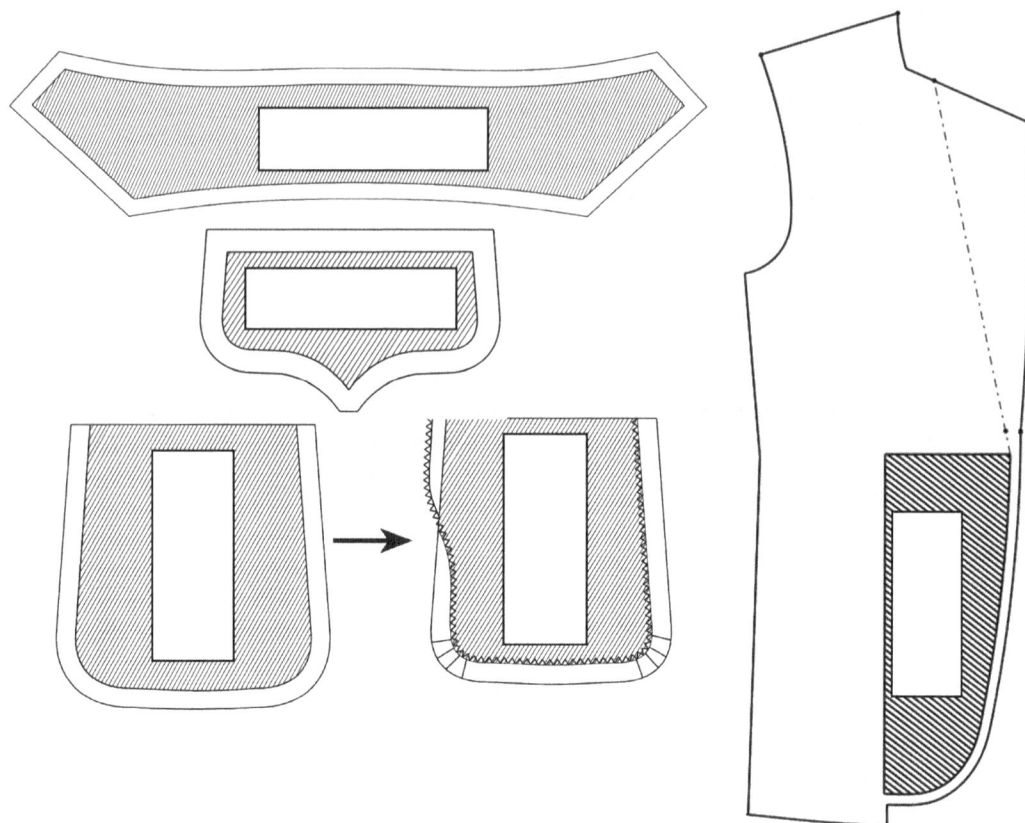

图 1-2-1　服装工业样板

项目 2

服装工业样板制作的准备

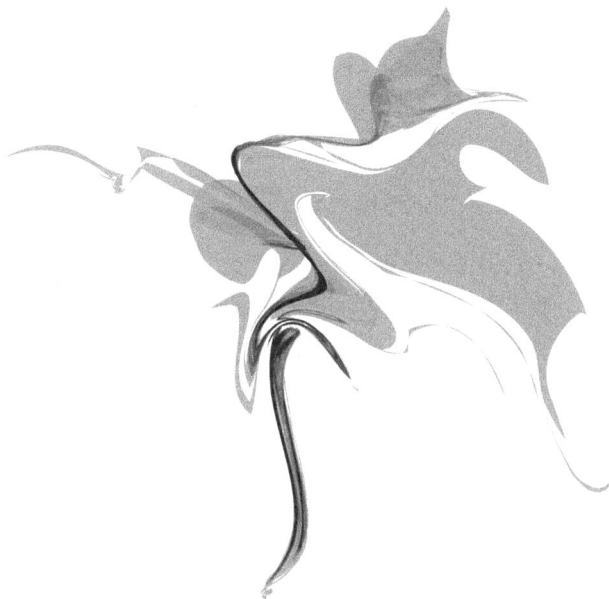

知识目标

1）了解服装工业样板制作的材料与工具。
2）厘清服装工业样板制作的步骤及要求。
3）熟悉服装工业样板制作的操作要求。

能力目标

1）具备服装纸样设计师岗位的所要求工作能力，能够看懂制单。
2）掌握服装工业样板的企业化操作方法，具备识别工业样板的能力。

素养目标

1）树立正确的学习观、价值观、培养职业认同感、责任感、使命感和荣誉感。
2）树立规范意识，严格遵守服装工业样板绘制规范。

服装工业制版

2.1 知识准备：服装工业样板制作的材料、工具、步骤和要求

在样板制作中对工具没有严格的规定，一般是根据个人的经验和习惯来进行的，但懂得如何熟练地使用一些工具，并得到较佳的使用效果，对于一个样板师来说非常重要。在服装工业生产中，企业必须严格按照工艺规格和品质标准进行生产，样板标准化是达到这个目的的重要保证，因此服装工业样板制作工具非常重要。

2.1.1 服装工业样板制作的材料与工具

了解服装工业样板的基础知识是样板师具备工业纸样标准化意识的前提，包括对制图工具、制图符号、部位代号及部位名称的了解。

1. 服装工业样板制图工具

（1）手工样板制图工具

手工样板制图也称人工绘图，是指样板师不借助计算机绘图，通过日常绘图工具来完成样板制图任务的方式，其所需工具如下。

1）基础绘图工具（图 2-1-1）：完成制图任务的基本工具。常用的尺子有直尺、三角尺、比例尺、软尺等。直尺是绘制直线的尺子，其长度有 20cm、30cm、50cm、60cm、100cm等。三角尺主要用于服装制图中的垂直线绘制。比例尺一般用于纸样设计缩图和练习。软尺一般用于测量人体，也常用于测量袖窿、袖山弧线的围长等尺寸，以便确定合适的配伍关系。

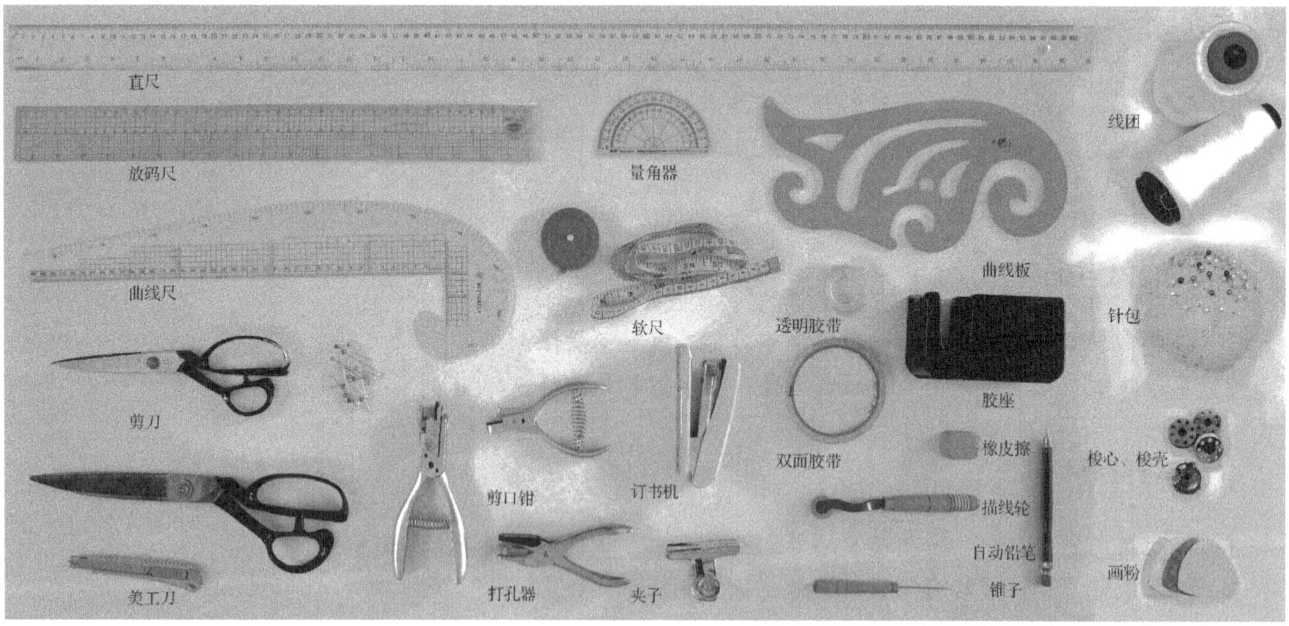

图 2-1-1 基础绘图工具

2）工作台（图 2-1-2）：服装设计人员专用的桌子，一般以长 1.2～1.4m、宽 0.9m、高 0.8m 为宜。

图 2-1-2　工作台

3）人体模型（图 2-1-3）：用于立体裁剪、成品试穿和样衣展示，以使样板师更好地校正基准样板。

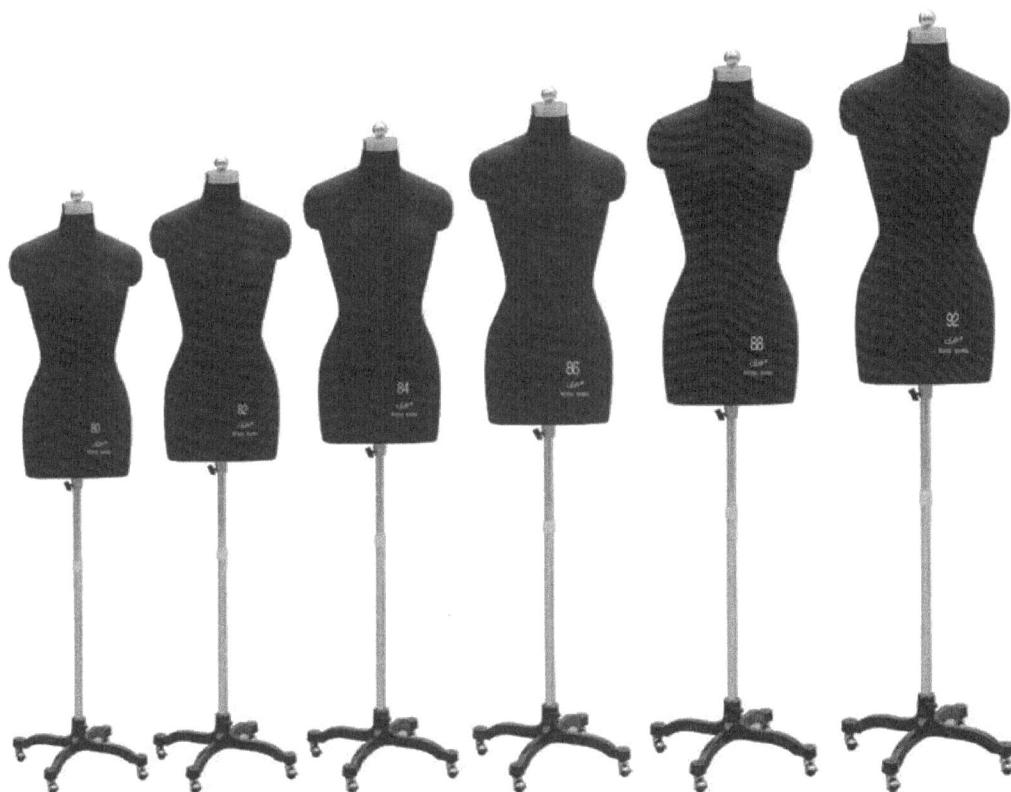

图 2-1-3　人体模型

4）工业缝纫机（图 2-1-4）：用于缝制样衣和服装成品。

图 2-1-4　工业缝纫机

5）样板纸。样板纸要求光洁、平整、坚韧、伸缩率小，常用的有较软的 120～130g 牛皮纸（图 2-1-5）、较硬的 250g 裱卡纸及 600g 左右的黄板纸。小样板（净样板）因使用频繁且容易磨损、变形，要求更耐磨、结实。根据使用场合的不同，除了选用质地坚硬的样板纸，有时还需用水砂布等材料制作样板纸，用于衬衣领子、袖克夫缉暗线的样板纸甚至会用白铁皮来制作。

图 2-1-5　牛皮纸

（2）现代工业样板制图工具

随着现代科学技术的进步，服装工业样板制图模式出现由人工绘图向计算机绘图模式发展的趋势。

用于服装绘图的计算机系统简称服装 CAD 系统，是当今服装行业流行的制版集成系统，它通过把实际中服装绘图的一些工具进行数据编程成绘图软件，完成样板制图任务，具有快速、准确等优点。常见的服装工业样板制图软件有富怡服装 CAD、ET 服装 CAD、博格服装 CAD 等。

服装 CAD 系统通过数字化仪读取板型输入 CAD 系统或直接借助 CAD 系统进行样板制图，在计算机中完成修板、推档、排料等工作，最后由绘图仪直接完成打印输出。这大大提高了样板制图效率，并且由于板型便于储存、修改，降低了重复劳动率。服装 CAD 系统的工作流程如图 2-1-6 所示。

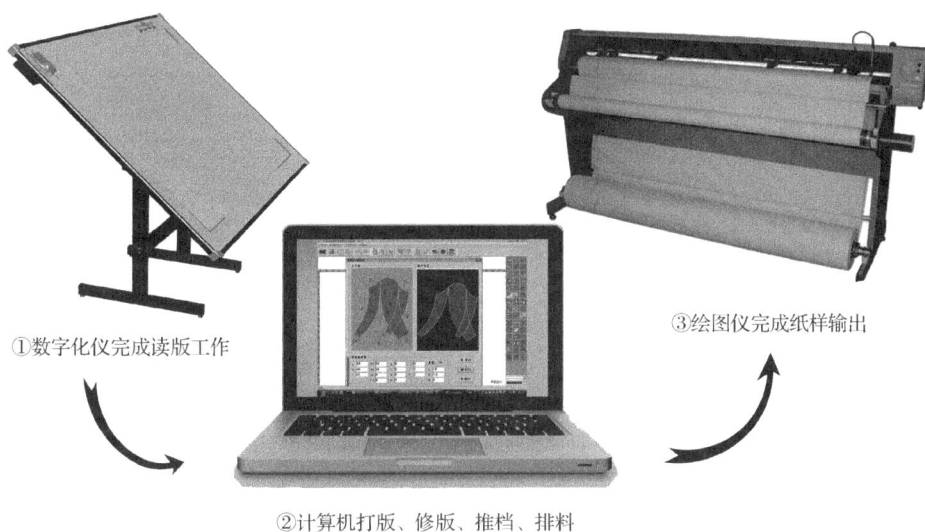

①数字化仪完成读版工作　　②计算机打版、修版、推档、排料　　③绘图仪完成纸样输出

图 2-1-6　服装 CAD 系统的工作流程

2. 服装工业样板制图符号与部位代号

在服装工业生产过程中，由于生产批量大、工艺操作环节多，工业样板上的符号、文字说明应按照工艺要求标注清晰、完整，以便更好地指导生产和检验产品。另外，就工业样板本身的便利和识图的需要，也必须使用统一、规范、便于识别的专用符号。

（1）服装工业样板制图符号

服装工业样板制图符号如表 2-1-1 所示。

表 2-1-1　服装工业样板制图符号

名称	符号图形	使用说明
粗实线	——————————	表示制图的轮廓线
细实线	——————————	表示制图的基础线
粗虚线	- - - - - - - - - -	表示背面轮廓影示线
细虚线	- - - - - - - - - -	表示缝纫明线
点画线	— · — · — · — · —	表示对称连折线，不用剪开
等分线	〰	表示某一线段有若干个等分的线段
等量	●○ ■□	表示某些部位尺寸相等
直角	⌐ ∟	表示两条直线垂直相交
省	∀∀∀∀	表示裁片需要收取省道的形状
裥位符号	▨▨▨▨	表示服装某部位需要打褶的位置及形状
眼位	⊢—⊣	表示衣服扣眼位置的标志

名称	符号图形	使用说明
按扣	 ⊗	图内部有叉表示门襟上用扣，图内部有圈表示里襟上用扣
重叠		表示相关裁片交叉重叠
拼合	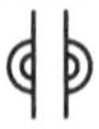	表示相关投料拼合一致
剪开		表示纸样剪切的部位
缩缝	 ∿∿∿	表示裁片某部位需要用缝线进行缩缝
归拢		表示裁片某部位需要熨烫归拢
拔开		表示裁片某部位需要进行熨烫拔开
经向	 ⟷	表示面料裁剪时所需的纱向要求
顺毛向线	 →	表示服装要按照面料顺毛方向裁剪
明暗线	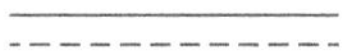 – – – –	表示衣服某部位表面缉明线
推档		表示用于推档坐标方向和档差分配的符号

（2）服装工业样板的部位代号与部位名称

服装工业样板的部位代号如表 2-1-2 所示。

表 2-1-2　服装工业样板的部位代号

代号	英文	代表部位	代号	英文	代表部位
B	Bust girth	胸围	BP	bust point	胸点
H	hip girth	臀围	SL	sleeve length	袖长
W	waist girth	腰围	SNP	side neck point	颈肩点
N	neck girth	领围	SP	shoulder point	肩端点
BL	bust line	胸围线	FNP	front neck point	颈前点
HL	hip line	臀围线	BNP	back neck point	颈后点
WL	waist line	腰围线	AH	arm hole	袖窿
EL	elbow line	肘线	HS	head size	头围
KL	knee line	膝盖线	BW	back width	后背宽
NL	neck line	领围线	SW	shoulder width	肩宽
MHL	middle hip line	中臀围线	L	length	长度

服装工业样板部位名称具体如图 2-1-7～图 2-1-9 所示。

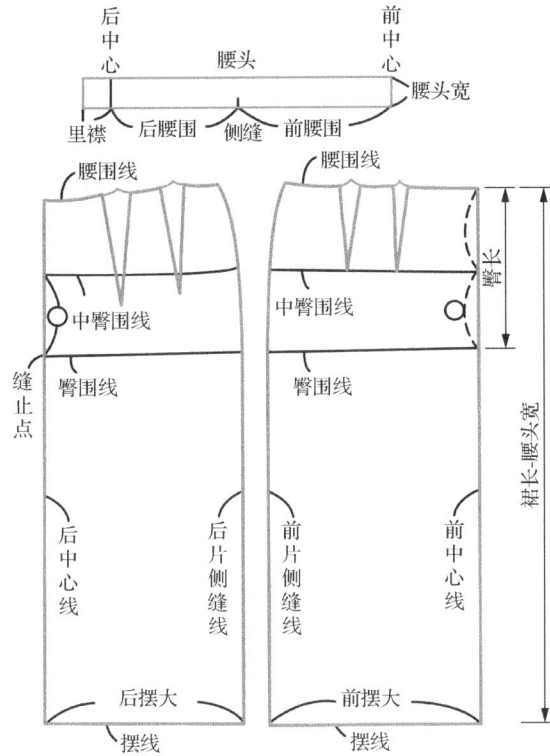

图 2-1-7　裙子结构部位名称

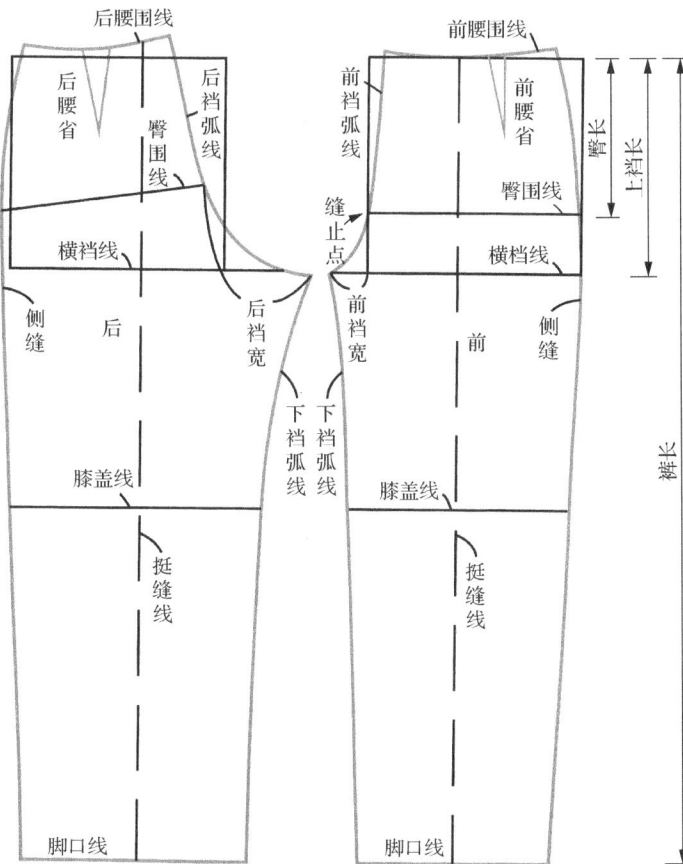

图 2-1-8　裤子结构部位名称

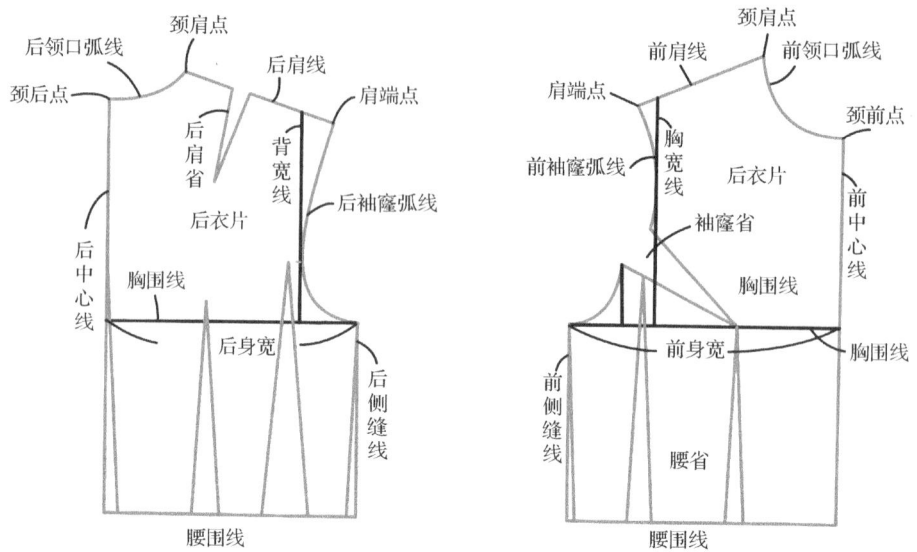

图 2-1-9　上衣结构部位名称

2.1.2　服装工业样板制作的步骤

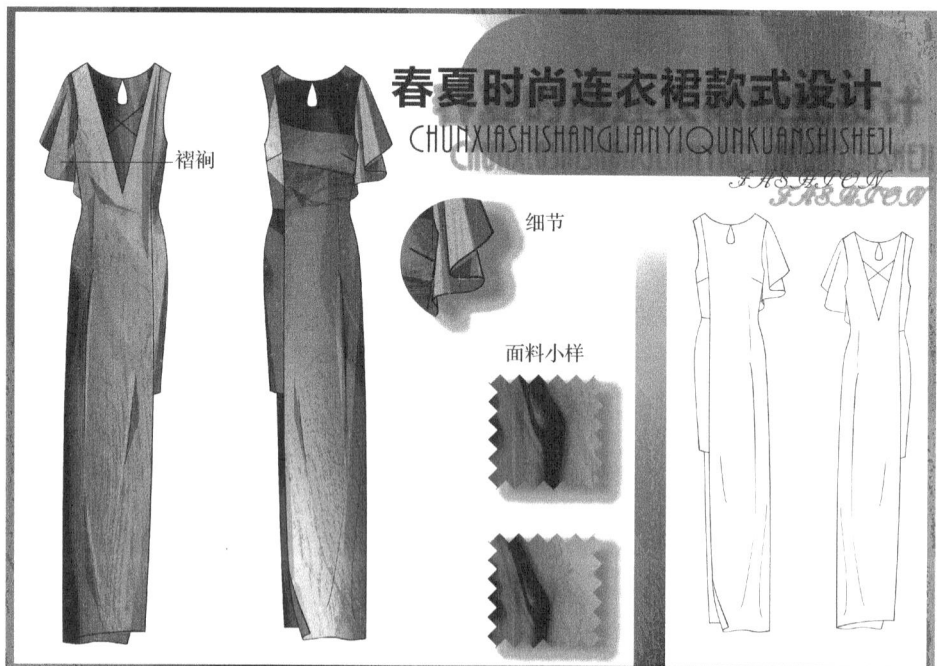

服装工业样板
制作的步骤

1. 头版制作

由于服装工业化生产主要是根据内外销客户提供的来样制作工业样板，指导后续的批量生产，因此，服装工业样板制作的方式和流程可以分成以下4种形式。

第一种为客户来服装效果图及资料（包括成品规格、面辅料要求、生产工艺制作、熨烫、包装及成品质量要求等）。这种是带有设计性质的头版制作，一般只有设计水平较高的服装企业才接受这种形式，具体如图 2-1-10 和图 2-1-11 所示。

图 2-1-10　连衣裙款式效果图示例

××制衣有限公司制版通知单

客户：＿＿＿＿＿　　发单日期：＿＿＿＿＿　　完成日期：＿＿＿＿＿　　数量：＿＿＿＿＿

季节：＿＿＿＿＿　　款式：＿＿＿＿＿　　款号：＿＿＿＿＿　　设计师：＿＿＿＿＿　　纸样师：＿＿＿＿＿

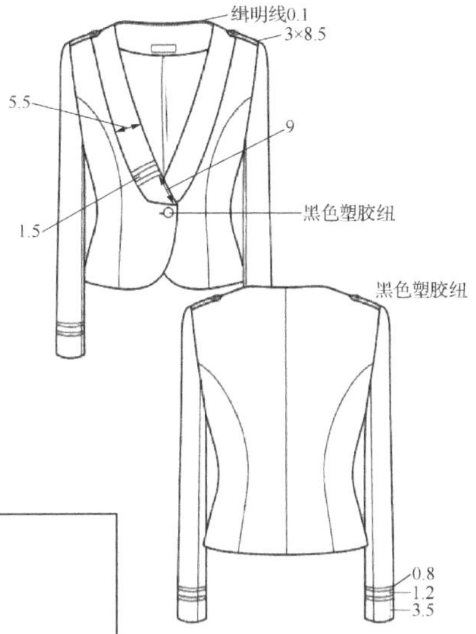

缝制细则					规格			面料属性	
附图：女休闲西装（单位：cm）				部位	成衣尺寸/cm	纸样尺寸/cm	确认尺寸/cm	布料组织	
				后中长	52	52.5		面料颜色	
				前长（肩度）				里布	
				前长（侧骨度）				缩水	
				全肩宽	38	38		洗水方法：	
				胸围（夹底度）	90	90		辅料明细	
				前胸宽				纽扣	
				后背宽				啪钮	
				腰围	74	74		拉链	
				坐围	90	90		勾仔	
				领横	9.5	9.5		肩棉	
				前领深				线色	
				后领深				其他	
				袖长	58	58		工艺要求	
				袖肥	33.5	34			
				袖口	24	24			
				袖圈（弯度）					
				袖克夫高					
面料小样				袖克夫宽					
				袋高					
				袋宽					
				袋盖高					
				袋盖宽					
				叉长					
				门筒宽					

缝制细则图中标注：绯明线0.1　3×8.5　5.5　9　1.5　黑色塑胶纽　黑色塑胶纽　0.8　1.2　3.5

图 2-1-11　女上衣制版通知单

第二种为客户来样衣及资料。这种头版制作形式比较规范，因而多数服装生产企业，尤其是外贸加工企业愿意接受此种方式。女上衣样衣如图 2-1-12 所示。

图 2-1-12　女上衣样衣

第三种为客户来制单（制版通知单或大货制造通知单）。通常制单上有款式图、成品规格和工艺说明，这种头版制作形式常见于加工型企业。女西装制版通知单如图 2-1-13 所示。

第四种为客户直接来标准纸样（独码或齐码纸样）及资料。企业只要在标准纸样的基础上加放缩率及打制一些小样板即可。

无论是以上哪一种形式的来样，服装生产企业首先要做的工作都是制作头版。

（1）头版

头版又称确认样，是指制作给客户确认的样品。因为企业与客户可能远隔两地，客户往往无法了解产品质量，所以合约或订单通常规定要寄确认样，即样品做好后先寄给客户确认，以来样的品质作为大批量生产和成品在交货时品质和标准的依据。

××制衣有限公司制版通知单

品牌		季节		编号		数量	
款号		款式名称	女式时尚合体上衣	出款日期		完成时间	

款式图

款式特征描述	**外观造型要求**
1. 领子：青果领、曲线翻领 2. 衣身：圆下摆、三粒扣，全夹里女装；吸腰合体型前片刀背公主线呈弧形L造型分割；后背中心分割，两侧刀背公主线呈弧形L造型分割；无口袋 3. 袖子：两片合体圆装袖	1. 领子外观评价点：领面、领座光滑平顺，翻领线圆顺，外领口弧线长度合适，领子造型准确 2. 袖子外观评价点：袖山的圆度、袖子的角度、袖子的前倾斜、袖子的前弯、袖子的内斜、分割线位置合适 3. 衣身外观评价点：衣身正面干净、整洁，前后衣长平衡；胸围松量分配适度，胸立体和肩胛骨适度，腰部合体；袖窿无浮起或紧拉；无不良皱褶 4. 衣下摆平服，底边不起吊、不外翻

系列规格表 (5·4)						单位/cm
部位		规格				档差
		155/76A	160/80A	165/84A	170/88A	170/92A	

	部位	155/76A	160/80A	165/84A	170/88A	170/92A	档差
A	后中心长	51	52.5	54	55.5	56	1.5*
B	后背长	36	37	38	39	39.5	1.0*
C	前衣长	56.4	58.2	60	61.8	62.6	1.8*
D	胸围	84	88	92	96	100	4.0
E	腰围	66	70	74	78	82	4.0
F	肩宽	36	37	38	39	40	1.0
G	袖长	56	57	58	59	59	1.0*
H	袖口	25	25.5	26	26.5	27	0.5

注：样衣规格 165/84A，*表示档差的量不是等差

工艺说明及技术要求
1. 针距：3cm 14～15 针
2. 领子：弧形青果领，翻领后中宽4cm，领座中心宽3cm
3. 袖子：圆装袖，合体两片结构
4. 前衣片：刀背公主弧形分割线至侧缝，无口袋；门襟3粒扣
5. 后衣片：背中心分割线至底摆，刀背公主弧形分割线至侧缝
6. 缝型：所有缝型均为分开缝
7. 夹里：全夹女装；里子倒缝有眼皮
8. 垫肩：垫肩厚1cm
9. 缝线要求平整，辑线宽窄一致；各类缝型正确，无断针、跳针、脱线等脱漏毛问题，袖型圆顺，吃势均匀
10. 粘衬平整，无起皱、起泡现象

制版技术要求
1. CAD 结构图：衣身结构平衡，比例恰当，胸与肩胛骨立体度处理清晰明确，袖山与袖窿、胸腰臀关系合理，尺寸准确，符号标注清楚
2. 裁剪用纸样：面板、里板、粘合衬板缝份设计合理，领面和领底、挂面和衣身结构关系正确
3. 标注必须符合企业生产标准与要求，标明各部位样板名称及片数、纱向符号、对位记号等
4. 推板：公共线确定合理，档差准确，分配合理，袖山曲线与袖窿曲线缩量一致，标注各放码点的档差，样片、部件完整齐全；线条缩放后不走形，符合款式造型要求

面料		辅料	
成分	毛 50%、条 40%、天丝 10%	里料	醋酸绸：150cm
纱支	94/2*94/2	有纺粘合衬	100cm
克重	210g/m	大身纽扣	3 粒
幅宽	146～148cm	垫肩	厚度1cm，一副
织物组织	平纹	牵条	3m

图 2-1-13 女西装制版通知单

（2）制作头版前的准备工作

服装生产企业接到客户的要货单或订单后，技术部门必须做好以下准备工作。

1）了解产品的去向（国家或地区）、投产日期、交货日期。因为各国家或地区的要求都不一样，所以服装生产企业需要提供针对性的设计。另外，根据交货日期和生产能力，判断是否进行生产。

2）了解款式，包括以前是否生产过该产品款式、是否需要专用设备、本厂是否能投入生产等。这一环节很重要，因为它直接涉及产品的质量、生产成本、交货时间等。

3）收集客户资料。检查客户提供的资料是否齐全、外文翻译是否正确，避免出现争议性问题。

4）仔细检查规格单是否齐全，如果不全，则应及时与有关部门联系。

5）明确面辅料的来源，是国产还是进口、是自己组织货源还是由客户提供等。如果是自己组织，则应及时通知有关部门。

（3）制作头版

制作头版的步骤如图 2-1-14 所示。

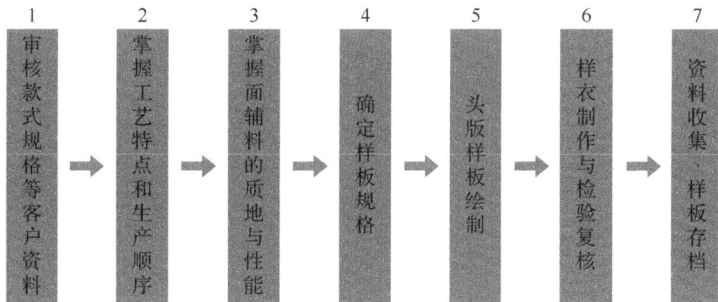

图 2-1-14 制作头版的步骤

1）审核款式规格等客户资料。在制作样板之前要对客户的款式、规格等进行全面审核，认真查看客户的规格单，了解产品各部位的具体规格和公差规定，准确掌握产品的款式、造型和内在结构特点，各部位的缝份大小、折边宽度、丝缕方向等有关规定都要完整地体现到样板上。

认真阅读客户资料和合同，清楚原样是否已经确定和有不可改变的规定。如果有不可改变的规定，则应遵守协议，一般情况下，样板要完全符合客户要求。如果没有不可改变的规定，则应仔细查看样品结构和外观是否能进行更好的修饰，在不改变原形的基础上进行适当的、必要的调整，以达到比原样更完美的效果。

2）掌握工艺特点和生产顺序。掌握产品的构成形式，各部位部件的缝制、锁钉、整烫等工艺要点及顺序。由于样板制作，特别是小样板的制作，与生产工艺、顺序有极大的关系，因此凡是与样板制作有关的情况都应掌握，以便制作样板时有的放矢、准确无误、合理科学，提高生产效率与成品质量。

3）掌握面辅料的质地与性能。服装原料多种多样，各种原料的性能、质地也有所不同，必须掌握面辅料的成分、缩水率、耐温等情况，以便制作样板时做出相应的调整。另外，头版应使用与大批量生产相同的面辅料，以便正确掌握面辅料的缩率等工艺参数，使样板制作能准确地体现出本批原料的性能。

4）确定样板规格。样板规格的确定是制作样板的重要工序，根据客户提供的成品规格，结合面辅料的缩率，即可得到样板规格。这项工作必须仔细，逐个部位地计算、检查，使样板准确无误。

5）头版样板绘制。以上工作完成以后，就可以正式进行头版样板绘制，如果有大（L）、中（M）、小（S）码，则一般打中码，即中间规格的净样板，再在中间规格净样板的基础上，进行缝份、折边、缩率等因素的加放处理，并做好对位、布纹线方向、文字标注及其他标记等。

6）样衣制作与检验复核。严格按照客户的要求进行试制，针对不符合要求的地方反复修改，直至客户满意。除客户有明确要求外，一般头版打制 3 件，其中 2 件给客户，1 件留厂存档，而且 3 件必须完全一致。之后进行封样，封样是非常重要的生产和检验依据，当与客户发生争议时，一切以封样为准。

7）资料收集、样板存档。确认样板做好后，必须对面辅料的耗用情况进行详细记录，出现的问题及处理方法也应及时进行记录，为制定必要的生产技术管理、质量管理制度提供可靠依据。此外，裁剪样板、工艺样板都要及时存档。因为企业生产的规格品种往往很多，这个环节若出现问题，则会导致样板混乱、错乱或遗失，成批生产时就会出现大问题，所以保证这个环节不出现问题很重要。

头版做好后，应迅速将其送给客户，以便客户能及时进行样品确认，生产企业则等待客户的反馈意见（确认意见），这样确认样的工作就告一段落。

2. 生产样板制作

（1）确认意见

确认意见是指客户收到头版后提出的认可意见或更改意见。提出更改意见时必须有书面的有效凭证，不能通过电话或口头提出，否则无效。

（2）基准样板制作

收到客户确认意见后，首先要仔细研究分析与样板有关的确认意见，在确认样板的基础上，及时根据客户确认意见对样板的规格、造型等进行更改与修饰，使样板更趋完美、合理，即成为基准样板。

（3）面辅料清单

确认产品可以投产后，技术部门要将面辅料、包装等的详细信息通知给有关部门（如计划、供销、仓库部门），以便及时跟进客户的采购和订货需求。

（4）生产样板制作

根据客户资料中的各种规格要求或按照国家服装号型系列中的档差，以基准样板为依据，按一定的推档（放码）方法制作一系列的工业生产样板，包括裁剪样板和工艺样板等。

2.1.3 服装工业样板制作的要求

1. 净样板的放缝

服装工业样板净样板的放缝是指各衣片相互缝合时所需要的加放宽度。在进行服装工业样板的结构设计时，一般是净样板出样，因而制作样板时应根据各净样线条在周边加放缝份、折边等。

（1）缝份加放的影响因素

1）服装设计的要求。服装设计的要求是指服装款式方面的要求。例如，缉明线的部位必须根据设计缉线宽度的要求进行放缝，下摆折边、袖口折边、裤口折边没有里布需采用缉明线设计。缉的明线越宽，则放缝越多。

另外，缝份加放与服装设计的档次、工艺等有关。高档的服装采用三折边工艺，较低档的服装采用包缝工艺。设计要求较高的服装，如止口部位要求较薄，则放缝须少放，但这会增加缝纫工艺的难度。对于外贸加工单的服装，客户来样放缝与裁剪样板放缝必须保持一致，一般不准改动。

2）面料的结构性能。放缝必须考虑面料的结构性能，对于结构较松散及容易脱散的面料（如涤麻），缝份须适当加宽。

（2）缝份加放的数值

常见缝型净样板的缝份加放如表 2-1-3 所示。

服装工业样板
制作的要求

表 2-1-3　常见缝型净样板的缝份加放

缝型名称	缝型构成示意图	缝型成品效果/cm	缝份说明
平缝			两层缝料正面相对缉线的缝型，缝份为 0.8～1.2cm，常用缝份为 1 cm。将缝份倒向一边称为倒缝。缝份分开烫平称为开缝。领面、袋盖等平缝缉好后翻过来称为勾缝，勾缝的缝份一般为 0.6cm。平缝广泛应用于上衣的肩缝、侧缝，袖子内外缝，裤子下裆缝、侧缝，领面、袋盖等部位。平缝是所有缝型中应用最广泛的一种
压缉缝			压缉缝也称扣压缝。先将上层缝料缝口扣倒、压平，再在正面压缉一道 0.1cm 缉线，常用于贴袋、衬衣覆肩等，缝份一般为 0.6～1cm
内包缝			内包缝也称反包缝。将缝料的正面相对重叠，缝头一宽一窄，合缝时先将宽边探出的缝份折过来，包在上片缝头上，在折转缝份毛茬上缉线，再在折边的净边上缉 0.1cm 宽的明线。内包缝正面可见一道线，反面两道线，常用于肩缝、侧缝、袖缝等部位，缝份宽边为 1.4～1.6cm，窄边为 0.7～0.8cm
外包缝			外包缝也称正包缝。先将缝料的反面相对重叠，然后按内包缝的方法缉线，形成明包明缉的包缝。外包缝的特点是正面有两道线，反面一道线。外包缝的缝份同内包缝
来去缝			两衣片先反面相对，在正面缉宽为 0.3～0.4cm 的窄缝，再翻过来把缝的反面折成光边包住缝头毛茬，缉线宽 0.5～0.6cm。来去缝放缝一般为 1cm。来去缝适用于不宜用三线包缝的料子，如丝绸等细薄面料，或无包缝机时使用

续表

缝型名称	缝型构成示意图	缝型成品效果（cm）	缝份说明
搭接缝		（正面）（正面）	搭接缝也称骑缝。将两片缝料拼接的缝份重叠，在中间绲一道线将其固定，可减小缝的厚度，适用于各种衬布的拼接，缝份一般为 0.8～1cm
坐绲缝		（正面）（正面）根据款式明线要求绲压	坐绲缝指倒缝上有缝头的一侧绲明线。由于各种款式设计要求的明线宽度不等，因此加放缝头也各有不同。倒缝的上层缝头宽度小于明线宽度，以减少缝的厚度；倒缝的下层缝头应比明线宽 0.4cm 左右，以使明线绲住而固定倒缝。若前衣片留缝头 0.6cm，则后片须留 1cm 的缝头；若料较厚的大衣的摆缝、肩缝的明线宽为 2cm，则后片留缝 0.6cm，前片留缝 2.4cm。对于较薄的衣料，倒缝的明线较窄，两片侧片可留宽为 1cm 的相同缝头
三折边		明线宽（卷边宽度）0.1～0.15（反面）（正面）	三折边指布料把一缝份约为 0.6cm 折过后，再折过一宽度的缝份，如 1cm、2cm（根据设计要求）等，然后绲一道明线。三折边适用于下摆边等。对于丝绸面料，特别是较透明的丝绸面料，三折边的两折缝份需一样。对于底摆、袖口、裤口的折边一般放缝为 3～4cm。拉链、袋布两侧的放缝一般为 1.5～2cm

说明：在实际操作中，缝份加放还需要结合服装的设计要求、面料性质、工艺要求做适当的调整。例如，对于容易脱丝的面料，缝份可以留得多些；对于承力部位（如背缝、肩缝），缝份可以大一些；对于里料、一般部位，可以多留 0.25cm 的缝份，特别是一些特殊的部位，如西装后中线留 2～3cm 的缝份。

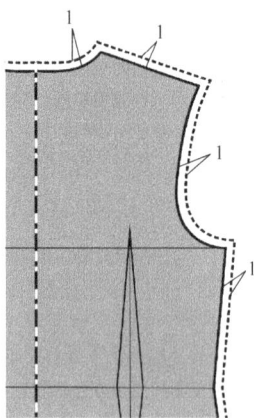

图 2-1-15　平行加放示意图（单位：cm）

（3）缝份处理

1）放缝原则。放缝时，毛缝线与样板的净缝线必须保持平行，即平行加放，如图 2-1-15 所示。

2）直角放缝法。以西装袖片为例，按平行加放原则可方便、快速地完成放缝。但是在缝制袖缝线时，由于端角缝头长短不一，缝制时很容易发生错位，使缝纫质量下降。若要解决这个问题，则必须采取以下方法：一是缝合线上打对刀刀眼；二是端角的缝头制成四边形，且对应相等。只有这样才能保证缝纫质量。

直角放缝法具体操作：延长需要缝合的净缝线，使之与另一毛缝线相交，过交点作缝线延长线的垂线，即可按缝份画出四边形。直角放缝法示意图如图 2-1-16 所示。

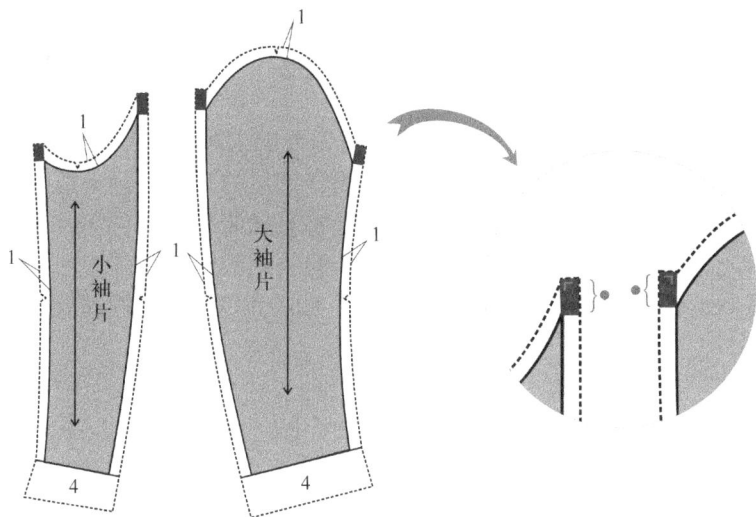

图 2-1-16　直角放缝法示意图（单位：cm）

3）对幅放缝法。底摆、裤口、袖口等部位的折边放缝采用对幅放缝法（也称折边清剪法），即将折边沿折边线向上翻折，然后直接根据毛缝线清剪，并按折边宽放缝。对幅放缝法示意图如图 2-1-17 所示。

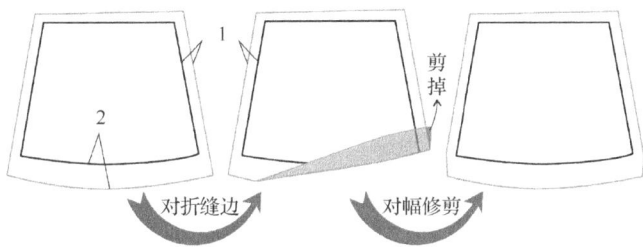

图 2-1-17　对幅放缝法示意图（单位：cm）

2. 样板标记

净样板根据上述原则与方法放缝后，成为毛样板，此时还须在毛样板上做出各种标记，这些标记主要用作样板推档、排料、画样及裁剪时的定位依据，以保证产品规格及造型的准确性。样板标记十分重要，要求仔细、认真、无遗漏。样板标记主要包括刀眼、钻孔、褶裥的方向等。

（1）刀眼

刀眼也称眼刀、剪口等。

1）刀眼的作用。刀眼可以表示缝份的大小，具有对刀及定位的作用。

2）刀眼的种类。

① 剪刀打刀眼。优点是方便；缺点是剪口尖，受力集中，容易撕开。

② 刀眼钳打刀眼。刀眼钳打刀眼是目前工厂常用的打刀眼工具，打出的刀眼规矩，深度、宽度容易掌握。

③ 画线表示刀眼。根据面料的结构特点，在画样时有的打刀眼须用画线来表示。

3）打刀眼的原则。

① 深度。刀眼的深度一般为 0.5cm 左右。

② 方向。刀眼方向要垂直于净缝线。以袖窿袖山弧线为例，袖窿弧线是内凹曲线，其

毛缝线要短于净缝线；袖山弧线是外凸曲线，其毛缝线要大于净缝线。若要使净缝线保持相等或具有设定的吃势，则不管弧线如何变化，只有垂直于净缝线刀眼，才能保证部件缝合或装配的准确性。

③ 有特殊作用（如表示缝份大小、定位、对刀）的刀眼。用于表示缝份大小的刀眼，根据缝制顺序在要车缝的两端（起止点）打制。用作定位的刀眼包括下摆折边、挂面宽、开衩位等，锥形省道、折裥的上端、拉链止点，以及裤直插袋袋口定位等。用作对刀的刀眼，其打法比较灵活，一般是指较长的缝子或有特殊装配关系的两部件的刀眼，如袖窿与袖山弧线、领子与领圈弧线等，按样板设计准确地缝合，刀眼可多可少，根据具体情况确定。

（2）钻孔

钻孔也称打眼。

1）钻孔的作用。钻孔用于口袋位、省道位等的定位。某些部位位于衣片中央时，无法用刀眼表示，此时可用钻孔来表示。

2）钻孔的方法。钻孔一般用锥子或凿子手工打孔，孔径为 0.5cm 左右，钻孔的大小以方便画样为宜。具体的钻孔部位：挖袋在嵌线的中央，两端推进 0.5～1cm；省道在省中线上，省尖推进 1～2cm，具体可根据省道大小及生产企业的既定习惯来确定。应严格按照省道大小来定孔位（图 2-1-18），使钻孔能隐藏在省缝中，不使面料正面受损而影响成衣质量。对于左右不对称的部位，钻孔须表示正反面，此时可用小圆圈来表示需钻孔的一面。

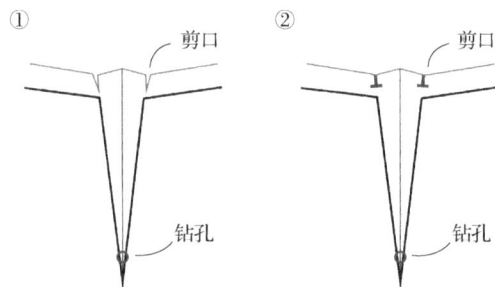

图 2-1-18　省道的剪口、钻孔的表示方法

这里需要着重说明的是，样板的标记不同于裁片的标记：样板是排料、画样及裁剪的依据，要求标记准确，刀眼、钻孔较大，利于画样；裁片的标记是缝制工艺的依据，刀眼深度值应小于缝头宽度值，一般为缝头宽的 1/2，钻孔直径宜小，约为 0.2cm，以免缝后钻孔外露。

（3）褶裥的方向

用约为 45° 的斜线表示褶裥的位置及方向（图 2-1-19）。斜线高的一方为上层。

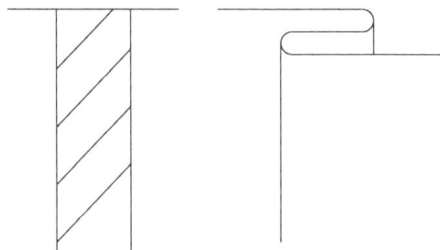

图 2-1-19　褶裥方向示意图

3. 服装工业样板的文字标注

服装工业样板是系列样板，为防止出错，便于识别，利于工业化生产及存档，需要在样板上进行文字标注。服装工业样板上的文字标注一般有样板的丝缕标记、面料倒顺毛的顺向标记、款式编号、产品款式类别、纸样部位名称、纸样部位工艺说明、号型代称、纸样部位的裁片数量等。男西服工业样板的文字标注示例如图 2-1-20 所示。

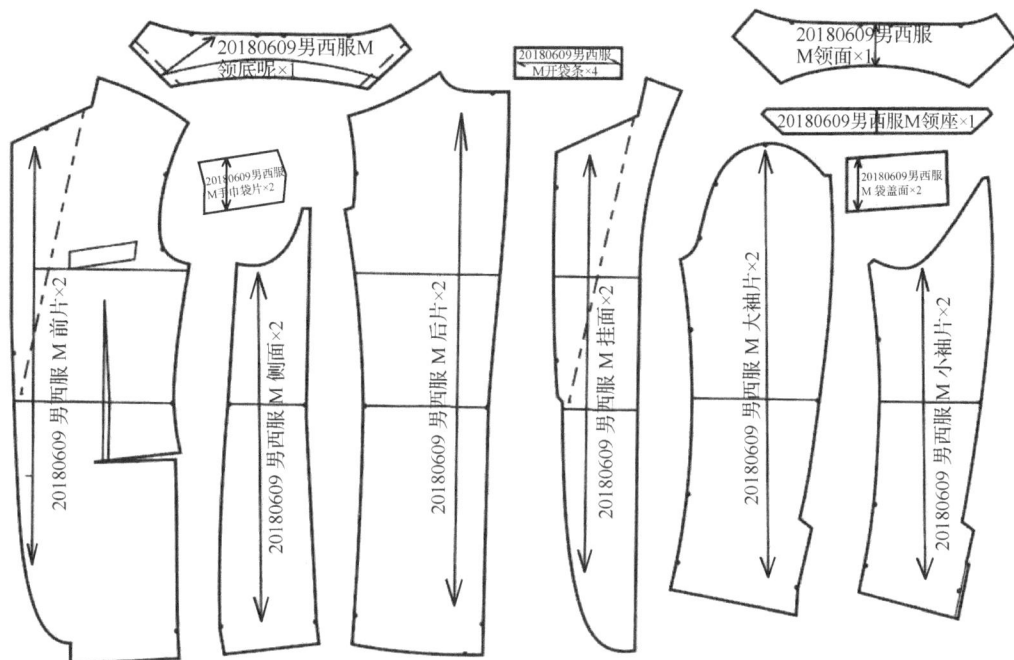

图 2-1-20　男西服工业样板的文字标注示例

1）样板的丝缕标记及面料倒顺毛的顺向标记。丝缕标记可以用两端或一端的箭头表示，顺向标记只能用一端的箭头表示。丝缕线表示要准确，尽量利用样板中的基础线，以利于排料画样。

2）款式编号是指产品的合同号或制纸样的日期，各企业可以根据自己的情况制定款式编号或纸样编号。

3）产品款式类别是指产品属于的服装款式，如女西装、女大衣、男西裤等。

4）纸样部位名称是指纸样每片的服装部位名称，如前片、后片、袖片、领片、袋盖、嵌条等。

5）纸样部位工艺说明是指服装某个部位工艺效果操作说明，如西装衩的多种形式就要求另外逐一说明。

6）号型代称是指该纸样属于的号型规格，如 160/84A、165/88A、170/92A、175/96A 或 S、M、L、XL 等。

7）纸样部位的裁片数量是指服装某部位需要的裁片数量。

2.1.4　制定工艺单、封样与装船样

1. 制定工艺单

女式长袖衬衫工艺制版通知单如图 2-1-21 所示。

××服装公司制版通知单

品牌		季节		编号		数量	
款号		款式名称	女式长袖衬衫	出款日期		完成时间	

款式图

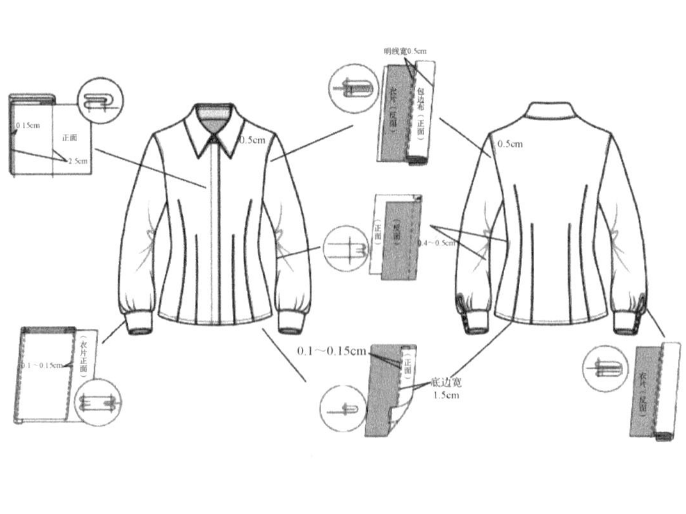

系列规格表（5.4） 单位/cm

部位		规格					档差
		155/76A	160/80A	165/84A	170/88A	175/92A	
A	后中心长	53	54.5	56	57.5	58	1.5*
B	后背长	36	37	38	39	39.5	1.0*
C	前衣长	55.4	57.2	59	60.8	61.6	1.8*
D	胸围	84	88	92	96	100	4.0
E	腰围	66	70	74	78	82	4.0
F	肩宽	36	37	38	39	40	1.0
G	领围（上口）	35	36	37	38	39	1.0
H	袖长	56	57	58	59	59	1.0*
I	袖口	18	18.5	19	19.5	20	0.5

注：样衣规格 165/84A，*表示档差的量不是等差

工艺说明及技术要求

1. 针距要求：3cm 14～15 针
2. 领子：衬衫领，领座后中宽 2.5cm，领座前宽 2cm，领面后中宽 4cm；领角长 7.5cm；领边缉 0.15cm 明线
3. 袖子：一片袖，有袖口开衩，袖克夫钉 2 粒纽扣，缉 0.1 5cm 明线
4. 前衣片：左右各 2 个通底省道，倒缝缉 0.5cm 明线；暗门襟宽 2.5cm，6 粒扣，袖窿.上部缉 0.5cm 明线；底摆卷边宽 1.5cm，缉 0.1 5cm 宽明线
5. 后衣片：左右各 2 个通底省道，底摆卷边宽 1.5cm，缉 0.15cm 宽明线；袖窿上部缉 0.5cm 明线
6. 缝型：侧缝、肩缝、袖内缝缉来去缝，袖窿滚边
7. 缝线要求平整，缉线宽窄一致；各类用缝正确，无断针、跳针、脱线等脱漏毛问题，袖型圆顺，吃势均匀

制版技术要求

1. CAD 结构图：衣身结构平衡，比例恰当，胸与肩胛骨立体度处理清晰明确，袖山与袖窿、胸腰臀关系合理，尺寸准确，符号标注清楚
2. 裁剪用纸样：样板缝份与缝角设计合理，领面和领底、挂面和衣身结构关系正确
3. 标注：必须符合企业生产标准与要求，标明各部位样板名称及片数、纱向符号、对位记号等
4. 推板：公共线确定合理；档差准确，分配合理；标注各放码点的档差，样片、部件完整齐全；线条缩放后不走形，符合款式造型要求

款式特征描述

1. 领子：衬衫领，分体翻领结构，尖领角；暗门襟，门襟内 6 粒纽扣
2. 衣身：两开身结构，平下摆；前衣身左右各 2 个通底摆省道；后衣身整片，左右各 2 个通底摆省道
3. 袖子：一片袖结构，袖口开衩，袖克夫 2 粒纽扣

外观造型要求

1. 领子外观评价点：领面、领座光滑平顺，翻领线圆顺，外领口弧线长度合适
2. 袖子外观评价点：袖山的圆度，袖子的角度，袖子的前倾斜
3. 衣身外观评价点：前后衣长平衡；胸围松量分配适度；胸立体和肩胛骨适度；腰部合体；底摆平服；袖窿无浮起或紧拉；无不良皱褶
4. 衣服整体外观平整挺括，成衣整洁无污迹，无线头，无水迹，无极光。如成品有破损或烫伤，视为废品记零分

面料	
成分	100%棉
纱支	40*40
密度	143*112
幅宽	144～150cm
织物组织	斜纹

辅料	
有纺粘合衬	60cm
衣身纽扣	7 粒
袖口纽扣	4 粒
袖窿包条	宽 3.6cm，长 150cm
缝纫线	涤纶 100%

图 2-1-21　女式长袖衬衫工艺制版通知单

一件服装的制作需要许多部门（如裁剪、缝纫、整烫、后道、包装等）的配合，而各部门的生产依据，除了服装样板，还有工艺单。工艺单在控制、指导生产中起着重要的作用，它所包含的具体内容如下。

（1）成品规格

成品规格的单位一般为厘米(cm)。如果是要出口到欧美地区的服装，有时也用英寸(inch)表示。成品规格旁必须注明“cm”或“inch”。

（2）制作工艺细则

制作工艺细则一般按部位进行，语言要简洁，表述要清楚，内容包括缝制顺序、工艺要求、质量要求等。

（3）示意图

当无法用文字来表述时，就需要用示意图来表示，以利于对成品品质的控制。

1）尺寸（规格）示意图，如领子等。

2）测量示意图，如衣长、胸围、肩宽、袖长等。对于上衣的袖窿，其测量方法有跨度测量与袖窿弧长（夹圈）测量之分。对于裤装中的臀围，其测量方法有腰下测量直度与 V 字形测量（与一般制图测量方法相同）之分。

（4）工艺流程

工艺流程即流水线安排，对产品质量有显著影响，必须科学合理。款式既要符合工艺要求，又要利于生产，一般用方框图表示。

（5）锁钉要求

锁钉要求包括锁眼只数、部位及要求，钉扣粒数、部位及要求，套结只数、部位及要求等。

（6）整烫包装要求

整烫包装要求包括整烫包装的质量要求与方法等。

（7）面辅料耗用

面辅料耗用包括各种面辅料的规格、单耗、颜色等，作为核料及成本核算的依据。

2．封样

在生产样板制作前，实际还有一道封样手续。封样是指该样品代表成批产品的款式和质量，是服装企业与客户共同验收的依据，也是避免事故、减少企业责任的一种手段。封样后方可进行大批量生产，一般由服装企业封样，如果没有封样，服装企业就不会核样、核价。封样后可由技术部门指导车间生产，一般采用开班组长会的方式进行指导。

3．装船样

装船样即推销样，供客户推销使用。有些合约规定需要装船样，因而生产厂家必须在交货前（大量生产成品尚未到达客户手中时）将装船样送交客户，便于客户收到装船样后及时推销。客户会在装船样上附注大量生产时所采用的面辅料、颜色等，将装船样分别放在各销售点，供消费者选购、预订。

装船样的品质必须与大批量生产产品的品质绝对一致，避免二者品质不一致而造成索赔纠纷。一般来说，装船样须从大批量生产产品中抽出，现在也有特制的情况。装船样必须按合约规定的时间送交到外贸公司或客户手中，这也是买卖双方在合约中规定的一项重要内容，必须予以重视。

2.2　知识巩固：服装工业样板识别练习

【填空题】

1．在服装工业生产过程中，由于生产批量大，工艺操作环节多，要求服装工业样板上的_____、_____都按照工艺要求标注清晰、完整，以便更好地指导生产和检验产品。另外，就工业样板本身的方便和识图的需要，也必须使用_____、_____、_____的专用符号。

2．根据以下名称画出其符号。

等分线_____　　　　点画线_____

纱向_____　　　　直角_____

重叠符号_____　　　　合并符号_____

3．根据以下代号写出它所代表的部位。

H_____   W_____   N_____
B_____   AH_____   SW_____
BP_____   SNP_____

4. 工业样板是系列样板，为防止出错，便于识别，利于工业化生产及存档，需要在样板上进行文字标注。服装工业样板上的文字一般有_____、_____、_____、_____、_____、_____、_____等。

【简答题】

1. 简述服装工业样板的制作步骤。

2. 试述服装工业样板缝份加放的影响因素。

3. 简述服装工业样板制作的 4 种操作形式。

4. 为什么企业要制作头版？

【实操题】

1. 标记出图 2-2-1 中序号表示的裙装工业样板的部位名称。

①_____ ②_____ ③_____ ④_____ ⑤_____ ⑥_____

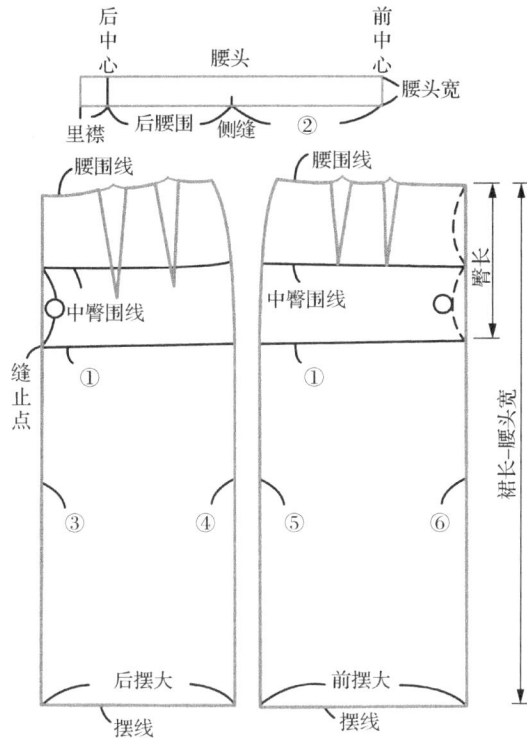

图 2-2-1　裙装工业样板的部位名称

2. 标记出图 2-2-2 中序号表示的裤装工业样板的部位名称。

①_____　②_____　③_____　④_____　⑤_____　⑥_____

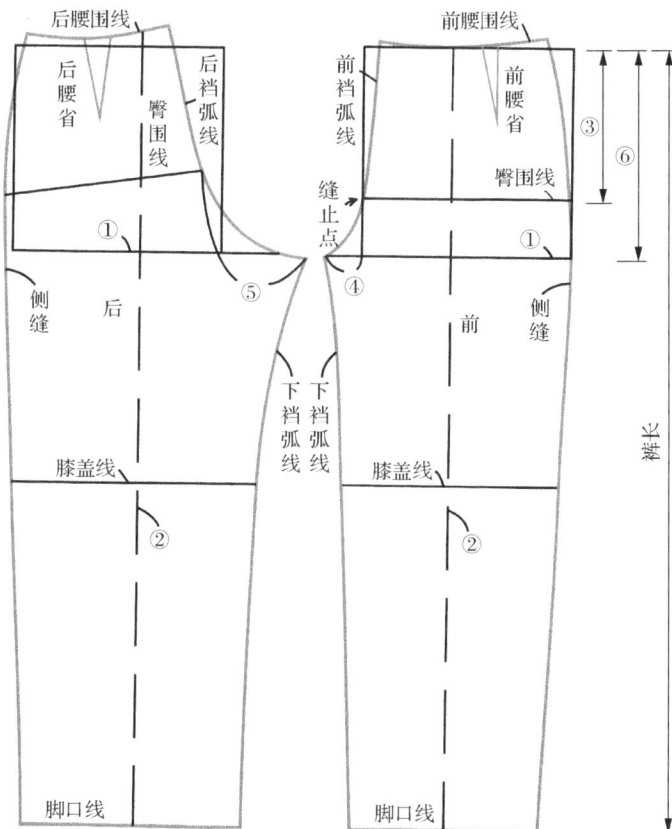

图 2-2-2　裤装工业样板的部位名称

3．标记出图 2-2-3 中序号表示的上装工业样板的部位名称。

①_____ ②_____ ③_____ ④_____ ⑤_____ ⑥_____

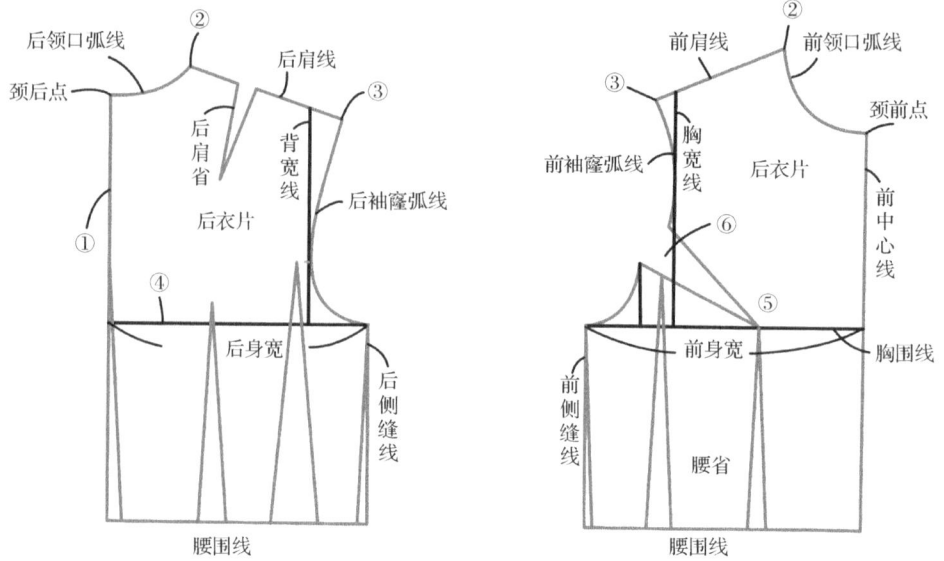

图 2-2-3　上装工业样板的部位名称

模块 ❷
基准工业样板制作

【学习目标】

通过本模块的学习，能按照制单要求，独立或相互合作完成裙装、裤装、上装等基础款式和相关变化款式的制版；具备工业化样板制作的能力和实际工业化样板的排料能力。

【模块导读】

服装工业样板是现代服装工业生产中的样板，可用作模具、图样和板型，它既是排料画样裁剪和产品缝制过程中的技术依据，也是检验产品规格质量的直接衡量标准。服装工业样板制作直接影响后续大批量成衣的品质。样板制作应规范、严谨。技术部必须充分考虑本企业的实际情况，给予充分的技术、人力等方面的指导与支持。

裙装工业制版

知识目标

1）了解基础裙装的款式特征、制图方法和样板制作方法。
2）了解裙装产品开发的过程和要求，以及与服装结构设计的相互关系。

能力目标

1）能独立完成裙装的样板制作。
2）能根据裙装的款式合理地进行余量的设计和加放。

素养目标

1）坚定文化自信，提升审美情趣。
2）树立成本控制意识，落实精益生产管理。

3.1 任务：西服裙工业样板制作

3.1.1 任务描述

【任务情境】

西服裙是常见的紧身裙之一，多与西式上装搭配，常作为许多女性的工作服或日间礼服，整体风格端庄大方、优雅时尚。

西服裙的长度根据实际需要可以稍作调整，短可至膝盖，长可至脚踝，一般在前身或后身开衩。有的变化款式通过在西服裙身上加暗褶以增加穿着者的活动量。还有的变化款式综合了褶与开衩，如在前身设计暗褶，同时在后身设计开衩。开衩的长短由西服裙的长度决定。短裙的开衩极短，有时只起点缀作用，长裙的开衩则可以很长。

作为初入样板师行业的你接收到公司发送至板房的西服裙制版通知单，请根据该通知单中的信息进行制版。

【任务要求】

1）分析公司提供的西服裙制版通知单上的款式造型、部位之间的结构关系、面辅料特点、缝制工艺等内容。

2）根据生产任务选择中间号型，按照中间号型的规格尺寸选择合理的结构设计方法，绘制中间号型的西服裙结构制图，要求体现款式特征、结构准确合理、线条流畅。

3）在中间号型样板结构图基础上按照企业的生产标准进行中间号型的裁剪样板和工艺样板的制作，要求制作规范、片数完整。

4）检查和复核工业样板并剪板。

3.1.2 任务准备：识读制版通知单并解析款式图

1. 识读制版通知单

当接到西服裙制版通知单（图 3-1-1）时，不能盲目地进行纸样设计，需要从以下几个方面进行制单解析。

1）制单用语。因为不同地区对服装相同组成部分的称谓可能不同，所以需要对服装专业词汇有所了解，如男衬衫的"过肩"也称"担干"等。

2）用料要求。用料包括面料、里料、衬料和其他辅料。用料不同，对制版的要求也不同，如制版前要对面料、里料进行预缩，考虑是否对条对格、是否有倒顺毛等情况。

3）款式图或实物图。款式图或实物图是制版的指导性文件，包含款式比例、结构线位置、部件大小、工艺情况等信息，需要多角度审视款式图，以保证服装顺利生产。

4）规格尺寸。规格尺寸是控制服装比例的重要数据，必须严格控制。

5）工艺要求。工艺要求是样板制作的技术性指令之一，工艺要求不同，样板的缝份加放量不同。

××服装公司制版通知单

产品名称	西服裙	客户			数量		
订单号		款号			交货日期		

	规格	XS	S	M	L	XL
	号型	150/58A	155/62A	160/66A	165/70A	170/74A
尺寸 /cm	裙长	54	56	58	60	62
	腰围	58	62	66	70	74
	臀围	80	84	88	92	96
	腰宽	3	3	3	3	3
	拉链	18	18.5	19	19.5	20

质量要求

工艺要求	特殊要求	面料小样
1. 缝线不起皱，松紧一致。针距 3cm 12～14 针，密度对称，回针牢固。撬边不暴针 2. 裙摆锁边再双层折边。商标缝于腰头后中下，洗涤标缝于左侧缝向前 2cm，腰下口平缝 3. 压衬注意温度、牢度，粘衬不反胶 4. 不允许烫极光，不能有污迹线头，钉纽牢固 5. 拉链先预缩，封口扎实 6. 规格正确。套装顺号码 10 件（条）一捆，配套生产包装	面料采用涤棉混纺；锁边线采用涤弹丝；商标、洗涤标由客户提供，拉链采用 YKK 等	

图 3-1-1　西服裙制版通知单

2. 解析款式图

西服裙正背面款式图如图 3-1-2 所示。

根据制单的款式信息，此款西服裙为裙子基本型，常称为筒裙或一步裙，属于紧身裙，前后片各收 4 个腰省，后中分割且下摆开衩，右侧侧缝装拉链。

裙装的基本结构较为简单，但是因为人体的腰围和臀围存在一定的差值，面料敷在腰围和臀围之间时，会有富余的松量导致面料不平服。如何调整臀腰差，将其很好地融入款式设计中，这是裙装设计时必须考虑的问题。一方面要求达到臀腰部位的合体，另一方面要求通过设计使款式呈现多种多样的造型。

图 3-1-2　西服裙正背面款式图

3. 确定中间号型的规格尺寸

160/66A 西服裙规格尺寸如表 3-1-1 所示。

表 3-1-1　160/66A 西服裙规格尺寸　　　　　　　　　　　单位：cm

部位	裙长	腰围	臀围	臀高	腰宽
尺寸	58	66	88	18	3

3.1.3 实践操作：完成西服裙工业样板的制作

西服裙结构制图如图3-1-3所示。

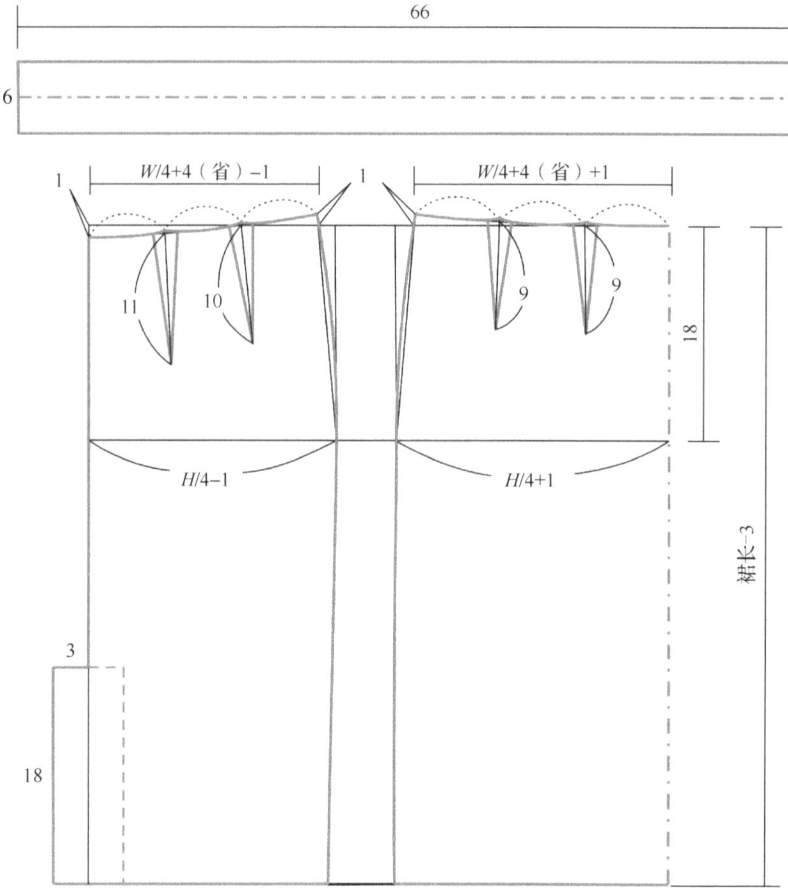

图 3-1-3 西服裙结构制图（单位：cm）

1. 结构设计

1）作裙长=L-3（腰头）（cm），臀高18cm。确定上平辅助线、下平辅助线及臀围线。

2）在臀围线上确定前后片的臀围大小。前片取H/4+1（cm），后片取H/4-1（cm）。

3）确定腰围线。由前中心线向侧缝方向量取W/4+4（2个省）+1（cm），作该位置与臀围线的斜线，并上抬1cm，作腰围弧线和侧缝弧线。将腰围弧线三等分，等分点即为省道所处位置。两个省道各宽2cm，省长皆为9cm。

由后中心线向侧缝方向量取W/4+4（2个省）-1（cm），作该位置与臀围线的斜线，并上抬1cm，作腰围弧线和侧缝弧线。将腰围弧线三等分，等分点即为省道所处位置。两个省道各宽2cm，省长分别为11cm、10cm。

4）确定后中和后开衩。衩宽3cm，衩长18cm。西服裙结构净样板如图3-1-4所示。

2. 样板检验

（1）尺寸复核

完成西服裙所有纸样的设计后，先要对各部位的尺寸进行细致核对，尺寸不符合制单和客户标准的应加以修改，然后要进行线条细部的校验，仔细查看线条是否圆顺，不圆顺的地方需要进行修改。西服裙样板尺寸复核如图3-1-5所示。

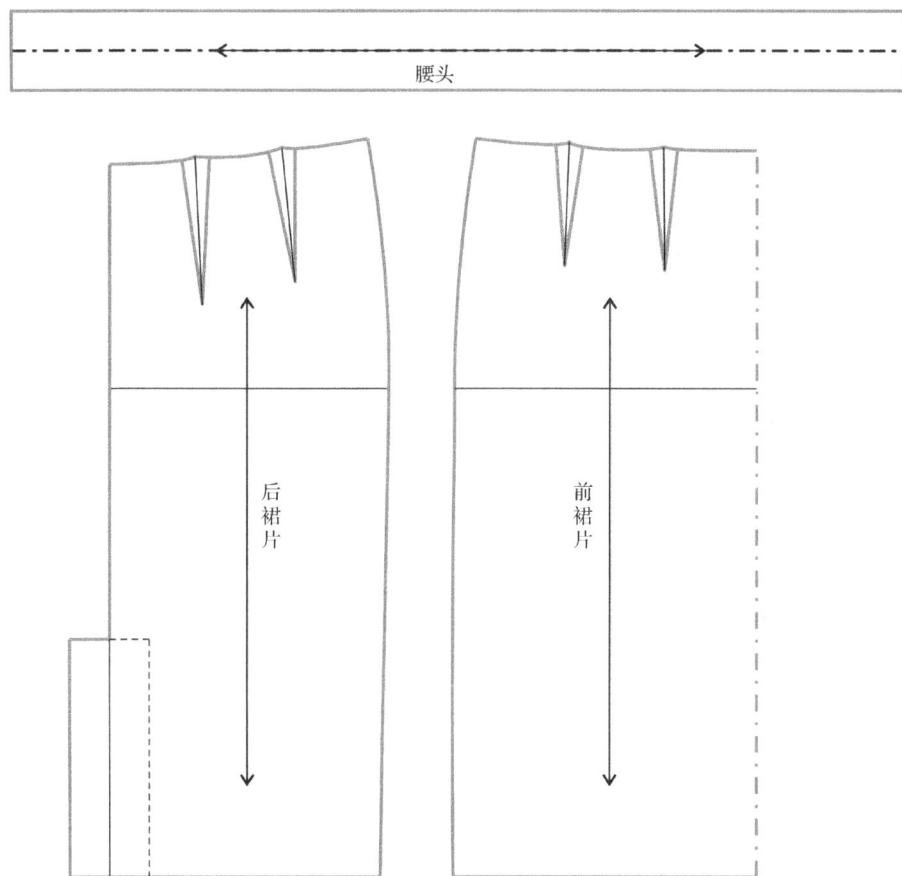

图 3-1-4　西服裙结构净样板

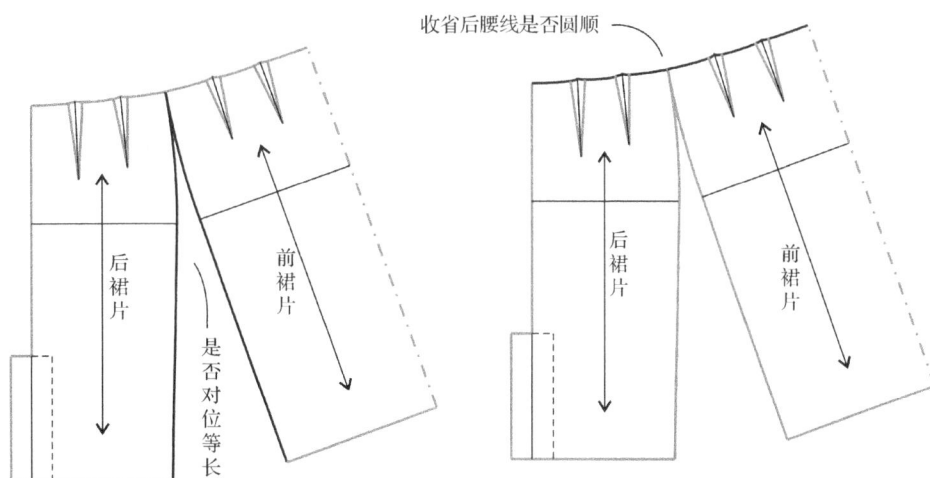

收省后腰线是否圆顺

图 3-1-5　西服裙样板尺寸复核

（2）对位处理

根据款式缝制需要，针对后中拉链位，腰头的前中、侧缝、后中以及各省道的两边等位置应进行对位剪口的处理，并针对各省道的省尖点进行钻孔处理。钻孔处理不宜刚好在省尖，以免在后期钻孔处理时扎坏面料，影响外观。

3. 裁剪样板制作

（1）面料样板

由于后开衩为叠衩，因此后裙片要分左右片。西服裙开衩一般为右片盖左片，其左片开衩位要放两个衩的宽度，然后放缝。

如图 3-1-6 所示，西服裙面料样板的侧缝装拉链，一般放缝 1.2～1.5cm，后中放缝 1.5cm，开衩位放缝可略大，衩的宽度一般为 3～4cm，下摆贴边宽一般为 3～4cm。

另外，裁剪样板上还应标明丝缕线，写上款式名称、号型、裁片名称和裁片数量，并在必要的部位打上剪口和钻孔。如果有款式编号或样板编号，那么也应在样板上标明。

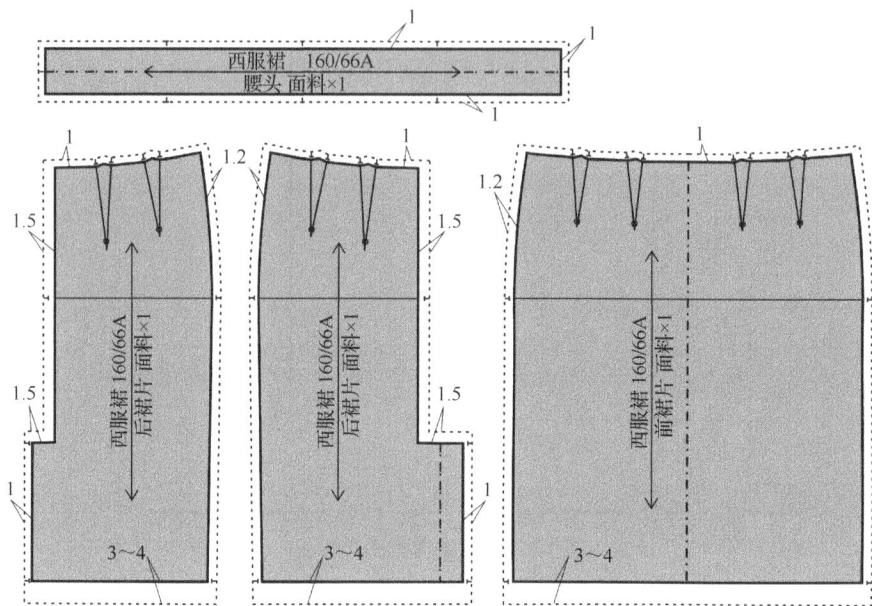

图 3-1-6　西服裙面料样板（单位：cm）

（2）里料样板

一般而言，西服裙的里料尺寸要比面料略大，也就是需要有一定的坐缝（宽松量，又称放松量），目的是防止面料被里料拉扯而导致表面不平服。在裙子的放缝中，侧缝为 1.2cm，后中缝为 1.5cm，而里料的缝份一般为 1cm，多余的量即为坐缝量。如果面料侧缝放缝 1cm，则里料的侧缝要另加坐缝。里料样板和面料样板一样，需要标明丝缕线，写上文字标识。西服裙面料、里料贴合示意图如图 3-1-7 所示。

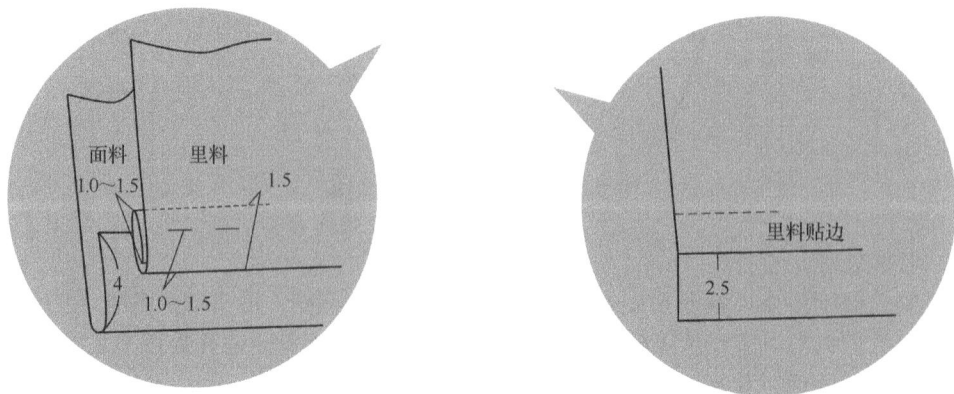

图 3-1-7　西服裙面料、里料贴合示意图（单位：cm）

西服裙里料放缝的几个要点如下。

1）为防止拉链起吊、起皱，在装拉链的位置，里料中可以适当追加 0.5cm 左右的装拉链缩缝量。

2）裙子里料下摆一般与面料下摆分开，里料下摆为三折边，正面缉明线宽为 1.5cm，则贴边宽应为 2.5cm。如果正面缉明线宽为 1cm，则贴边宽应为 2cm。

3）裙子开衩若为叠衩，上层的里料在开衩位置必须挖掉一块（长度为衩长，宽度为衩宽）。

4）不管面料样板腰部的是褶裥还是省道，里料腰部均做褶裥。

西服裙里料样板如图 3-1-8 所示。

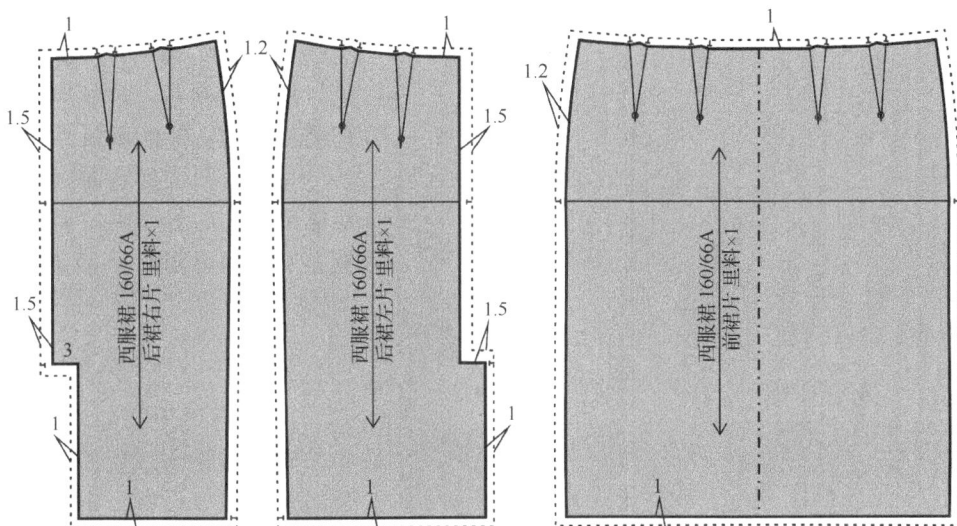

图 3-1-8　西服裙里料样板（单位：cm）

（3）衬料样板

裙子一般只需要在腰和开衩的部位贴衬。衬料尺寸一般比毛样略小，开衩部位粘衬宽度比开衩净缝线宽 1cm。腰头衬料样板根据制作方法的不同而不同。西服裙衬料样板如图 3-1-9 所示。

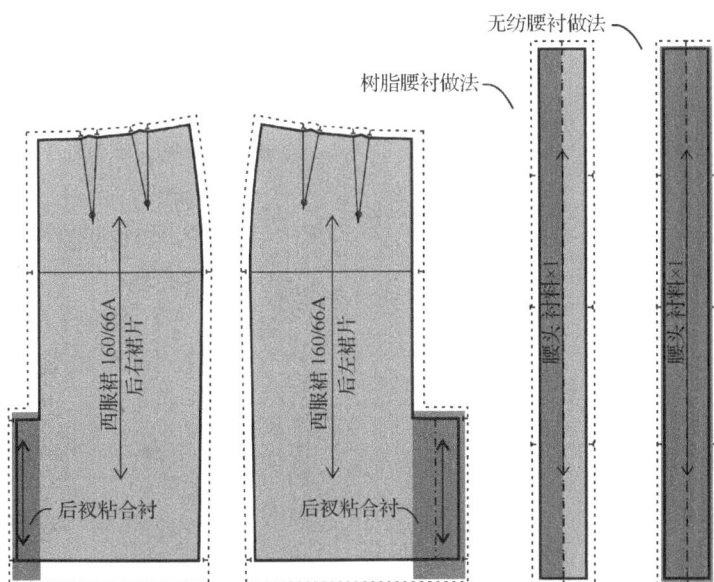

图 3-1-9　西服裙衬料样板

（4）裁剪排料

1）面料排料。面料排料时，需要考虑面料的材质、图案，如是否有倒顺毛、是否对条对格等。把面料布幅对折后进行面料排版，然后进行纸样画样、裁剪等工作。

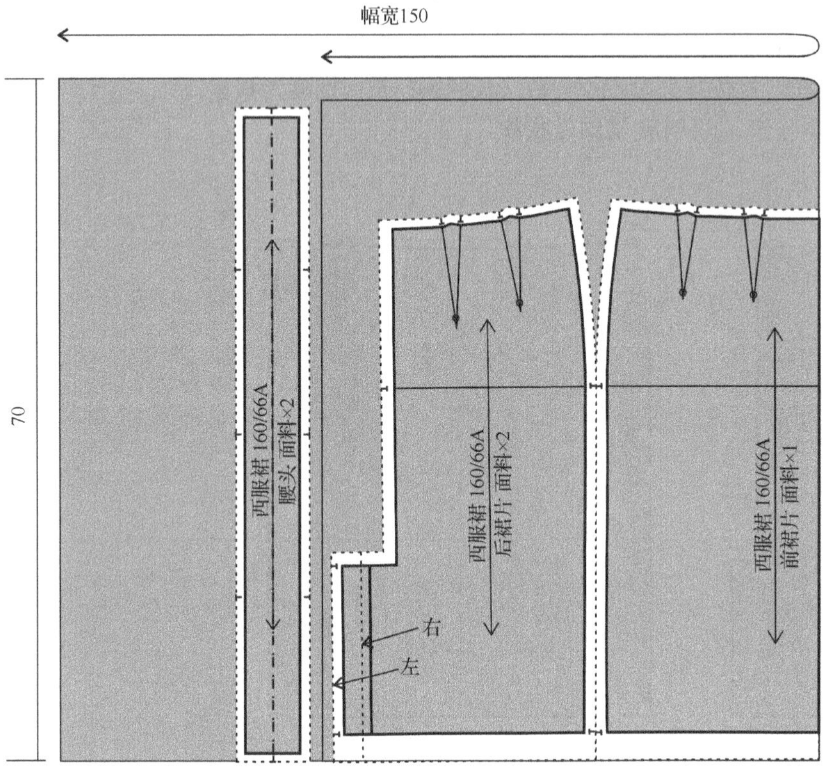

面料排料部件包括前裙片（对折裁 1 片）、后裙片（左右各 1 片，注意后片左右衩裁样不同）、腰头（1片）。西服裙面料排料如图 3-1-10 所示。

幅宽150

西服裙 160/66A 腰头 面料×2

西服裙 160/66A 后裙片 面料×2

右

左

西服裙 160/66A 前裙片 面料×1

70

图 3-1-10　西服裙面料排料（单位：cm）

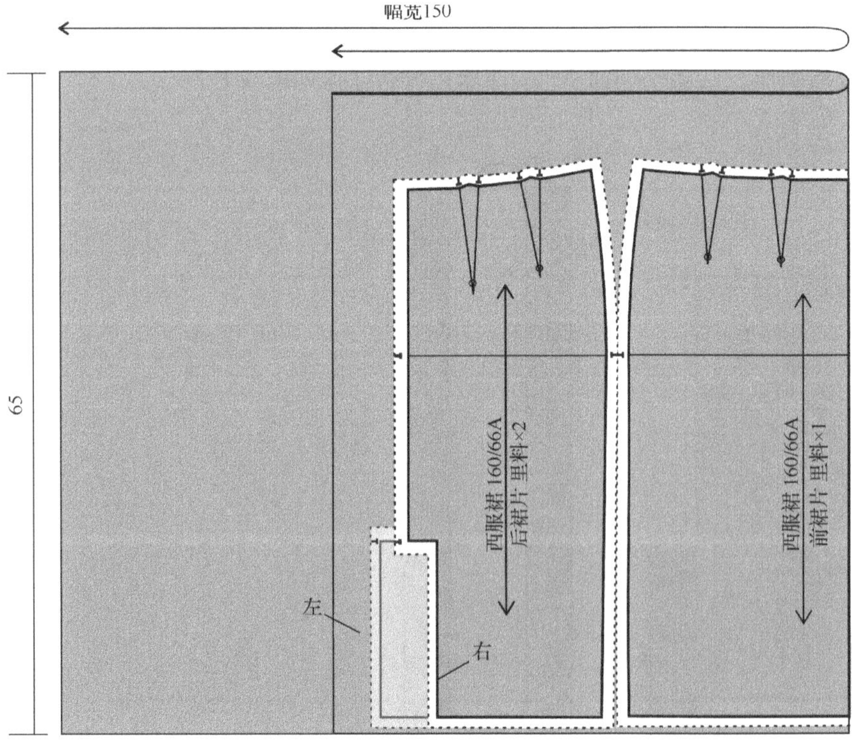

2）里料排料。把里料布幅对折后进行排料，因为里料无倒顺毛问题，所以排料时，样板可以颠倒，但要注意有图案的里料方向。

里料排料部件有前裙片（1 片）、后裙片（左右各 1 片，注意衩的位置左右裁剪不同）。西服裙里料排料如图 3-1-11 所示。

4. 剪板及校验复核

1）缝合边的核对。在服装样板中，除某些特定位置的缝合边因服装造型的需要设置一定的缝缩量或吃势量外，两条需要缝合的边长度通常应该相等。因此，需要对制作完成的裙子样板进行校验复核，主要检查前后侧缝、左右后中缝的长度是否一致。

2）样板规格的核对。样板各部位的规格必须符合制单要求或客户要求。样板规格校核的项目主要有长度、维度和宽度。在裙子样板中主要对腰围、臀围、下摆的维度、裙长等进行核对。另外，还需核对开衩长度、省道、拉链长度等小部位的规格设置是否合理。

幅宽150

西服裙 160/66A 后裙片 里料×2

左

右

西服裙 160/66A 前裙片 里料×1

65

图 3-1-11　西服裙里料排料（单位：cm）

3）根据样衣或款式图检验。结合客户来样检验样板的制作是否符合款式要求；检验所有样板是否齐全；检验是否按照来样要求处理放缝和细节。

4）里料、衬料、工艺样板的检验。检验里料样板、衬料样板的制作是否正确，是否符合要求。

5）样板标注检验。检验样板的剪口是否齐全；检验应有的标注是否完整，如款式名称、款号、号型规格、裁片名称、裁片数量、丝缕线等是否已在样板上标注完整。

5. 成衣试穿效果

西服裙成衣试穿效果如图 3-1-12 所示。

图 3-1-12　西服裙成衣试穿效果

3.1.4　任务评价：西服裙样板制作任务评价

西服裙样板制作任务评价标准如表 3-1-2 所示。

表 3-1-2　西服裙样板制作任务评价标准

评价内容		评价标准	备注
操作规范与职业素养		严格按照项目要求进行操作。遵守劳动纪律，服从安排；保持场地清洁；工具摆放整齐规范；按规程进行操作，工作不超时等	
西服裙制版任务成果	尺寸规格	西服裙裙长、腰围、臀围等成品规格尺寸及局部规格尺寸设计符合西服裙制版通知单中的规格尺寸要求，并与款式特征相吻合	
		西服裙各样板结构设计合理，各号型纸样各部位尺寸误差符合西服裙制版通知单中的误差尺寸要求	
	样板吻合	西服裙前后片侧缝线等对应部位拼合长度一致	
	缝份加放	西服裙前后侧缝线、腰围线、下摆口等各部位缝份、折边量准确，符合工艺要求	
	必要标记	西服裙前后片、后片省位等局部结构的对位、剪口标记、纱向、钻孔、纸样名称及裁片数量标注齐全	
	样板推放	号型档差设置正确，推档正确、合理	
		各号型裁剪纸样、工艺纸样齐全，分类储存规范	
	样板修剪	纸样修剪圆顺、齐整、流畅	
	样板管理	对各号型裁剪样板和工艺样板的名称、样板号、数量、规格、使用情况、存放位置等信息详细登记并建卡，做到物卡相吻合	

3.2 任务：A字裙工业样板制作

3.2.1 任务描述

【任务情境】

A字裙是较为流行的裙子种类之一，其腰部贴身而裙边逐渐变宽，呈现出A造型，多与衬衫搭配，在办公室穿着既得体又简洁。A字裙裙摆有一定的摆量，运动起来有一定的动态美，富有美感。在材料和摆量设计、长短设计等方面进行变化，A字裙可以产生各种各样的造型。

作为样板师的你接收到公司发送至板房的A字裙制版通知单，请你根据该通知单的信息进行样板制作。

【任务要求】

1）分析公司提供的A字裙制版通知单上的款式造型、部位之间的结构关系，面辅料特点、缝制工艺等内容。

2）根据生产任务选择中间号型，按照中间号型的规格尺寸选择合理的结构设计方法，绘制中间号型的A字裙结构制图，要求体现款式特征、结构准确合理、线条流畅。

3）在中间号型样板结构图基础上，按照企业生产标准进行中间号型的裁剪样板和工艺样板的制作，要求制作规范、片数完整。

4）检查和复核工业样板并剪板。

3.2.2 任务准备：识读制版通知单并解析款式图

A字裙制版通知单如图3-2-1所示。

××服装公司制版通知单

产品名称	A字裙		客户			数量		
订单号			款号			交货日期		

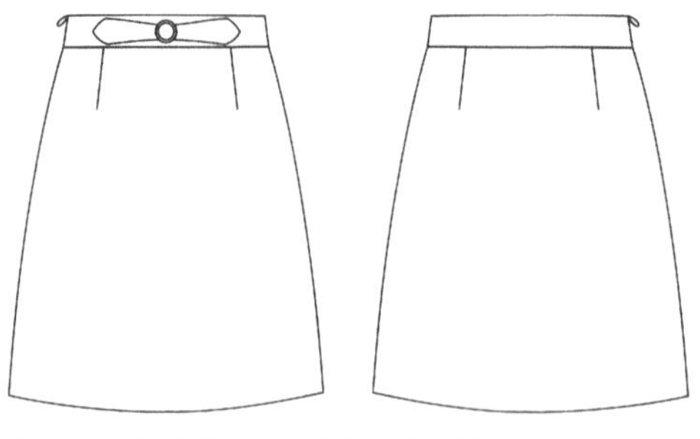

		规格	XS	S	M	L	XL
		号型	150/58A	155/62A	160/66A	165/70A	170/74A
	尺寸/cm	裙长	46	48	50	52	54
		腰围	58	62	66	70	74
		臀围	86	90	94	98	104
		腰宽	4	4	4	4	4
		拉链	18	18.5	19	19.5	20

质量要求		面料小样
工艺要求	特殊要求	
1. 缝线不起皱，松紧一致。针距3cm 12~14针，密度对称，回针牢固。撬边不暴针 2. 裙摆锁边再双层折边。商标缝于腰头后中下，洗涤标缝于左侧缝向前2cm，腰下口平缝 3. 压衬注意温度、牢度，粘衬不反胶 4. 不允许烫极光，不能有污迹线头，钉纽牢固 5. 拉链先预缩，后封口扎实 6. 规格正确。套装顺号码10件（条）一捆，配套生产包装	1. 面料采用涤棉混纺；锁边线采用涤弹丝；商标、洗涤标由客户提供，拉链采用YKK等 2. 腰头装饰贴片居中，配搭金属圆环	

图3-2-1 A字裙制版通知单

A字裙工业样板制作

1．识读制版通知单

在企业制版中，除了根据制版通知单设计纸样，一般还需要在实际操作中不断与服装设计师进行沟通。根据服装设计师的款式设计，把握好款式比例关系，熟悉设计内容和相关工艺说明，根据款式图特点和人体模型比例关系调整规格尺寸。

2．解析款式图

图 3-2-2 所示为 A 字裙正背面款式图，裙长适中，可以烘托出女性精明干练的气质，非常适合春夏时期穿着。A 字裙前后各 2 个省道，前中腰头饰有装饰贴片，缀有金属圆环，侧边开拉链，无纽扣叠位量。

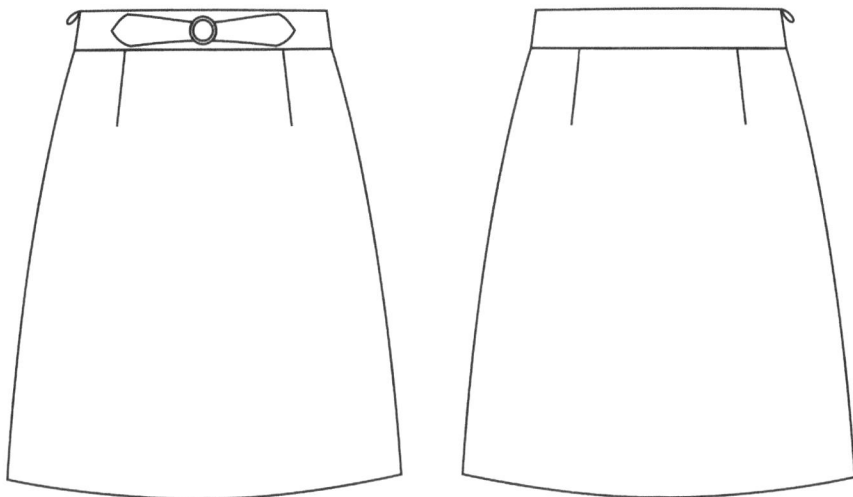

图 3-2-2　A 字裙正背面款式图

根据 A 字裙造型，一般适合选用有一定厚度和挺括度的面料，可选用棉、麻、呢绒及化纤面料，如棉卡其、华达呢、凡立丁、麦尔登等。

3．确定中间号型的规格尺寸

160/66A A 字裙规格尺寸如表 3-2-1 所示。

表 3-2-1　160/66A A 字裙规格尺寸　　　　　　　　　　单位：cm

部位	裙长	腰围	臀围	臀高	腰宽
尺寸	50	66	94	18	4

3.2.3　实践操作：完成 A 字裙工业样板

1．结构设计

1）作裙长=L=50（cm），臀高 18cm。确定上平辅助线、下平辅助线及臀围线。

2）在臀围线上确定前后片的臀围大小。前片取 $H/4+1$（cm），后片取 $H/4-1$（cm）。

3）确定腰围线。由前中心线向侧缝方向量取 $W/4+1+2.5$（1 个省）（cm），作该位置与臀围线的斜线，并上抬 2cm，作腰围弧线和侧缝弧线。将腰围弧线两等分，等分点即为省道所在位置。省道宽 2.5cm，省长 10cm。

由后中心线向侧缝方向量取 $W/4-1+3$（1 个省）（cm），作该位置与臀围线的斜线，并上抬 2cm，作腰围弧线和侧缝弧线。将腰围弧线两等分，等分点即为省道所在位置。省道宽 3cm，省长 11cm。

A 字裙结构制图如图 3-2-3 所示。

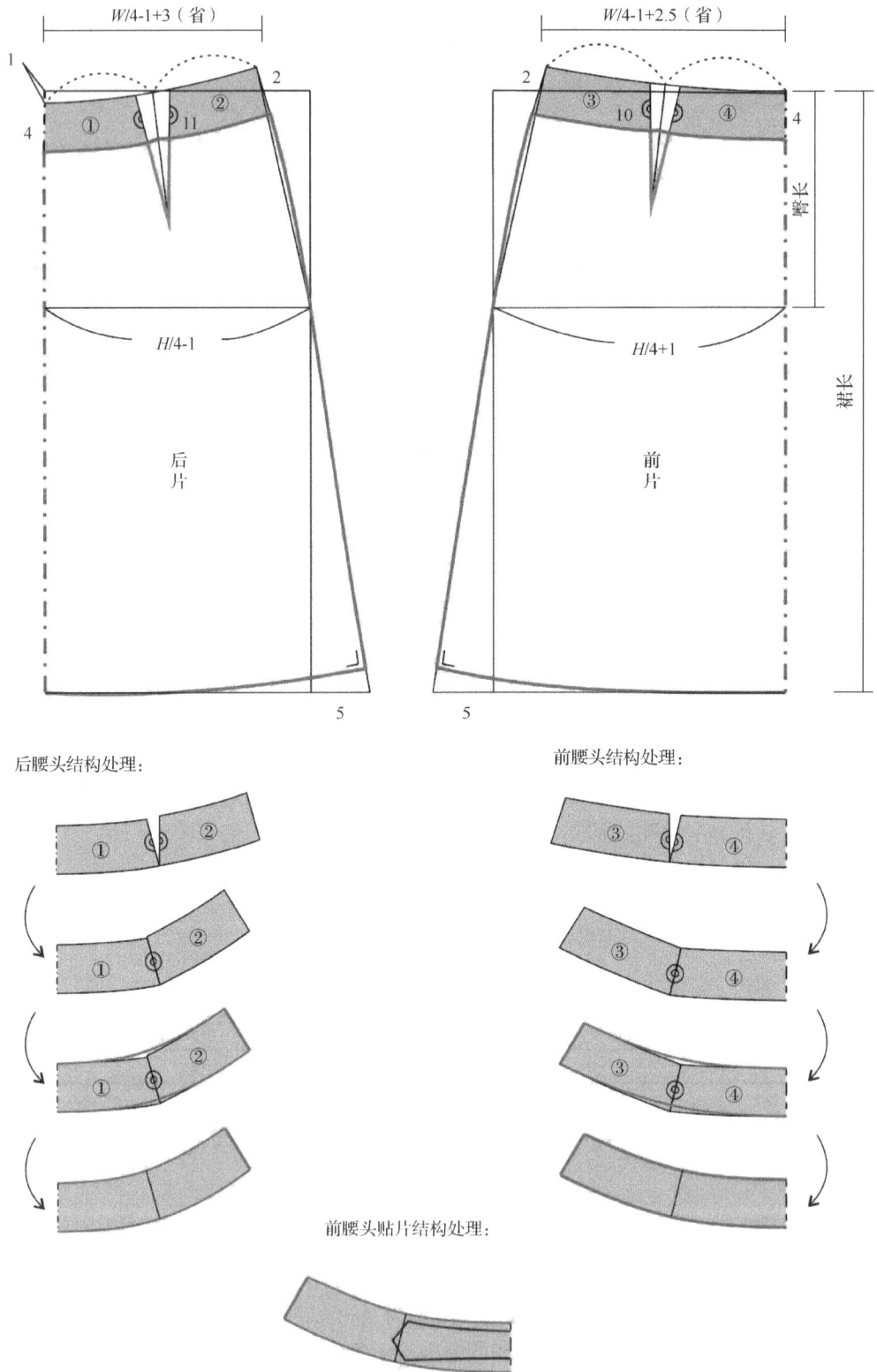

图 3-2-3　A 字裙结构制图（单位：cm）

截取腰线以下 4cm，绘制腰头，并通过省道合并的形式将腰头合并成弧形腰头。通常情况下，针对腰部人体曲线，弧形腰头有助于减小后期缝制时腰头抻拉变形。A 字裙结构净样板如图 3-2-4 所示。

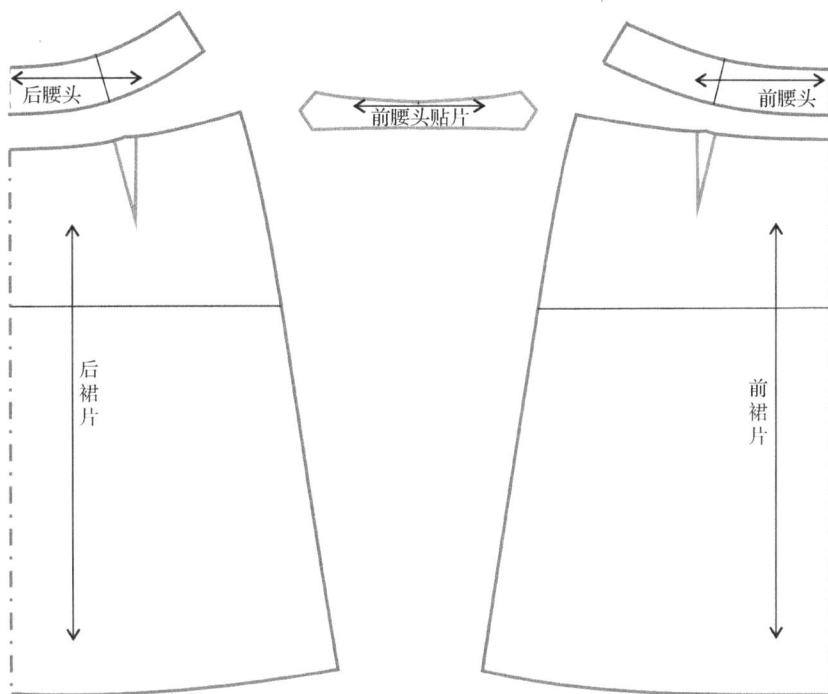

图 3-2-4 A 字裙结构净样板

2. 样板检验

（1）尺寸复核

在完成 A 字裙所有纸样的设计后，先要对各部位的尺寸进行细致检查，尺寸不符合制单和客户标准的地方需要加以修改，然后要进行线条细部的校验，仔细查看线条是否圆顺，不圆顺的地方需要进行修改。A 字裙样板复核如图 3-2-5 所示。

（2）对位处理

根据 A 字裙缝制需要，对侧边拉链位，腰头的前中、侧缝、后中，各省道的两边等位置进行对位剪口的处理，针对各省道的省尖点进行钻孔处理，以便后期进行对位缝制。

3. 裁剪样板制作

（1）面料样板

如图 3-2-6 所示，A 字裙样板的侧缝装拉链，一般放缝 1.2～1.5cm。由于拉链直开到腰头，因此腰头对应的装拉链的侧缝也放缝 1.5cm，下摆贴边宽一般为 3～4cm。

除了需要做好相应的对位标记和钻孔，样板上还应标明丝缕线，写上款式名称、号型、裁片名称和裁片数量，如果有款式编号或样板编号，那么也应在样板上标明。

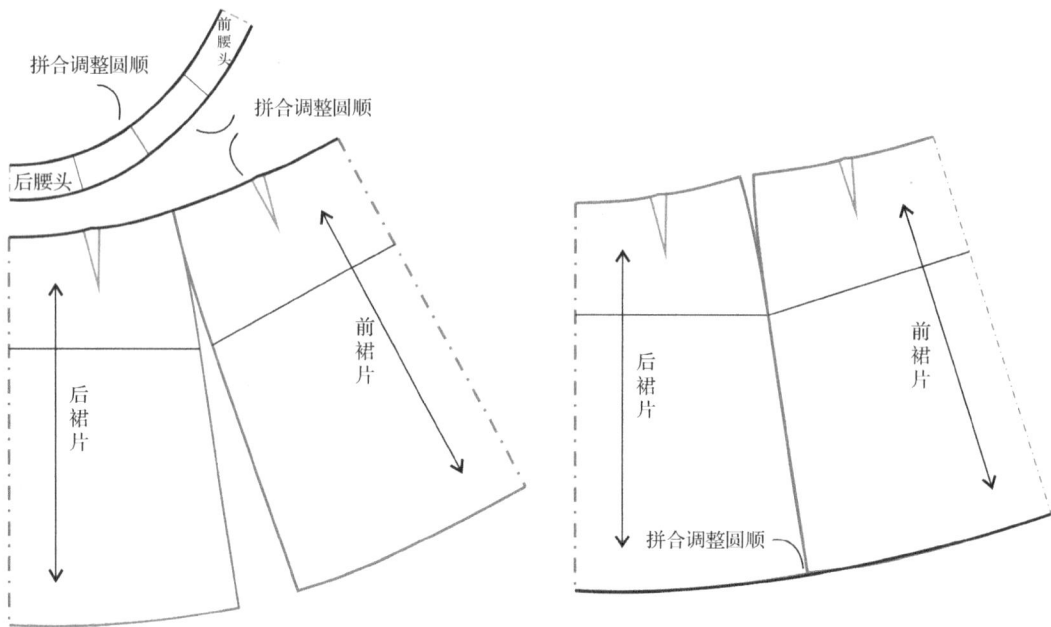

图 3-2-5　A 字裙样板复核

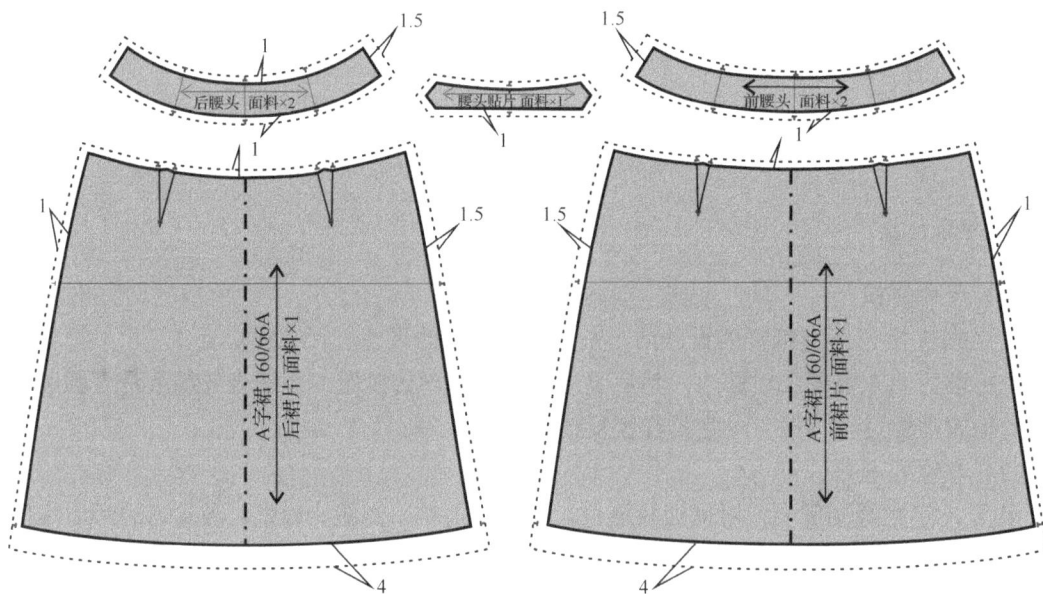

图 3-2-6　A 字裙面料样板（单位：cm）

（2）里料样板

为了保证里裙不会扯到面料，里料尺寸要比面料尺寸略大，因此，在具体的放缝中，装拉链侧缝为 1.5cm，另一侧缝为 1.2cm，多余的量即为坐缝量。由于下摆缝制过程中里料采用半里，下摆采用细三折边的方式，因此可比净样线短 1.2cm。此外，为减小腰头贴片的厚度，避免全部采用面料，内层可考虑采用轻薄的里料代替。

里料样板和面料样板一样，都需要做丝缕标记，写上文字标识。A 字裙里料样板如图 3-2-7 所示。

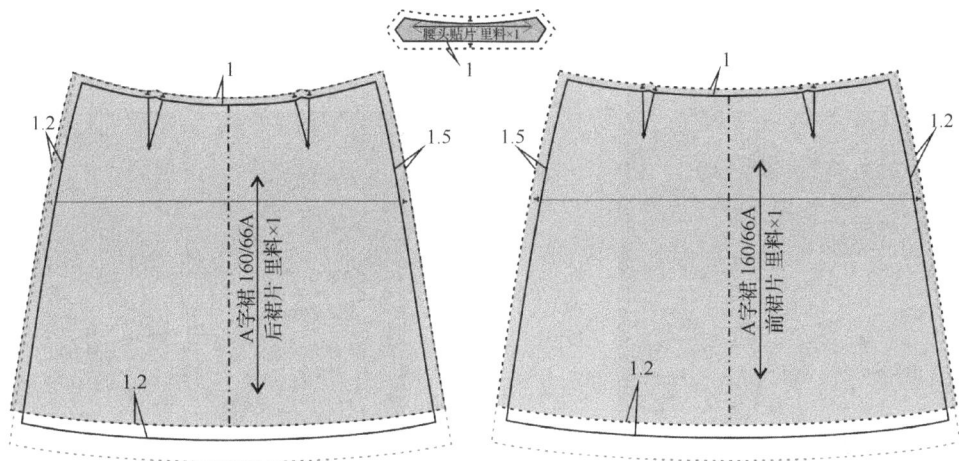

图 3-2-7　A 字裙里料样板（单位：cm）

（3）衬料样板

为塑造平服挺括的裙型，需要在腰头和腰头贴片的部位贴衬。衬料尺寸一般可比毛样尺寸略小。A 字裙衬料样板如图 3-2-8 所示。

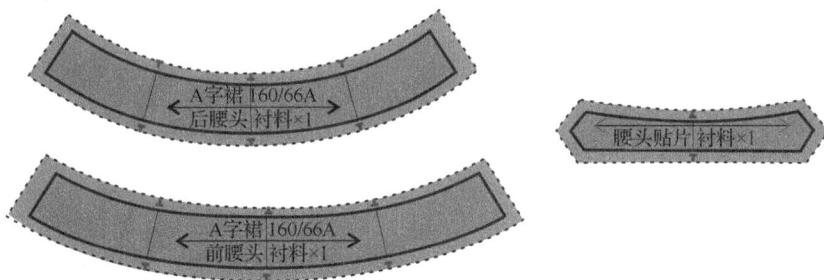

图 3-2-8　A 字裙衬料样板

（4）裁剪排料

1）面料排料。在进行面料排料时，需要重点考虑客户所提出的面料材质、面料图案倒顺毛、对条对格等特殊要求。根据实际情况把面料布幅对折后进行面料排版，然后画样、裁剪。

面料排料部件包括前裙片（完整 1 片）、后裙片（完整 1 片）、前腰头（2 片）、后腰头（2 片）、腰头贴片（1 片）。A 字裙面料排料如图 3-2-9 所示。

2）里料排料。注意查看里料有无图案方向的问题，如果没有，那么可以考虑把里料样板进行颠倒排料处理，以节省实际的材料，进而节约成本。

里料排料部件包括前裙片（完整 1 片）、后裙片（完整 1 片）、腰头贴片（1 片）。A 字裙里料排料如图 3-2-10 所示。

4. 剪板及校验复核

1）缝合边的核对。重点查看前后侧缝、裙片腰围和腰头的长度是否相互匹配，保证数据一致。

2）样板规格的核对。对腰围、臀围、下摆的维度、裙长等重点部位进行测量，查看其是否按照客户来样的规格要求进行设计。另外，需核对省道、拉链长度等小部位的规格设置是否合理。

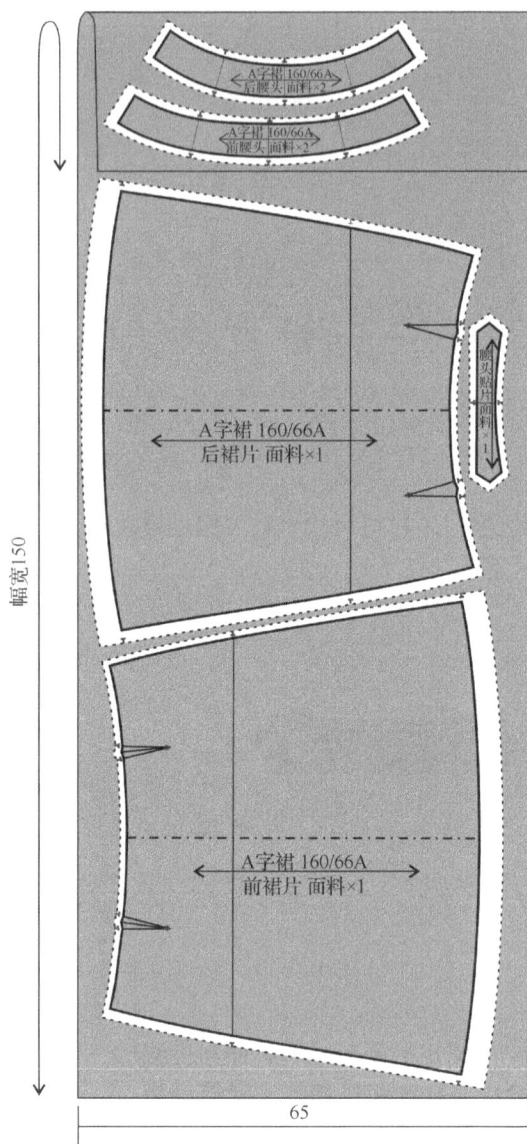

图 3-2-9　A 字裙面料排料（单位：cm）

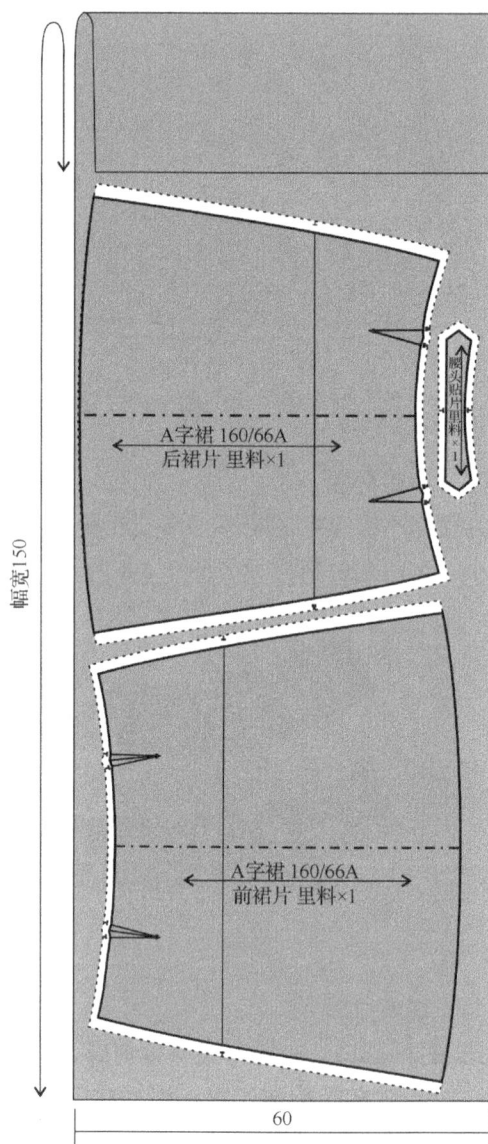

图 3-2-10　A 字裙里料排料（单位：cm）

3）根据样衣或款式图检验。查看各样板比例是否符合来样要求，样板数量是否齐全且满足后期工艺车缝要求。

4）里料样板、衬料样板的检验。检验里料样板、衬料样板的制作是否正确，是否符合要求。

5）样板标注检验。检验样板的剪口是否齐全；检验应有的标注是否完整，如款式名称、款号、号型规格、裁片名称、裁片数量、丝缕线等是否已在样板上标注完整。

5. 成衣试穿效果

A 字裙成衣试穿效果如图 3-2-11 所示。

图 3-2-11　A 字裙成衣试穿效果

3.2.4　任务评价：A 字裙样板制作任务评价

A 字裙样板制作任务评价标准如表 3-2-2 所示。

表 3-2-2　A 字裙样板制作任务评价标准

评价内容		评价标准	备注
操作规范与职业素养		严格按照项目要求进行操作。遵守劳动纪律，服从安排；保持场地清洁；工具摆放整齐规范；按规程进行操作，工作不超时等	
A 字裙制版任务成果	尺寸规格	A 字裙裙长、腰围、臀围等成品规格尺寸及局部规格尺寸设计符合 A 字裙制版通知单中的规格尺寸要求，并与款式特征相吻合	
		A 字裙各样板结构设计合理，各号型纸样各部位尺寸误差符合 A 字裙制版通知单中的误差尺寸要求	
	样板吻合	A 字裙前后片侧缝线等对应部位拼合长度一致	
	缝份加放	A 字裙前后侧缝线、腰围线、下摆口等各部位缝份、折边量准确，符合工艺要求	
	必要标记	A 字裙前后片、后片省位等局部结构的对位、剪口标记、纱向、钻孔、纸样名称及裁片数量标注齐全	
	样板推放	号型档差设置正确，推档正确、合理	
		各号型裁剪纸样、工艺纸样齐全，分类储存规范	
	样板修剪	纸样修剪圆顺、齐整、流畅	
	样板管理	对各号型裁剪样板和工艺样板的名称、样板号、数量、规格、使用情况、存放位置等信息详细登记并建卡，做到物卡相吻合	

3.3 任务：斜裙工业样板制作

3.3.1 任务描述

【任务情境】

斜裙又称喇叭裙，裁制时所采用的面料丝缕一般呈斜向，这样可以使斜裙下摆的波浪均匀分布，褶型自然，一般腰部不收省，下摆呈喇叭状。常见的斜裙有两片、四片、六片、八片等形式。

作为样板师的你正在进行斜裙春夏新品的样板制作，请按照合作公司提供的斜裙制版通知单或来样进行斜裙工业样板的制作。

【任务要求】

1）分析合作公司提供的斜裙制版通知单上的款式造型、部位之间的结构关系，面辅料特点、缝制工艺等内容。

2）根据生产任务选择中间号型，按照中间号型的规格尺寸选择合理的结构设计方法，绘制中间号型的斜裙结构制图，要求体现款式特征、结构准确合理、线条流畅。

3）在中间号型样板结构图基础上，按照企业生产标准进行中间号型的裁剪样板和工艺样板的制作，要求制作规范、片数完整。

4）检查和复核工业样板并剪板。

3.3.2 任务准备：识读制版通知单并解析款式图

斜裙制版通知单如图 3-3-1 所示。

××服装公司制版通知单

产品名称	四片斜裙	客户			数量		
订单号		款号			交货日期		

		规格	XS	S	M	L	XL
		号型	150/58A	155/62A	160/66A	165/70A	170/74A
	尺寸/cm	裙长	79	81	83	85	87
		腰围	58	62	66	70	74
		腰宽	3	3	3	3	3
		拉链	18	18.5	19	19.5	20

质量要求		面料小样
工艺要求	特殊要求	
1. 缝线不起皱，松紧一致。针距3cm 12～14针，密度对称，回针牢固。撬边不暴针 2. 裙摆锁边有双层折边。商标缝于腰头后中下位置，洗涤标缝于左侧缝向前2cm处，腰下口平缝 3. 压衬注意温度、牢度，粘衬不反胶 4. 不允许烫极光，不能有污迹线头，钉纽牢固 5. 拉链先预缩，封口扎实 6. 规格正确。套装顺号码10件（条）一捆，配套生产包装	1. 面料采用涤棉混纺；锁边线采用涤弹丝；商标、洗涤标由客户提供，拉链采用YKK等 2. 后中开拉链，腰头有纽扣叠量，扣位位于腰头后中中间位	

图 3-3-1　斜裙制版通知单

1. 解析款式图

图 3-3-2 所示为四片斜裙正背面款式图。四片斜裙裙身由 4 片组成，裙片在前后中心线及左右侧缝处缝合，是典型的对称款式，整体效果稳定、平衡。

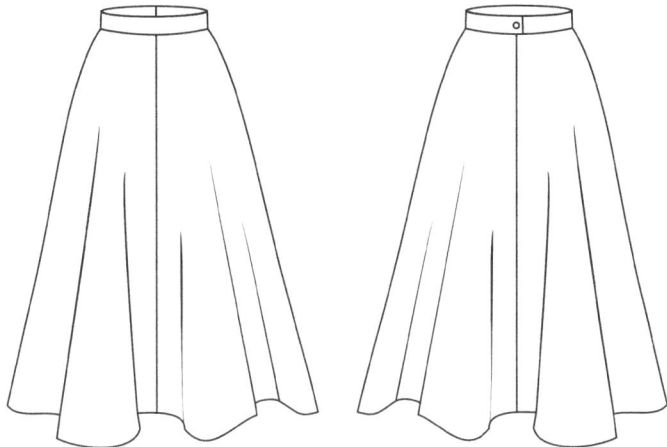

图 3-3-2　四片斜裙正背面款式图

四片斜裙的摆幅通常不宜过大，因为摆幅过大时，单位裁片的侧缝线斜度会增大，导致侧缝线与中心线处的面料丝缕方向出现明显的变形，影响整个裙子的造型，从而使裙摆的长度和褶量不均匀。因此，通常需要使裁片两边的丝缕斜度一致，以保证裙摆褶量均匀，具备良好的悬垂性。

根据裙子的造型，一般适合选用悬垂性好的面料，可选用丝织物、精纺呢绒及化纤面料。

2. 确定中间号型的规格尺寸

160/66A 斜裙规格尺寸如表 3-3-1 所示。

表 3-3-1　160/66A 斜裙规格尺寸　　　　　　　　　　　　　　单位：cm

部位	裙长	腰围	臀高	腰宽
尺寸	83	66	18	3

3.3.3　实践操作：完成斜裙工业样板

1. 结构设计

1）作裙长=L-3=80（cm）。

2）确定上口大为 $W/4$，下口大为 60cm，以裙长线作为对称轴两边平分。

3）连接上下口线，下摆起翘，保证与侧缝线呈 90° 夹角，以保证缝合后下摆线条顺畅。斜裙结构制图和斜裙结构净样板分别如图 3-3-3 和图 3-3-4 所示。

2. 样板检验

（1）尺寸复核

完成斜裙所有纸样的设计后，先要认真核对各部位的尺寸，查看其是否符合制单和客户要求，然后要进行线条细部的校验，仔细查看线条是否圆顺，线条不圆顺的地方需要进行修改。斜裙样板尺寸复核如图 3-3-5 所示。

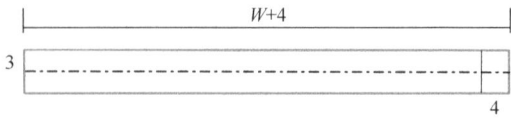

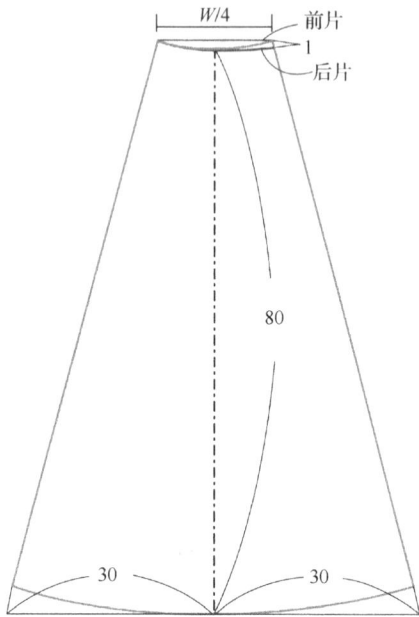

图 3-3-3　斜裙结构制图（单位：cm）

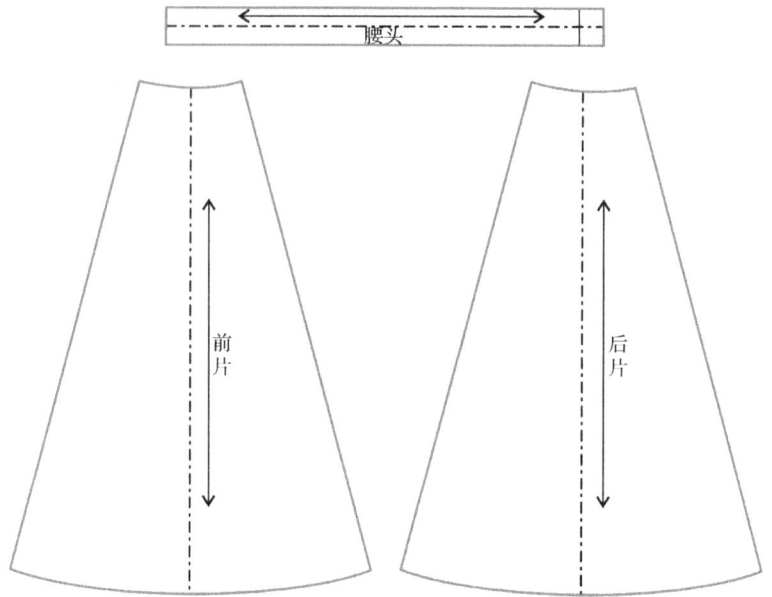

图 3-3-4　斜裙结构净样板

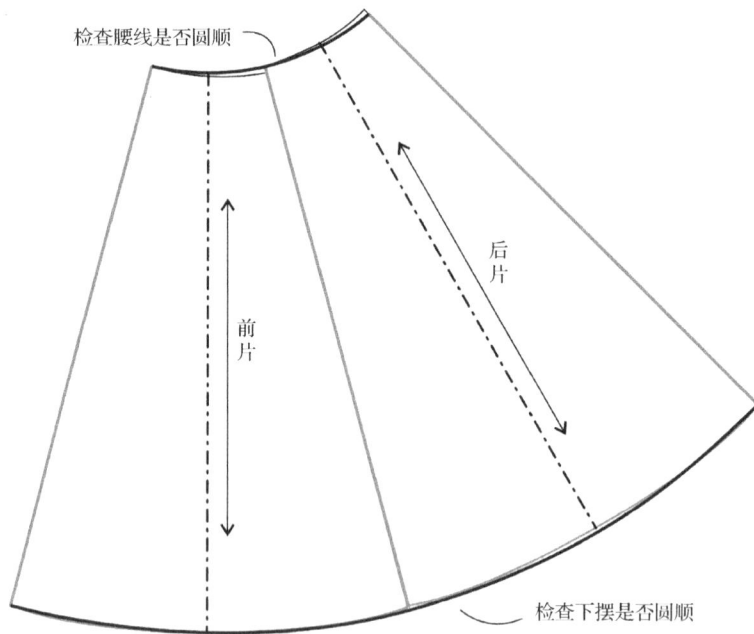

图 3-3-5　斜裙样板尺寸复核

（2）对位处理

根据款式缝制需要，针对后中拉链位、腰头的前中、侧缝、纽扣位等位置进行对位剪口的处理，方便后期对位缝制。

3. 裁剪样板制作

（1）面料样板

斜裙面料样板（图 3-3-6）的侧缝一般放缝 1cm，后中装拉链一般放缝 1.5cm，下摆因弧度较大，贴边宽不宜过大，一般以 1.2~2cm 为宜。样板制作完成后需要进行对位剪口处理，同时进行必要的标注。

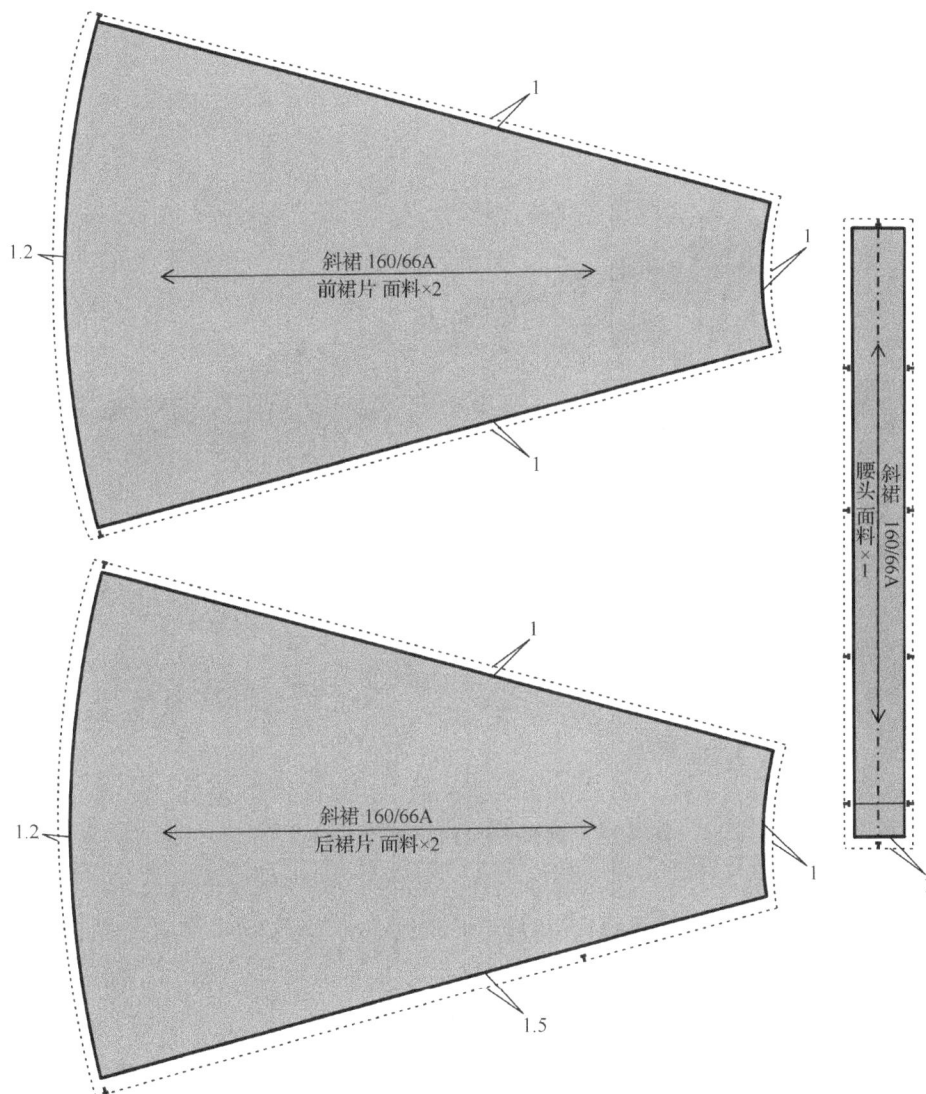

图 3-3-6　斜裙面料样板（单位：cm）

（2）里料样板

前后片里料在侧缝放出 0.2cm 的坐缝。后中装拉链抬高 0.5cm 的里料缝缩量。裙子里料一般与面料下摆分开，里料下摆比净样略短 1.2cm，下摆为三折边，贴边宽为 1.2cm。与面料样板一样，里料样板也需要处理丝缕方向，标注细节。斜裙里料样板如图 3-3-7 所示。

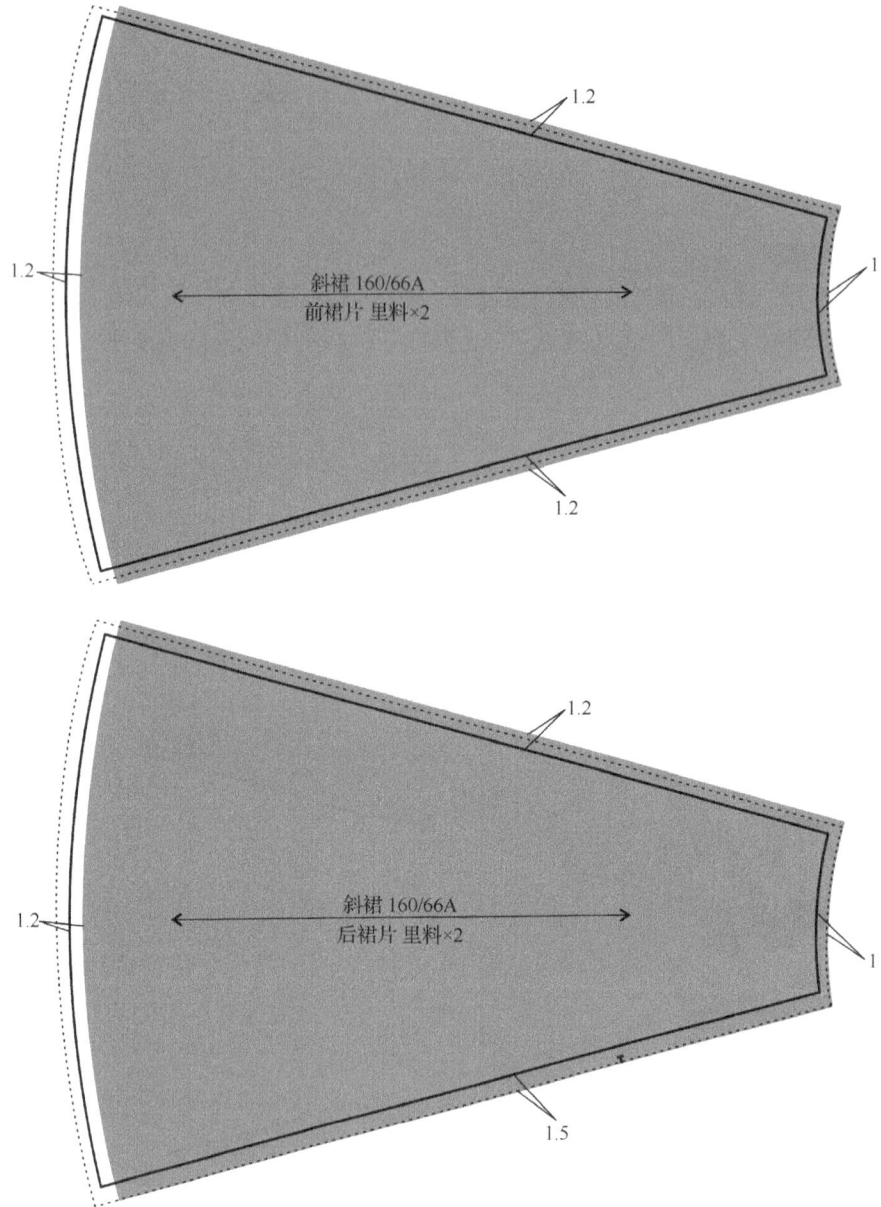

图 3-3-7 斜裙里料样板（单位：cm）

（3）衬料样板

斜裙一般只需要在腰头部位贴衬。衬料尺寸可比毛样尺寸略小，腰头衬料样板根据制作方法的不同而不同。斜裙衬料样板如图 3-3-8 所示。

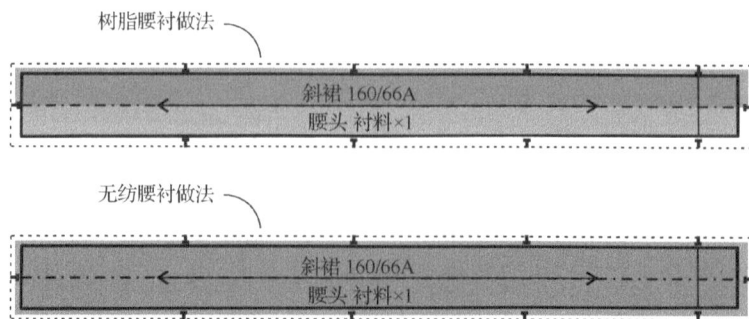

图 3-3-8 斜裙衬料样板

（4）裁剪排料

1）面料排料。在进行面料排料时，需要重点考虑客户所提出的面料材质、面料图案倒顺毛、对条对格等特殊要求。根据实际情况把面料布幅对折后进行面料排版，然后画样、裁剪。

面料排料部件包括前裙片（2 片）、后裙片（2 片）、腰头（1 片）。斜裙面料排料如图 3-3-9 所示。

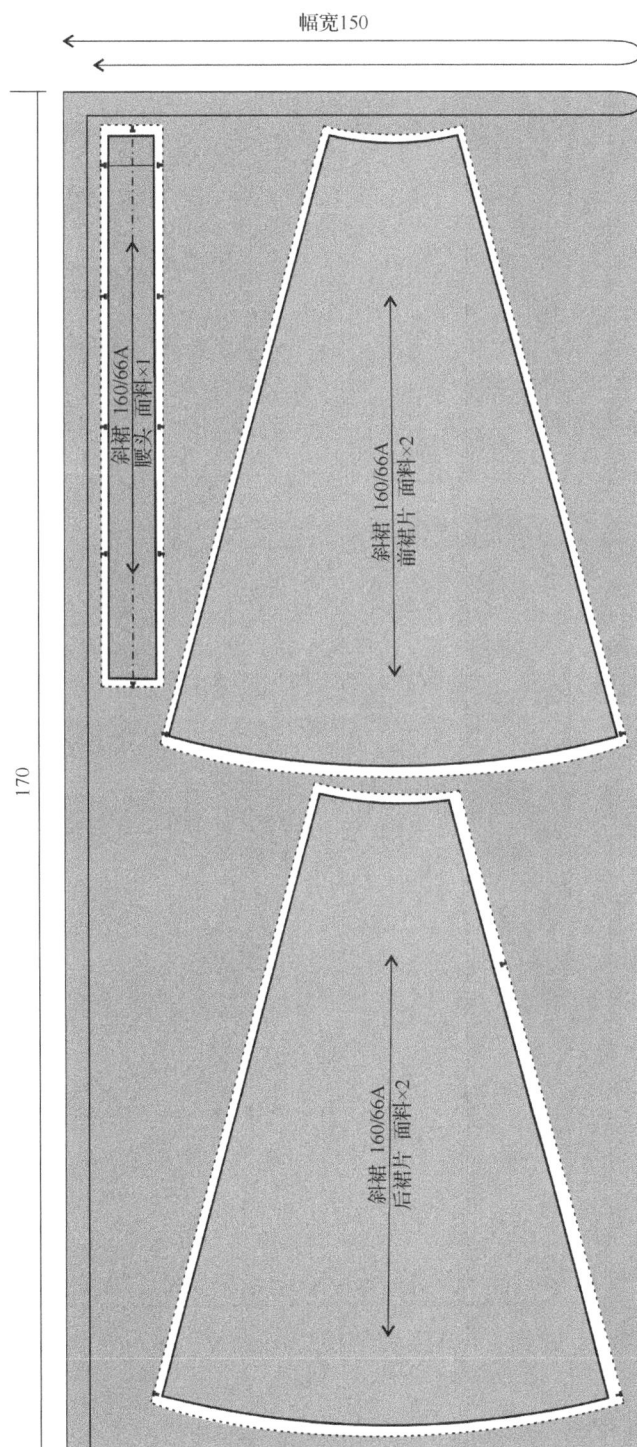

图 3-3-9　斜裙面料排料（单位：cm）

2）里料排料。注意查看里料有无图案方向的问题，若无，则可以考虑把里料样板进行颠倒排料处理，以节省材料，进而节约成本。

里料排料部件包括前裙片（完整 1 片）、后裙片（完整 1 片）。斜裙里料排料如图 3-3-10 所示。

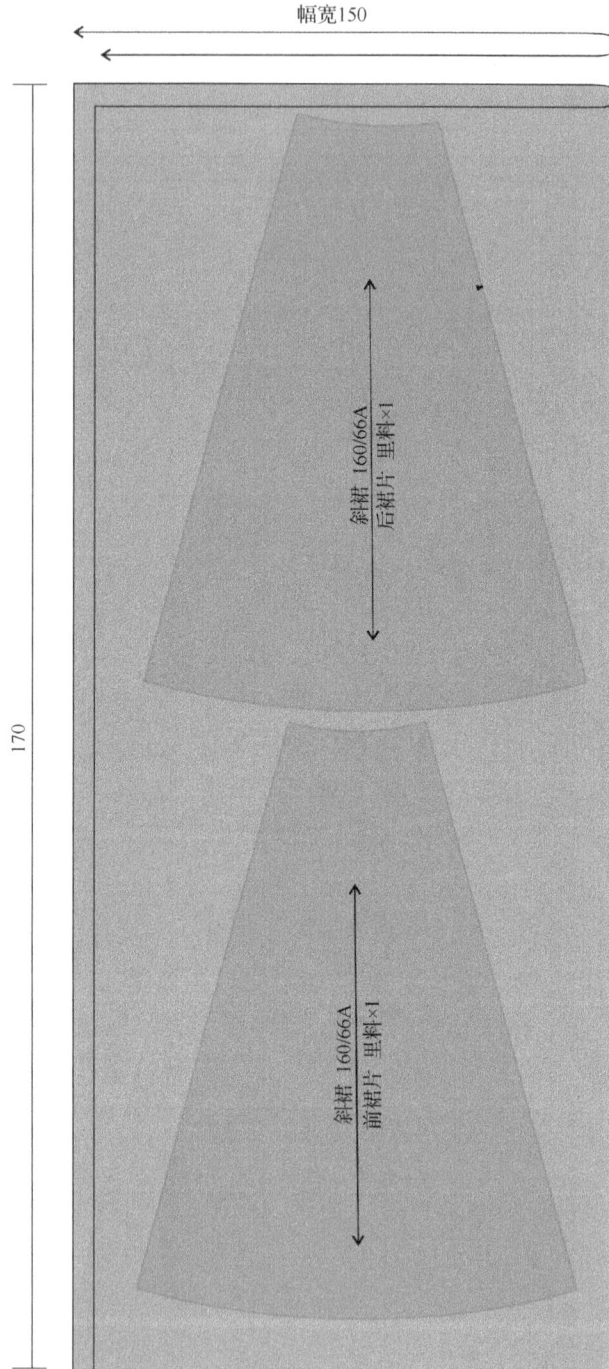

图 3-3-10　斜裙里料排料（单位：cm）

4．剪板及校验复核

1）缝合边的核对。重点查看前后侧缝、前中和后中缝，裙片腰围和腰头的长度是否相互匹配，保证数据一致。

2）样板规格的核对。对腰围、臀围、下摆的维度、裙长等重点部位进行测量，查看其是否按照订单规格要求进行设计。另外，还需核对拉链长度、下摆的圆顺度、腰头装扣位等小部位的规格设置是否合理。

3）根据样衣或款式图检验。查看各样板比例是否符合来样要求，斜裙下摆摆量是否符合要求，整体样板数量是否齐全且满足后期工艺车缝要求。

4）里料样板、衬料样板的检验。检验里料样板、衬料样板的制作是否正确，是否符合要求。

5）样板标注检验。检验样板的剪口是否齐全；检验应有的标注是否完整，如款式名称、款号、号型规格、裁片名称、裁片数量、丝缕线等是否已在样板上标注完整。

5. 成衣试穿效果

斜裙成衣试穿效果如图 3-3-11 所示。

图 3-3-11　斜裙成衣试穿效果

3.3.4　任务评价：斜裙样板制作任务评价

斜裙样板制作任务评价标准如表 3-3-2 所示。

表 3-3-2　斜裙样板制作任务评价标准

评价内容		评价标准	备注
操作规范与职业素养		严格按照项目要求进行操作。遵守劳动纪律，服从安排；保持场地清洁；工具摆放整齐规范；按规程进行操作，工作不超时等	
斜裙制版任务成果	尺寸规格	斜裙裙长、腰围、臀围等成品规格尺寸及局部规格尺寸设计符合斜裙制版通知单中的规格尺寸要求，并与款式特征相吻合	
		斜裙各样板结构设计合理，各号型纸样各部位尺寸误差符合斜裙制版通知单中的误差尺寸要求	

续表

评价内容		检查与评价标准	备注
斜裙制版任务成果	样板吻合	斜裙前后片侧缝线等对应部位拼合长度一致	
	缝份加放	斜裙前后侧缝线、腰围线、下摆口等各部位缝份、折边量准确，符合工艺要求	
	必要标记	斜裙前后片、后片省位等局部结构的对位、剪口标记、纱向、钻孔、纸样名称及裁片数量标注齐全	
	样板推放	号型档差设置正确，推档正确、合理	
		各号型裁剪纸样、工艺纸样齐全，分类储存规范	
	样板修剪	纸样修剪圆顺、齐整、流畅	
	样板管理	对各号型裁剪样板和工艺样板的名称、样板号、数量、规格、使用情况、存放位置等信息详细登记并建卡，做到物卡相吻合	

3.4 任务：育克裙工业样板制作

3.4.1 任务描述

【任务情境】

育克是外来语，英文名为 yoke，也称约克，指某些服装款式在前后衣片的上方，需横向剪开的部分。育克裙是由育克和裙子两部分组合而成的。育克裙一般有两种类型：一种是通过腰围以下省道的合并处理形成育克，减少缝缝；另一种是在腰围以上，或在齐胸处采用拼合处理，将裙子的腰围提高。不论哪种类型的育克裙，裙子上面的育克或下面的裙片，都可做出不同的造型变化。

作为样板师的你收到公司发送的育克裙制版通知单，请根据该通知单的信息进行制版。

【任务要求】

1）分析公司提供的育克裙制版通知单上款式造型、部位之间的结构关系，面辅料特点、缝制工艺等内容。

2）根据生产任务选择中间号型，按照中间号型的规格尺寸选择合理的结构设计方法，绘制中间号型的育克裙结构制图，要求体现款式特征、结构准确合理、线条流畅。

3）在中间号型样板结构图基础上，按照企业生产标准进行中间号型的裁剪样板和工艺样板的制作，要求制作规范、片数完整。

4）检查和复核工业样板并剪板。

3.4.2 任务准备：识读制版通知单并解析款式图

1. 识读制版通知单

开发育克裙款式前，需要由服装设计师和样板师根据来样造型和风格及产品市场定位，设定裙子的板型风格，并以此为依据进行成品规格设计。通常情况下，由于成衣受水洗、熨烫等因素的影响，成品规格会小于纸样规格，因此在设计纸样规格时，样板师应考虑面料的缩水率、熨烫缩率等诸多因素，事先加入一定的容量。样板师可以根据企业技术标准和经验初步确定这一容量，然后结合实际面料的材质和性能，并根据该款式造型和来样要求进行试穿、调整，同时对成品规格和容量进行微调，经过一定次数的试穿、改样、修改后最终确定成品规格。育克裙制版通知单如图 3-4-1 所示。

育克裙工业样板制作

××服装公司制版通知单

产品名称	育克裙	客户		数量	
订单号		款号		交货日期	

规格		XS	S	M	L	XL
号型		150/58A	155/62A	160/66A	165/70A	170/74A
尺寸/cm	裙长	46	48	50	52	54
	腰围	60	64	68	72	76
	臀围	86	30	91	98	102
	贴边	3	3	3	3	3
	拉链	17	17.5	18	18.5	19

质量要求		
工艺要求	特殊要求	面料小样
1. 缝线不起皱、松紧一致。针距 3cm 12~14 针，密度对称，回针牢固。撬边不暴针 2. 裙摆锁边再双层折边。商标缝于腰头后中下位置，洗涤标缝于左侧缝向前 2cm 处，腰口下平缝 3. 压衬注意温度、牢度，粘衬不反胶 4. 不允许烫极光，不能有污迹线头，钉纽牢固 5. 拉链先预缩，封口扎实 6. 规格正确。套装顺号码 10 件（条）一捆，配套生产包装	面料采用涤棉混纺；锁边线采用涤弹丝；商标、洗涤标由客户提供，拉链采用 YKK 等	

图 3-4-1 育克裙制版通知单

2. 解析款式图

图 3-4-2 为育克裙正背面款式图，腰下省道通过合并转化为育克，裙身部分进行加量设计，前后片裙身部分各加 2 个工字褶（暗褶），裙子拉链开在侧缝。这一款式育克裙集合了分割设计、省道合并、样板展开等制版技巧，以达到所需要的款式效果。为使裙子的外观效果最佳，可选用挺括、具有悬垂性的面料。裙子褶裥的大小可根据需要适量增减。

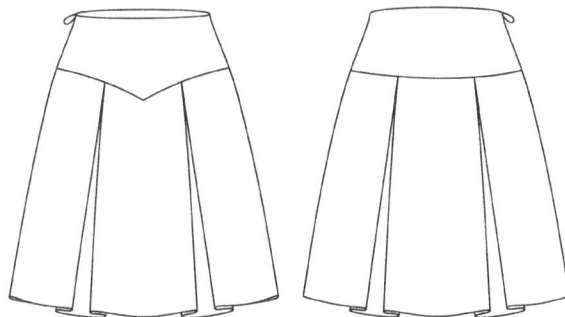

图 3-4-2 育克裙正背面款式图

3. 确定中间号型的规格尺寸

160/66A 育克裙规格尺寸如表 3-4-1 所示。

表 3-4-1 160/66A 育克裙规格尺寸 单位：cm

部位	裙长	腰围	臀围	臀高	贴边
尺寸	50	68	94	17	3

3.4.3 实践操作：完成育克裙工业样板

1. 结构设计

1）作裙长=50（cm）。

2）三线定长，包括腰围线、下摆线、臀围线的间距位置的确定。

3）设计裙片宽度，确定前后臀围=H/4。根据裙装的具体功能和造型，臀围的松量也可以分配为前多后少。

4）确定腰围线。由前中心线向侧缝方向量取 W/4+4（2 个省）（cm），作该位置与臀围线的斜线，并上抬 1cm，作腰围弧线和侧缝弧线。将腰围弧线三等分，等分点即为省道所在位置。两个省道宽度各为 2cm，靠近侧缝省省长 8cm，靠近前中省省长 9cm。

由后中心线向侧缝方向量取 W/4+4（2 个省）（cm），作该位置与臀围线的斜线，并上抬 1cm，作腰围弧线和侧缝弧线。将腰围弧线三等分，等分点即为省道所在位置。两个省道宽度各为 2cm，省长皆为 8cm。

5）绘制腰部分割线。从后腰线平行 8cm 绘制后片横向育克分割线，从前腰侧缝下落 8cm 处至腰线前中下落 13cm 处绘制前片横向育克分割线。

6）沿着靠近前中、后中的 2 个省道省尖画垂线至下摆，为裙片设置 2cm 跌量。

7）绘制 3cm 前后腰口贴边。

8）拼合前后片腰部育克。

9）展开设置裙摆工字褶。上段折线展开 8cm，下段折线展开 16cm。

育克裙结构制图、育克裙结构处理、育克裙结构净样板如图 3-4-3～图 3-4-5 所示。

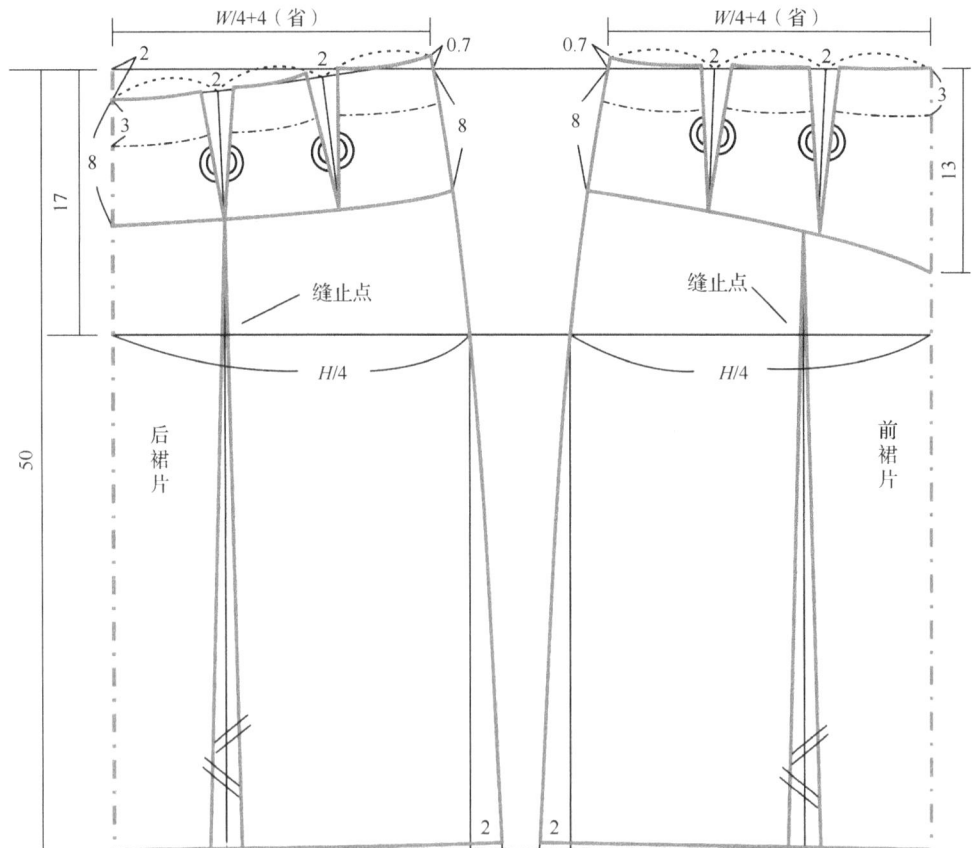

图 3-4-3　育克裙结构制图（单位：cm）

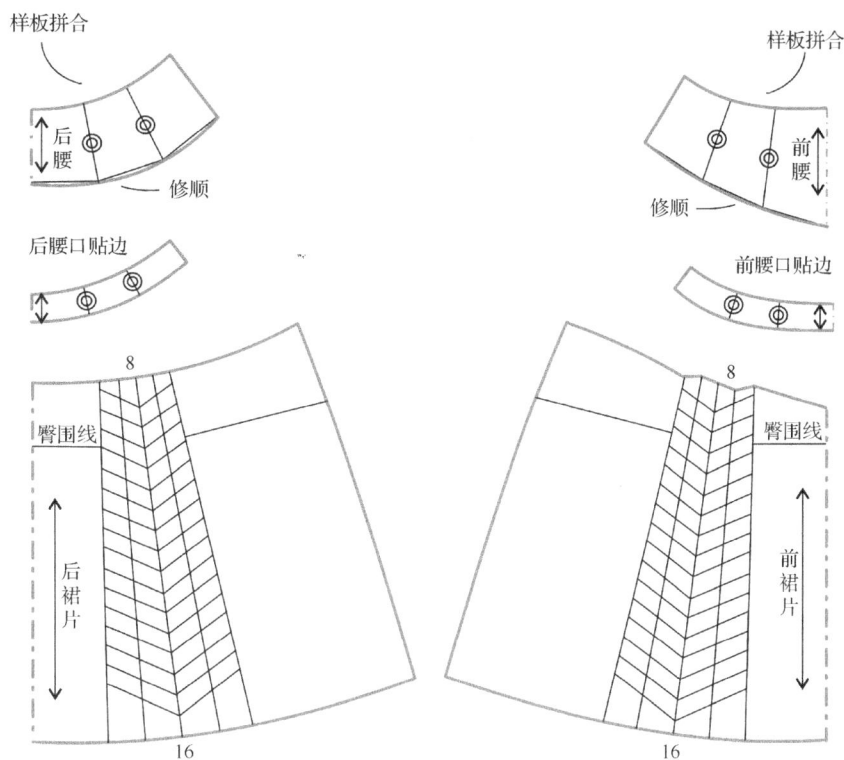

图 3-4-4 育克裙结构处理（单位：cm）

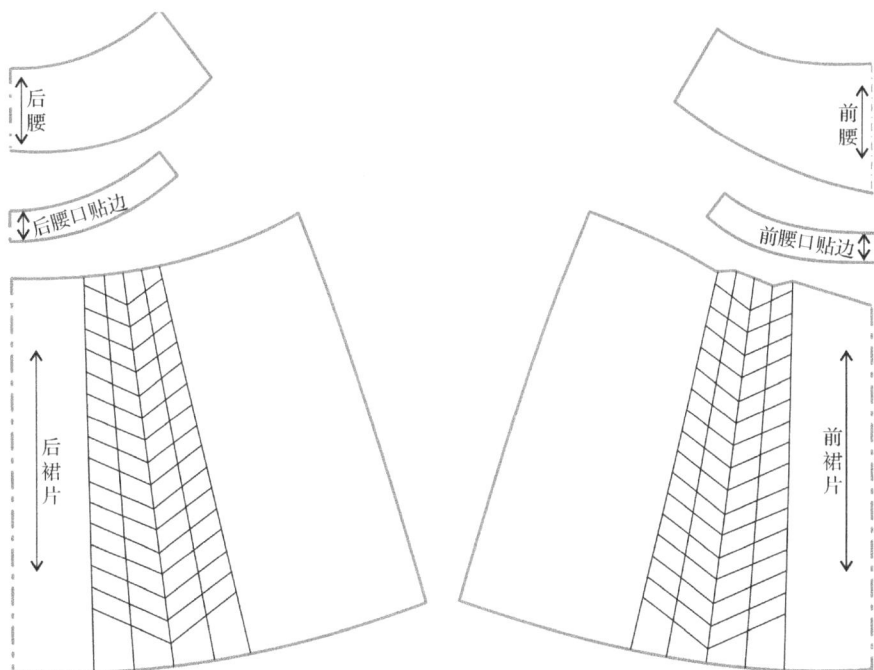

图 3-4-5 育克裙结构净样板

2. 样板检验

（1）尺寸复核

完成育克裙所有纸样的设计后，先要认真核对各部位的尺寸，查看其是否符合制单和客户要求，主要核对裙长、腰围等关键尺寸及核对育克大小、工字褶褶型等细部细节，然后要进行线条细部的校验，仔细查看线条是否圆顺，线条不圆顺的地方需要进行修改。育克裙样板尺寸复核如图 3-4-6 所示。

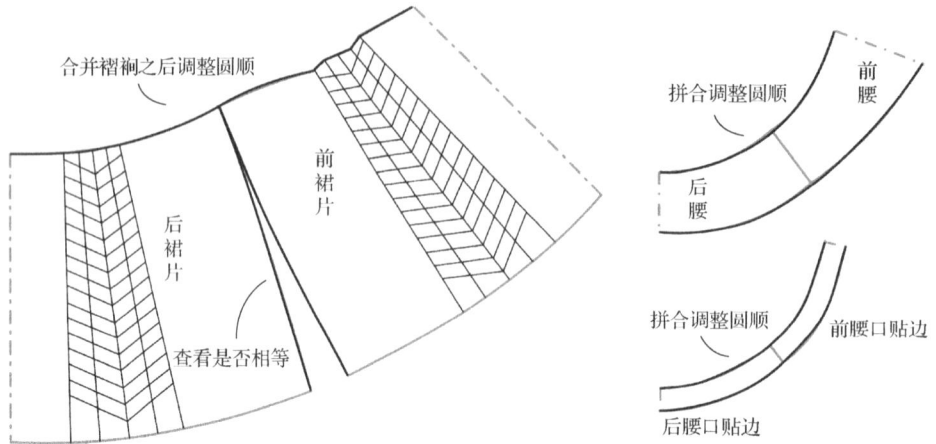

图 3-4-6　育克裙样板尺寸复核

（2）对位处理

根据款式缝制需要，对侧缝拉链位、腰头的褶位、前后裙片工字褶位等位置进行对位剪口的处理，方便后期对位缝制。

3．裁剪样板制作

（1）面料样板

由于侧缝装拉链，因此育克裙面料样板（图 3-4-7）的侧缝可放缝 1.5cm，下摆有一定弧度，贴边宽 2~2.5cm，其余部位放缝 1cm。样板制作完成后需要进行对位剪口处理，尤其是工字褶褶位，同时进行必要的标注。

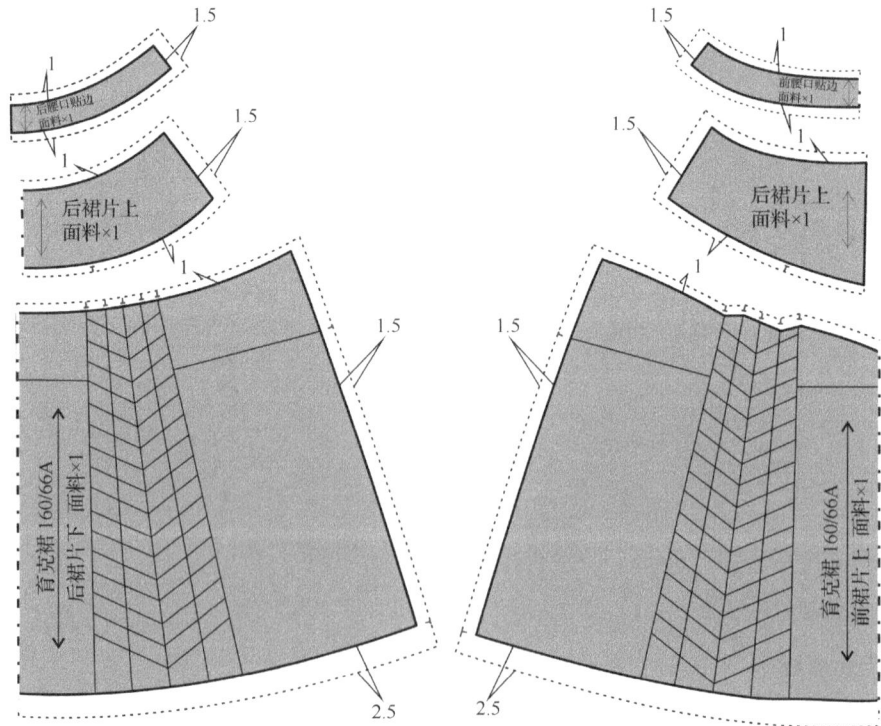

图 3-4-7　育克裙面料样板（单位：cm）

（2）里料样板

裙子里料一般与面料下摆分开，里料下摆比净样板略短 1.2cm，下摆为三折边，贴边宽为 1.2cm。与面料样板一样，里料样板也需要处理丝缕方向，并标注细节。育克裙里料样板如图 3-4-8 所示。

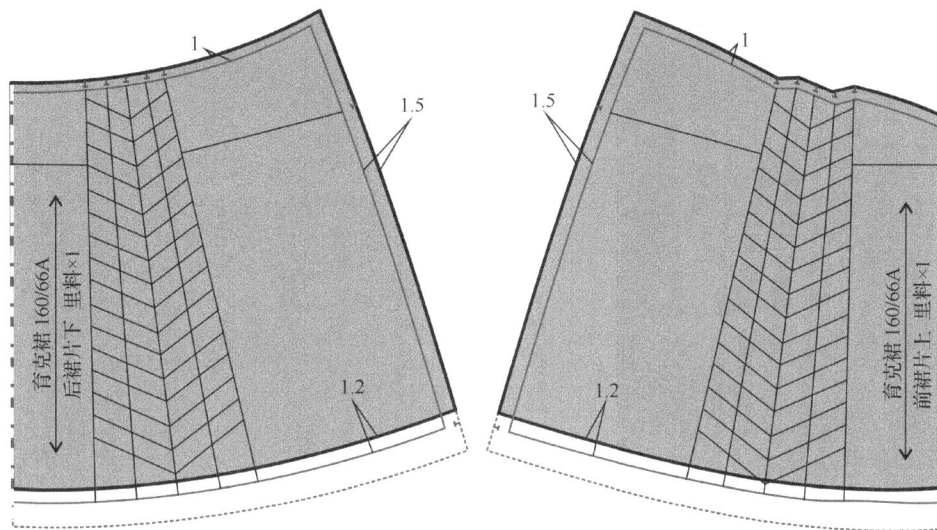

图 3-4-8　育克裙里料样板（单位：cm）

（3）裁剪排料

1）面料排料。在进行面料排料时，需要重点考虑客户所提出的面料材质、面料图案倒顺毛、对条对格等特殊要求。根据实际情况把面料布幅对折后进行面料排版，然后画样、裁剪。育克裙面料排料如图 3-4-9 所示。

2）里料排料。注意查看里料有无图案方向的问题，若无，则可以考虑把里料样板进行颠倒排料处理，以节省材料，进而节约成本。

里料排料部件包括前裙片（完整 1 片）、后裙片（完整 1 片）。育克裙里料排料如图 3-4-10 所示。

4. 剪板及校验复核

1）缝合边的核对。重点查看育克裙前后侧缝、裙片腰围和腰头的长度是否相互匹配，保证数据一致。

2）样板规格的核对。对腰围、裙长等重点部位进行测量，查看其是否按照订单规格要求进行设计。另外，还需核对拉链长度、下摆的圆顺度、褶量、腰头等小部位的规格设置是否合理。

3）根据样衣或款式图检验。查看各样板比例是否符合来样要求，育克裙下摆摆量是否符合要求，整体样板数量是否齐全且满足后期工艺车缝要求。

4）里料样板、衬料样板的检验。检验里料样板、衬料样板的制作是否正确，是否符合要求。

5）样板标注检验。检验样板的剪口是否齐全；检验应有的标注是否完整，如款式名称、款号、号型规格、裁片名称、裁片数量、丝缕线等是否在样板上已标注完整。

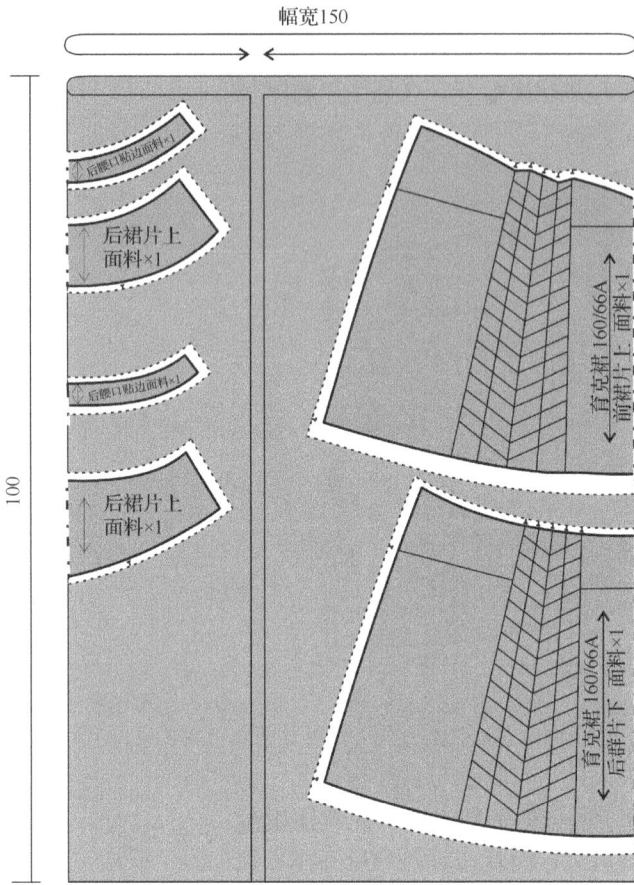

图 3-4-9　育克裙面料排料（单位：cm）

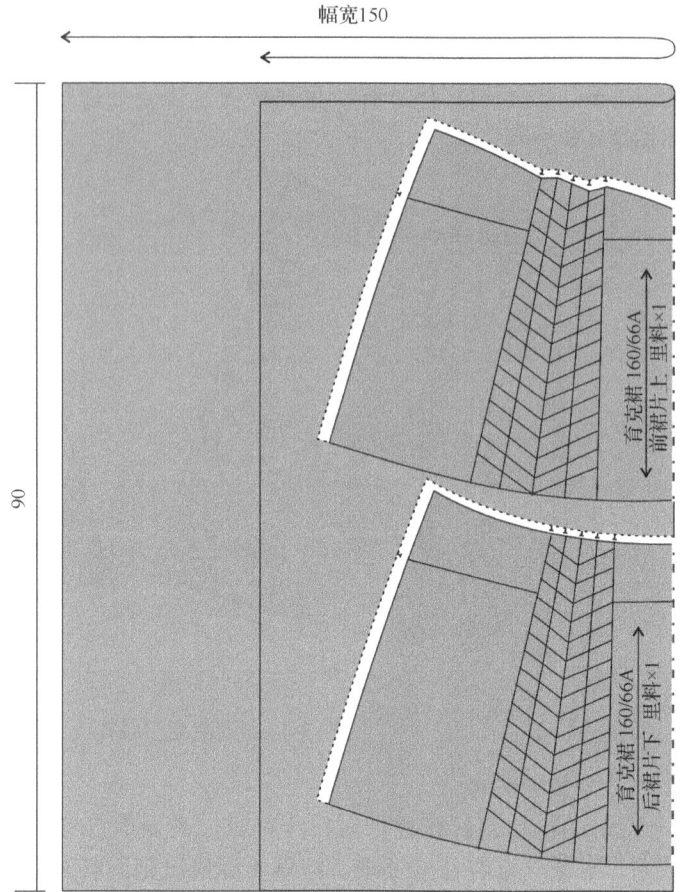

图 3-4-10　育克裙里料排料（单位：cm）

5. 成衣试穿效果

育克裙成衣试穿效果如图 3-4-11 所示。

图 3-4-11　育克裙成衣试穿效果

3.4.4　任务评价：育克裙样板制作任务评价

育克裙样板制作任务评价标准如表 3-4-2 所示。

表 3-4-2　育克裙样板制作任务评价标准

评价内容		评价标准	备注
操作规范与职业素养		严格按照项目要求进行操作。遵守劳动纪律，服从安排；保持场地清洁；工具摆放整齐规范；按规程进行操作，工作不超时等	
育克裙制版任务成果	尺寸规格	育克裙裙长、腰围、臀围等成品规格尺寸及局部规格尺寸设计符合育克裙制版通知单中的规格尺寸要求，并与款式特征相吻合	
		育克裙各样板结构设计合理，各号型纸样各部位尺寸误差符合育克裙制版通知单中的误差尺寸要求	
	样板吻合	育克裙前后片侧缝线等对应部位拼合长度一致	
	缝份加放	育克裙前后侧缝线、腰围线、下摆口等各部位缝份、折边量准确，符合工艺要求	
	必要标记	育克裙前后片、后片省位等局部结构的对位、剪口标记、纱向、钻孔、纸样名称及裁片数量标注齐全	
	样板推放	号型档差设置正确，推档正确、合理	
		各号型裁剪纸样、工艺纸样齐全，分类储存规范	
	样板修剪	纸样修剪圆顺、齐整、流畅	
	样板管理	对各号型裁剪样板和工艺样板的名称、样板号、数量、规格、使用情况、存放位置等信息详细登记并建卡，做到物卡相吻合	

拓展训练：牛仔裙工业样板实训练习

【任务情境】

牛仔裙是常见的裙款，它不受年龄限制，不同年龄、不同身份的女性都能在牛仔裙中寻找到共同的设计语言。

作为样板师的你收到公司发送的牛仔裙制版通知单，请根据该通知单的信息进行制版。

【任务要求】

1）分析公司提供的牛仔裙制版通知单上款式造型、部位之间的结构关系，面辅料特点、缝制工艺等内容。

2）根据生产任务选择中间号型，按照中间号型的规格尺寸选择合理的结构设计方法，绘制中间号型的牛仔裙结构制图，要求体现款式特征、结构准确合理、线条流畅。

3）在中间号型样板结构图基础上，按照企业生产标准进行中间号型的裁剪样板和工业样板的制作，要求制作规范、片数完整。

4）检查和复核工业样板并剪板。

【任务制单】

牛仔裙制版通知单如训练图 3-1-1 所示。

××服装公司制版通知单

产品名称	牛仔裙	客户			数量		
订单号		款号			交货日期		

		规格	XS	S	M	L	XL
		号型	150/58A	155/62A	160/66A	165/70A	170/74A
	裙长		56	58	60	62	64
	腰围		58	62	66	70	74
尺寸/cm	臀围		80	84	88	92	96
	腰宽		3	3	3	3	3
	臀长		17	17.5	18	18.5	19

质量要求		面料小样
工艺要求	特殊要求	
1. 缝线不起皱，松紧一致。针距 3cm 12～14 针，密度对称，回针牢固。撬边不暴针 2. 裙摆锁边再双层折边。商标缝于腰头后中下位置，洗涤标缝于左侧缝向前 2cm 处，腰下口平缝 3. 压衬注意温度、牢度，粘衬不反胶 4. 不允许烫极光，不能有污迹线头，钉纽牢固 5. 拉链先预缩，封口扎实 6. 规格正确。套装顺号码 10 件（条）一捆，配套生产包装	面料采用涤棉混纺；锁边线采用涤弹丝；商标、洗涤标由客户提供，拉链采用 YKK 等	

训练图 3-1-1　牛仔裙制版通知单

【成衣试穿效果】

牛仔裙成衣试穿效果如训练图 3-1-2 所示。

训练图 3-1-2　牛仔裙成衣试穿效果

【任务评价】

牛仔裙样板制作任务评价标准如训练表 3-1-1 所示。

训练表 3-1-1 牛仔裙样板制作任务评价标准

评价内容		评价标准	备注
操作规范与职业素养		严格按照项目要求进行操作。遵守劳动纪律,服从安排;保持场地清洁;工具摆放整齐规范;按规程进行操作,工作不超时等	
牛仔裙制版任务成果	尺寸规格	牛仔裙裙长、腰围、臀围等成品规格尺寸及局部规格尺寸设计符合牛仔裙制版通知单中的规格尺寸要求,并与款式特征相吻合	
		牛仔裙各样板结构设计合理,各号型纸样各部位尺寸误差符合牛仔裙制版通知单中的误差尺寸要求	
	样板吻合	牛仔裙前后片侧缝线等对应部位拼合长度一致	
	缝份加放	牛仔裙前后侧缝线、腰围线、下摆口等各部位缝份、折边量准确,符合工艺要求	
	必要标记	牛仔裙前后片、后片省位等局部结构的对位、剪口标记、纱向、钻孔、纸样名称及裁片数量标注齐全	
	样板推放	号型档差设置正确,推档正确、合理	
		各号型裁剪纸样、工艺纸样齐全,分类储存规范	
	样板修剪	纸样修剪圆顺、齐整、流畅	
	样板管理	对各号型裁剪样板和工艺样板的名称、样板号、数量、规格、使用情况、存放位置等信息详细登记并建卡,做到物卡相吻合	

裤装工业制版

知识目标

1）了解基础裤装的变迁、种类和款式特征。
2）了解裤装产品开发的过程和要求，以及与服装结构设计的相互关系。
3）熟悉裤装制图方法和样板制作方法。

能力目标

1）能独立完成裤装及其他变化型款式的样板制作。
2）能根据裤装的款式，合理地进行余量的设计和加放。

素养目标

1）养成专注、细致、严谨、负责的工作态度。
2）树立质量意识、成本意识、规范意识。

4.1 任务：女西裤工业样板制作

4.1.1 任务描述

【任务情境】

女西裤主要指与女西装上衣配套穿着的裤子。由于西裤主要在办公室及社交等正式场合穿着，因此在要求舒适自然的前提下，在造型上比较注重与形体的协调，裁剪时宽松量适中还会给人以平和端庄的感觉。

如今，女西裤的搭配不再局限于某种情况，而是注入了更多流行元素，在展现女性中性美还能为女性增添几分柔美感。

作为样板师的你收到公司发送的女西裤制版通知单，请根据该通知单的信息进行制版。

【任务要求】

1）分析公司提供的女西裤制版通知单上的款式造型、部位之间的结构关系，面辅料特点、缝制工艺等内容。

2）根据生产任务选择中间号型，按照中间号型的规格尺寸选择合理的结构设计方法，绘制中间号型的女西裤结构制图，要求体现款式特征、结构准确合理、线条流畅。

3）在中间号型样板结构图基础上，按照企业生产标准进行中间号型的裁剪样板和工艺样板的制作，要求制作规范、片数完整。

4）检查和复核工业样板并剪板。

4.1.2 任务准备：识读制版通知单并解析款式图

1. 识读制版通知单

根据制版单信息，查看款式细节、工艺要求、面料特征和部位尺码，具体如图4-1-1所示。

女西裤结构设计与人体下体特征及穿着者的合体性、舒适性息息相关，如果结构处理不当，则会对穿着者带来不好的体验。因此，女西裤的结构设计不仅要考虑合体美观性，还需要考虑人体工程学，包括步行、坐姿、蹲姿、上下楼等运动时的舒适感。

根据不同的女西裤款式，通常臀围松量较平均地分配在前片、窟窿门、后片。人体下肢在运动时，臀部和膝部的横向与纵向伸展变化较其他部位明显，因此要注意裤片结构中的后翘处理。

2. 解析款式图

如图4-1-2所示为女西裤正背面款式图，该款女西裤臀围松量适中，装腰头，串带5个，直筒裤管，前开门装拉链，前裤片左、右各有褶裥1个、省1个，直插袋，后裤片左、右各有2省。直筒女西裤能够弥补穿着者体型的不足，体现穿着者的端庄气质和修长体型。

女西裤可选用的材料范围较广，毛料、棉布、呢绒及化纤等面料均可采用，如华达呢、哗叽、派力司、法兰绒、隐条呢、双面卡其等中厚型织物面料。

××服装公司制版通知单

产品名称	女西裤	客户			数量		
订单号		款号			交货日期		

<table>
<tr><td colspan="2" rowspan="8"></td><td>规格</td><td>S</td><td>M</td><td>L</td><td>XL</td><td>XXL</td></tr>
<tr><td>号型</td><td>155/62A</td><td>160/66A</td><td>165/70A</td><td>170/74A</td><td>175/78A</td></tr>
<tr><td rowspan="7" style="vertical-align:middle">尺寸/cm</td><td>裤长</td><td>96</td><td>98</td><td>100</td><td>102</td><td>104</td></tr>
<tr><td>腰围</td><td>62</td><td>66</td><td>70</td><td>74</td><td>78</td></tr>
<tr><td>臀围</td><td>92</td><td>96</td><td>100</td><td>94</td><td>108</td></tr>
<tr><td>上裆长</td><td>27.5</td><td>28</td><td>28.5</td><td>29</td><td>29.5</td></tr>
<tr><td>裤口宽</td><td>20.7</td><td>21</td><td>21.3</td><td>21.6</td><td>21.9</td></tr>
<tr><td>腰头宽</td><td>2.8</td><td>3</td><td>3.2</td><td>3.4</td><td>3.6</td></tr>
</table>

质量要求		面料小样
工艺要求	特殊要求	
1. 符合成品规格，外观美观，内外无线头 2. 缉省、褶：按纸样画出省、褶裥的位置，沿刀口起缉缝顺直、缉尖，左右对称，丝缕顺直，反压褶裥和省 3. 侧缝直插袋：直袋布和袋口平服，高低一致，袋口无豁开、袋布无外露、封口平齐 4. 门、里襟：长短一致，封口无起吊 5. 做、装腰头：腰头顺直，明缉线宽窄一致，面里平服，不起络、不皱、不反吐	1. 裁剪要求：裁剪时，丝缕按样板上标注 2. 用衬要求：腰头衬×1，门襟衬×1，直插袋口、后裤口粘牵条衬 3. 缝线要求：缝线针距 3cm 14～15 针 4. 整烫要求：熨烫温度为 160～170℃，整烫符合人体体型，归拔熨烫侧缝、下裆缝及挺缝线，整烫平挺、无焦、无黄、无极光、无污渍	

图 4-1-1 女西裤制版通知单

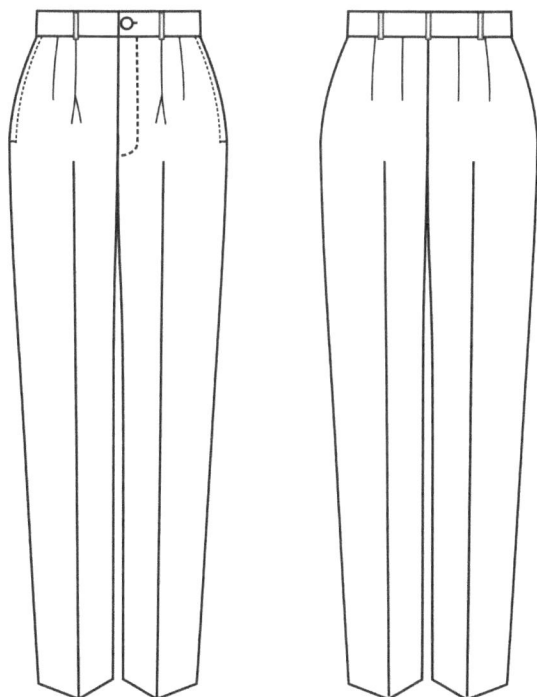

图 4-1-2 女西裤正背面款式图

3. 确定中间号型的规格尺寸

160/66A 女西裤规格尺寸如表 4-1-1 所示。

表 4-1-1　160/66A 女西裤规格尺寸　　　　　　　　　　　　　单位：cm

部位	裤长	腰围	臀围	上裆长	裤口宽	腰头宽
尺寸	98	66	96	28	21	3

4.1.3　实践操作：完成女西裤工业样板

1. 结构设计

（1）辅助线

1）取裤长=98-3=95（cm）。

2）五线定长，包括腰围线、裤口线、横裆线、臀围线、中裆线的间距位置的确定。

3）裤片宽度的设计。

① 确定前臀围=$H/4-1$（前后差）+2.5（松量）（cm），后臀围=$H/4+1$（前后差）+1.5（松量）（cm）。根据裤装的具体功能和造型，一般臀围的松量分配为前多后少。

② 确定前裆宽=$0.5H/10-0.5$（cm），后裆宽=$H/10-1$（cm）。

③ 确定烫迹线=前裆宽/2，后烫迹线=后裆宽/2，向侧缝偏移 0.5cm。

④ 确定后臀围/2=$H/5-0.5$（cm）。

4）上裆造型设计：后裆下落量=0.7（cm），后翘势=2.5（cm）。

女西裤结构制图如图 4-1-3 所示。

（2）结构线及零部件

1）处理前褶裥、腰省：在烫迹线处取腰褶，并于腰褶与侧腰/2 处取腰省。

2）门、里襟宽=3（cm），止口在臀围线下 1cm 处。

3）绘制侧缝直插袋：侧腰点下 3cm 处起，袋口长=13（cm）。

4）绘制后腰省：将后腰围线三等分，在等分点处设置省道，靠近侧缝省道省长为 11cm，靠近后裆省道省长为 12cm。

5）串带：裤袢为 4.5cm×1cm（5 个），位于腰带后中、后侧缝偏进 2.5cm，以及前烫迹线处。

6）腰头=$(W+3cm$ 搭门$)×3.5cm$ 长方条。

女西裤结构净样板如图 4-1-4 所示。

2. 样板检验

（1）尺寸复核

1）规格核对：完成女西裤所有纸样的设计后，要对各部位的尺寸进行细致核对，尺寸不符合制单和客户要求的应加以修改。

裤子主要测量部位有以下几个。

① 裤长。测量从腰线垂直向下至脚口的长度和腰头宽的总和是否等于裤长。

② 腰围。测量除省道、褶裥外的腰部结构线的总长与腰头的总长是否匹配，是否满足规格设定。

③ 臀围。测量前后裤片净样臀围长度是否等于臀围的一半。

④ 裤口宽。测量裤口宽是否符合尺寸要求。

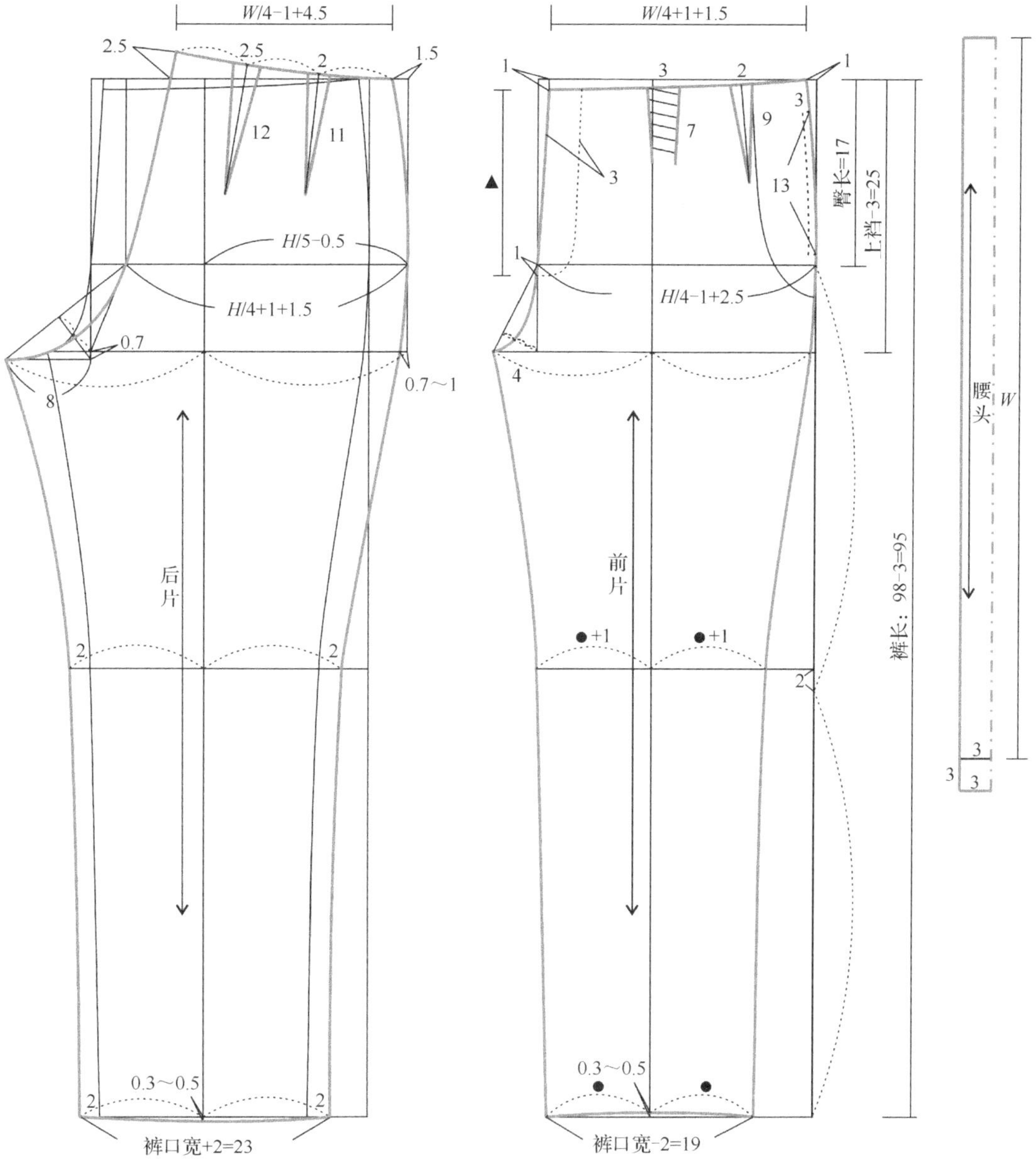

零部件绘制：

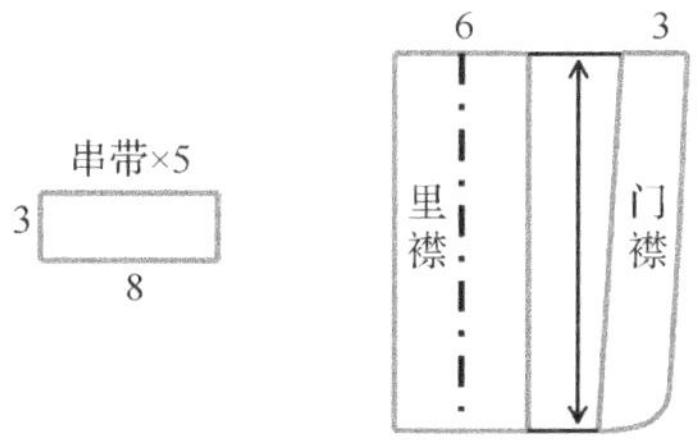

口袋布绘制：

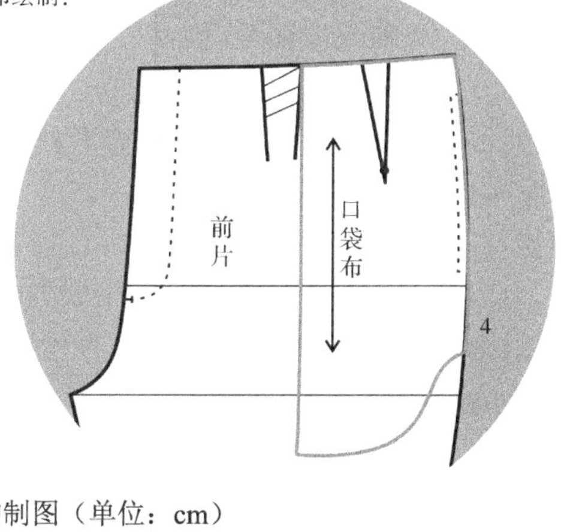

图 4-1-3　女西裤结构制图（单位：cm）

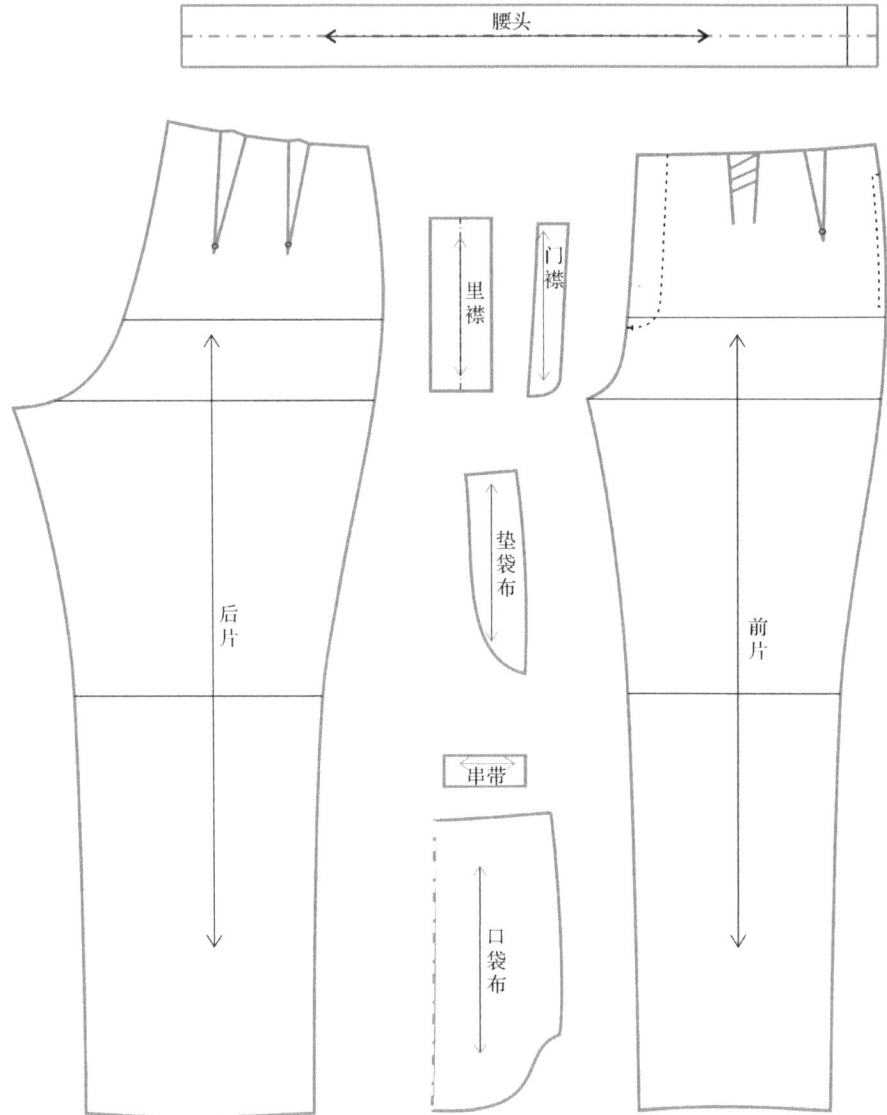

图 4-1-4　女西裤结构净样板

　　2）重叠前后裤片的外轮廓，先后检查前片侧缝和后片侧缝、前片下裆弧线与后片下裆弧线是否匹配，若有尺寸误差，则需要及时修改，以满足后期缝制工艺的需要，具体如图 4-1-5 所示。

　　3）对线条细部进行校验，仔细查看线条是否圆顺，线条不圆顺的地方需要进行修改，具体如图 4-1-6 和图 4-1-7 所示。

　　（2）对位处理

　　1）对拉链位、臀围线、中裆线的位置进行对位剪口处理。

　　2）对腰头的前中、侧缝、后中、各省道的两边、褶裥的两边等位置进行对位剪口处理。

　　3）对各省道的省尖点进行钻孔处理。钻孔不宜刚好处理在省尖，以免在后期钻孔处理时扎坏面料，影响外观。

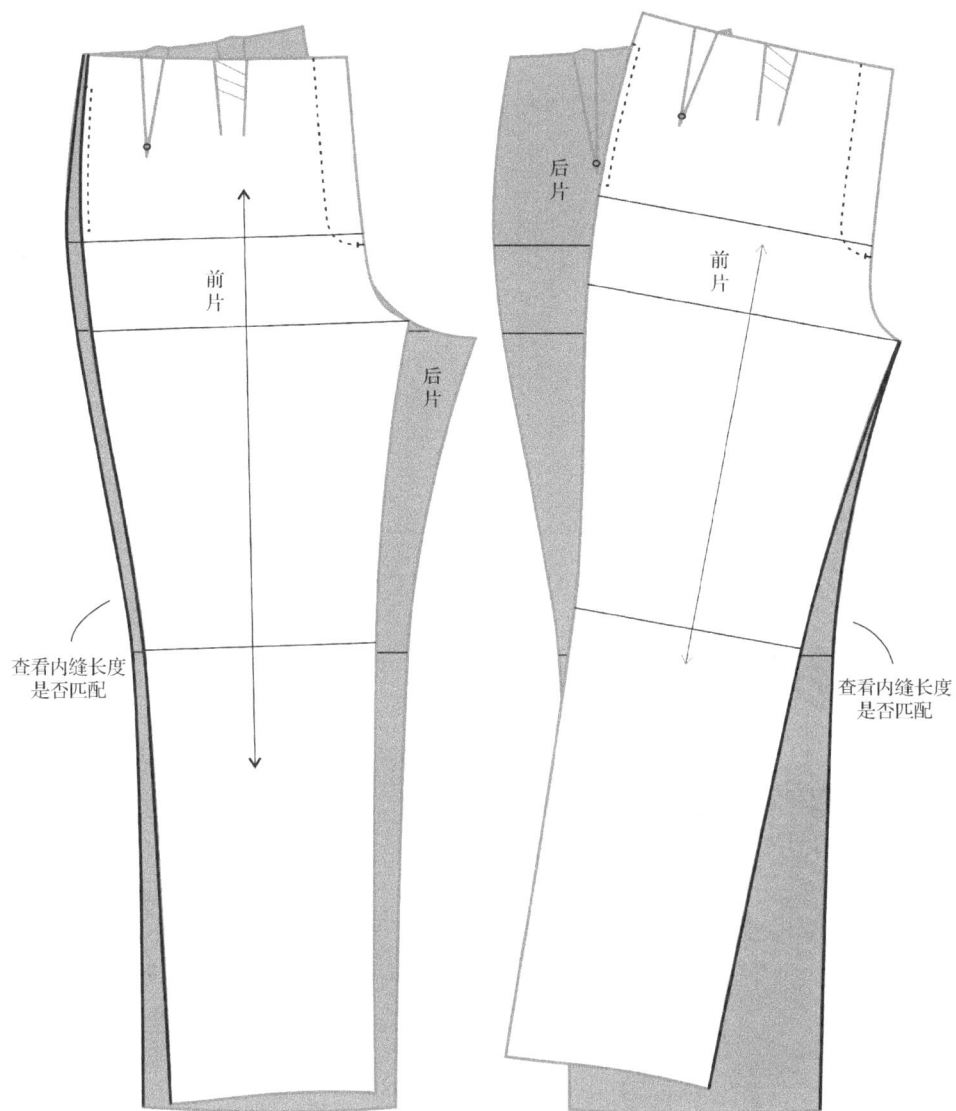

图 4-1-5 女西裤样板尺寸复核（1）

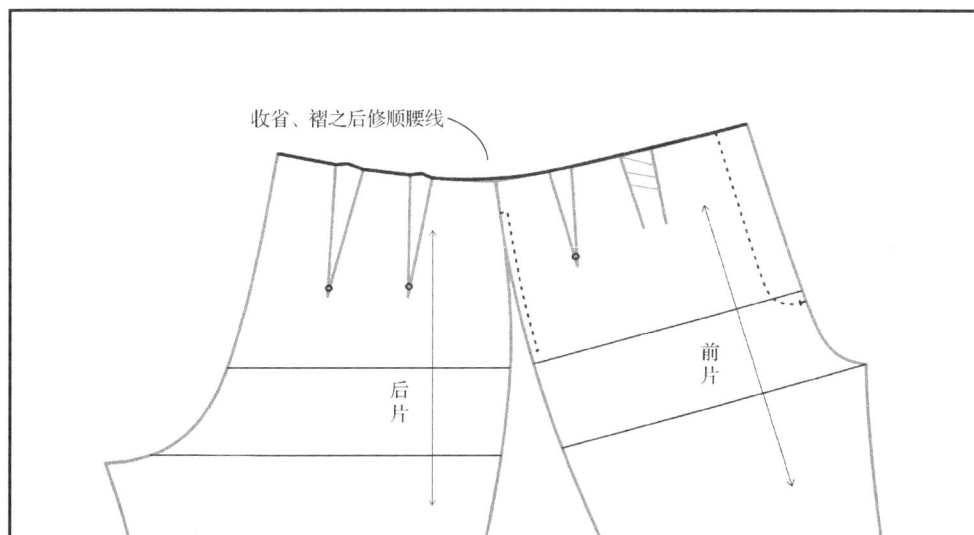

图 4-1-6 女西裤样板尺寸复核（2）

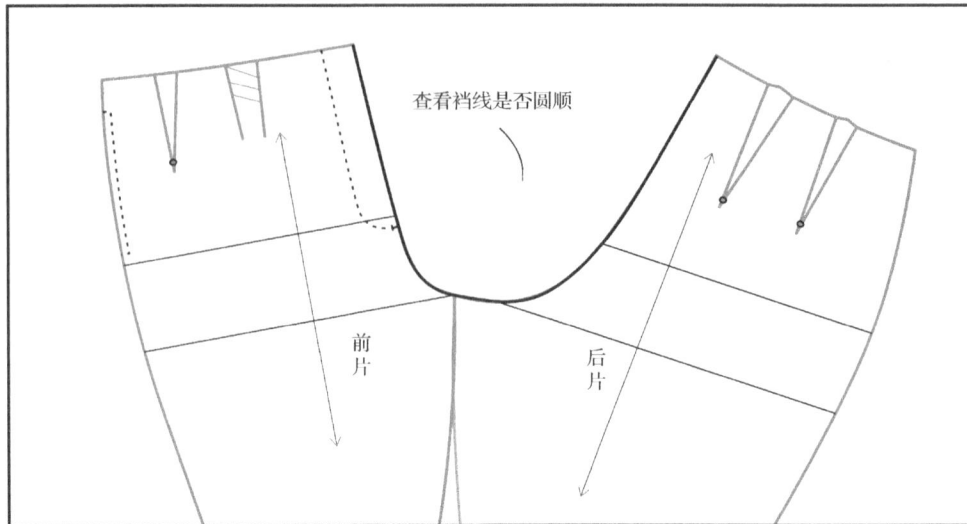

查看裆线是否圆顺

前片　后片

图 4-1-7　女西裤样板尺寸复核（3）

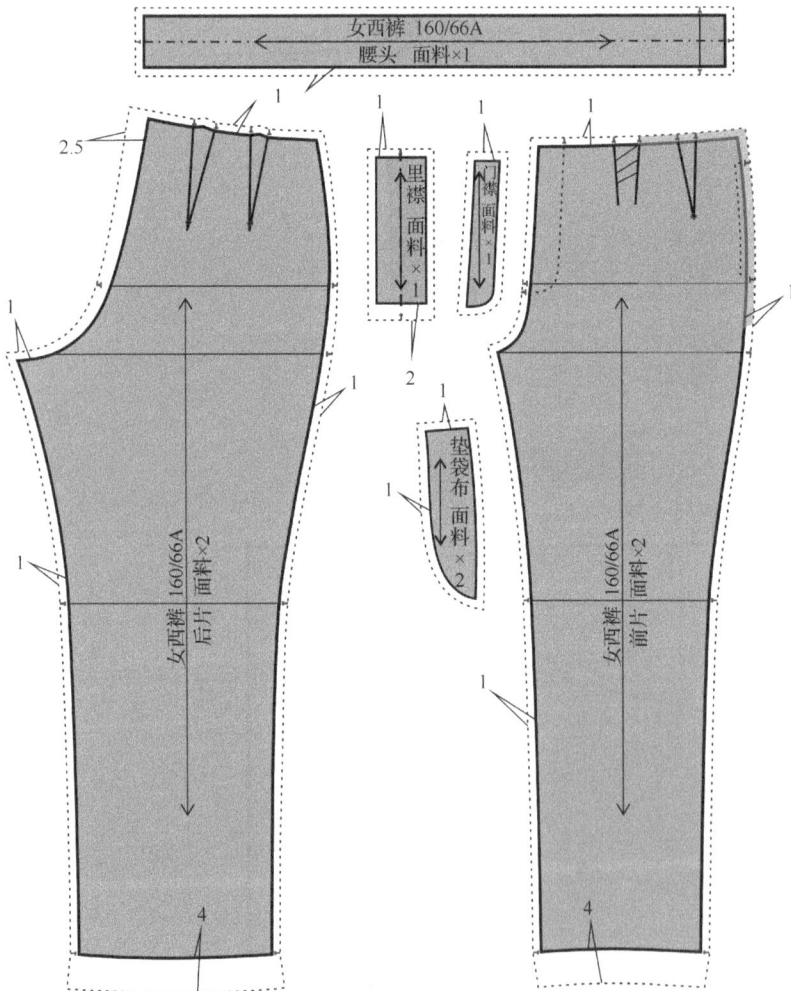

图 4-1-8　女西裤面料样板（单位：cm）

3. 裁剪样板制作

（1）面料样板

根据企业来样特点和实际面料特征确定样板的放缝，但需要注意相关联（拼合）部位的放缝量必须一致。

图 4-1-8 所示的侧缝、内侧缝一般放缝 1cm 或 1.2cm，腰围、前裆弧线缝份为 0.8～1cm，后裆弧线递增缝份为 1～2.5cm。裤口贴边宽一般为 3～4cm，袋口折边 2cm。里襟下口缝份＝2（cm）。其余部位一般放缝 1cm。

此外，面料样板还应标明丝缕线，写上款式名称、号型名称、裁片名称、裁片数量等信息，并在必要的部位打上剪口。

（2）里料样板

一般而言，女西裤里料样板（图 4-1-9）主要为口袋布。里料样板放缝 1cm，同时需要标上丝缕标记，写上文字标识。

（3）衬料样板

女西裤一般只需要在腰头、门里襟及袋口部位粘衬，衬样尺寸可以比毛样尺寸略小一些。腰衬样板制作方法根据所用材料的不同而不同。女西裤衬料样板如图 4-1-10 所示。

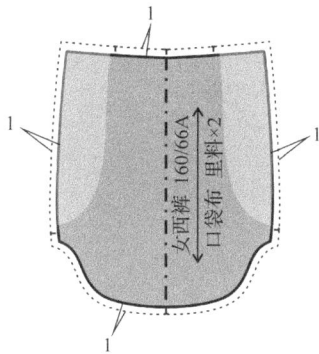

图 4-1-9　女西裤里料样板
（单位：cm）

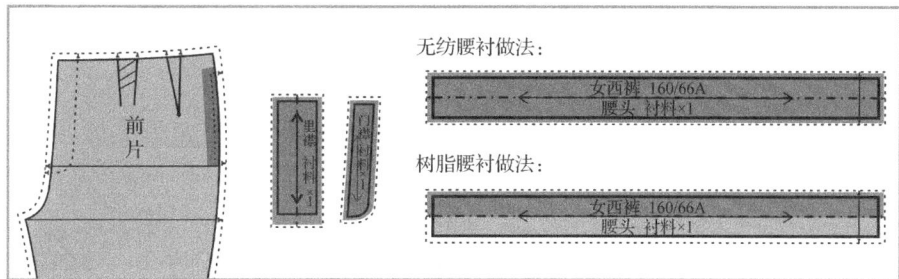

图 4-1-10　女西裤衬料样板

（4）裁剪排料

1）面料排料。面料排料时，需要考虑面料的材质、图案，如是否有倒顺毛、是否对条对格、是否有光泽等。把面料布幅对折，正面向里对好纱向，然后进行面料排版。排料时应做到排列紧凑，减小空隙，充分利用裤片的不同角度、弧势等进行套排。一般先排大片，再排小片。

面料排料部件包括前片（2 片）、后片（2 片）、腰头（完整 1 片）、垫袋布（2 片）、门襟（1 片）、里襟（1 片），准备完这些部件后进行纸样画样、裁剪等工作。女西裤面料排料如图 4-1-11 所示。

2）里料排料。里料排料时，应注意里料是否有图案，同时使正面向里对好纱向。里料排料部件主要包括口袋布（完整 2 片）。

4．剪板及校验复核

1）缝合边的核对。主要核对裤子前后侧缝、内侧缝的长度是否匹配、相等；侧缝、省道、褶裥拼合后腰围线是否圆顺；档线拼合后是否圆顺。

2）样板规格的核对。主要核对腰围、臀围、裤口宽的维度尺寸和裤长。另外，还需要核对口袋、省道、拉链等小部位的规格设置是否合理。

3）根据样衣或款式图检验。结合客户来样检验样板的制作是否符合款式要求，检验所有样板是否齐全，检验是否根据来样要求处理放缝和细节。

4）里料样板、衬料样板的检验。检验

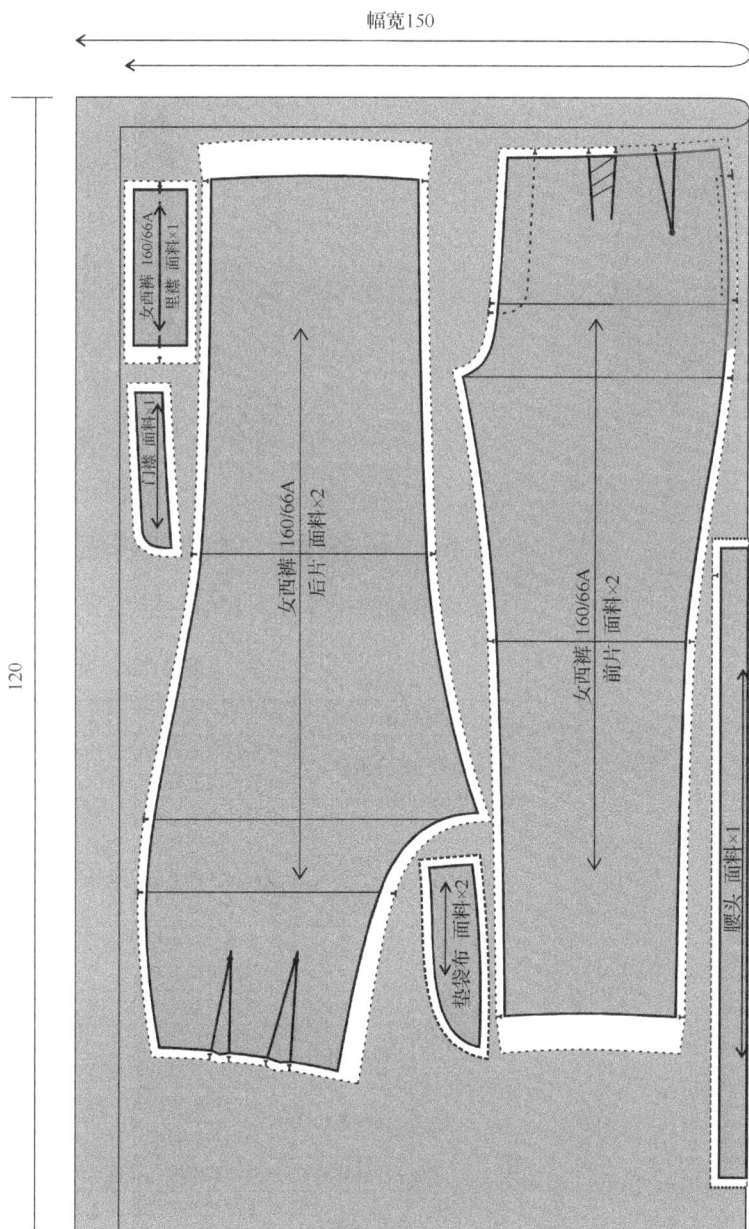

图 4-1-11　女西裤面料排料（单位：cm）

里料样板、衬料样板的制作是否正确，是否符合要求。

5）样板标注检验。检验样板的剪口是否齐全；检验应有的标注是否完整，如款式名称、款号、号型规格、裁片名称、裁片数量、丝缕线等是否在样板上已标注完整。

5. 成衣试穿效果

女西裤成衣试穿效果如图 4-1-12 所示。

图 4-1-12　女西裤成衣试穿效果

4.1.4　任务评价：女西裤样板制作任务评价

女西裤样板制作任务评价标准如表 4-1-2 所示。

表 4-1-2　女西裤样板制作任务评价标准

评价内容		评价标准	备注
操作规范与职业素养		严格按照项目要求进行操作。遵守劳动纪律，服从安排；保持场地清洁；工具摆放整齐规范；按规程进行操作，工作不超时等	
女西裤制版任务成果	尺寸规格	女西裤裤长、腰围、臀围、裤口等成品规格尺寸及局部规格尺寸设计符合女西裤制版通知单中的规格尺寸要求，并与款式特征相吻合	
		女西裤各样板结构设计合理，各号型纸样各部位尺寸误差符合女西裤制版通知单中的误差尺寸要求	
	样板吻合	女西裤前后片侧缝线、前后内缝线等对应部位拼合长度一致，前后裆缝拼接、前后侧缝腰围线拼接圆顺	
	缝份加放	女西裤前后裆缝线、侧缝线、腰围线、裤口等各部位缝份、折边量准确，符合工艺要求	
	必要标记	女西裤前片褶裥省位、后片省位、直插袋等局部结构的对位、剪口标记、纱向、钻孔、纸样名称及裁片数量标注齐全	
	样板推放	号型档差设置正确，推档正确、合理	
		各号型裁剪纸样、工艺纸样齐全，分类储存规范	
	样板修剪	纸样修剪圆顺、齐整、流畅	
	样板管理	对各号型裁剪样板和工艺样板的名称、样板号、数量、规格、使用情况、存放位置等信息详细登记并建卡，做到物卡相吻合	

4.2　任务：男西裤工业样板制作

男西裤工业样板
制作

4.2.1　任务描述

【任务情境】

男西裤是一种较为传统的男式裤子。男西裤的腰部贴合人体，臀围稍宽松，裤口大小比较适中，男士穿着后外形挺拔俊美、成熟稳重。男西裤的穿着人群通常不分年龄和职业。侧面斜插袋的设计，使男士可随身携带打火机、手帕等。一条密合的裤褶能够修饰男士腰腹部的线条，突出男士的衣着品位。

作为样板师的你收到公司发送的男西裤制版通知单，请根据该通知单的信息进行制版。

【任务要求】

1）分析公司提供的男西裤制版通知单上的款式造型、部位之间的结构关系，面辅料特点、缝制工艺等内容。

2）根据生产任务选择中间号型，按照中间号型的规格尺寸选择合理的结构设计方法，绘制中间号型的男西裤结构制图，要求体现款式特征、结构准确合理、线条流畅。

3）在中间号型样板结构图基础上，按照企业生产标准进行中间号型的裁剪样板和工艺样板的制作，要求制作规范、片数完整。

4）检查和复核工业样板并剪板。

4.2.2　任务准备：识读制版通知单并解析款式图

男西裤制版通知单如图 4-2-1 所示。

××服装公司制版通知单

产品名称	男西裤		客户			数量			
订单号			款号			交货日期			
			规格	S	M	L	XL	XXL	
			号型	165/76A	170/80A	175/84A	180/88A	185/92A	
		尺寸/cm	裤长	103	105	107	109	111	
			腰围	78	82	86	90	94	
			臀围	96.6	99.4	102.2	105	107.8	
			上裆长	27.5	28	28.5	29	29.5	
			裤口宽	20.5	21.2	21.9	22.6	23.3	
			腰头宽	3.3	3.5	3.7	3.9	4	

质量要求		面料小样
工艺要求	特殊要求	
1. 符合成品规格，外观美观，内外无线头 2. 缉省：缉线顺直、缉尖，左右对称，丝缕顺直 3. 侧缝斜插袋：袋布和袋口平服，高低一致，后袋四角方正，袋角无褶、无毛出 4. 门、里襟：长短一致，封口无起吊 5. 做、装腰头：腰头顺直，明缉线宽窄一致，面里平服，不起络、不皱、不反吐	1. 裁剪要求：裁剪时，丝缕按样板上标注 2. 用衬要求：腰头衬×1，门里襟衬×1，斜插袋口、后裤袋口及后袋嵌线粘牵条衬 3. 缝线要求：缝线针距 3cm 14～15 针 4. 整烫要求：熨烫温度为 160～170℃，整烫符合人体体型，归拔熨烫侧缝、下裆缝及挺缝线，整烫平挺、无焦、无黄、无极光、无污渍	

图 4-2-1　男西裤制版通知单

1. 解析款式图

图 4-2-2 所示为男西裤正背面款式图,该款男西裤臀围松量适中,装腰头,裤裥 6 个,前开门装拉链,直筒裤管;前裤片无裥无省,斜插袋;后裤片左、右各 2 省,单嵌袋开袋左右各 1 个。

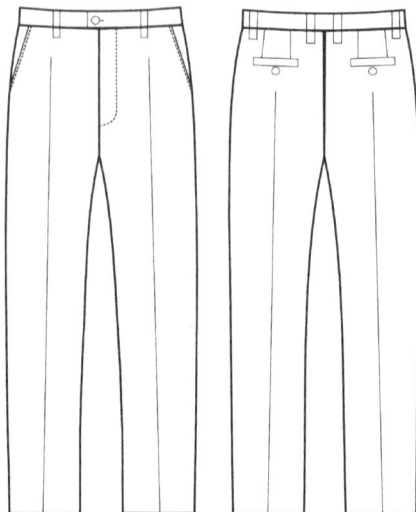

图 4-2-2 男西裤正背面款式图

面料一般可使用毛料、化纤料、棉、麻和毛涤混纺织物,还可根据流行趋势、个人喜好自由选择搭配。

2. 确定中间号型的规格尺寸

170/80A 男西裤规格尺寸如表 4-2-1 所示。

表 4-2-1 170/80A 男西裤规格尺寸　　　　　　　　　　　　　　　单位:cm

部位	裤长	腰围	臀围	上裆长	裤口宽	腰头宽
尺寸	105	80	100	28	21	3.5

4.2.3 实践操作:完成男西裤工业样板

1. 结构设计

(1)辅助线

1)取裤长=105-3.5=101.5(cm)。

2)五线定长,包括腰围线、裤口线、横裆线、臀围线、中裆线的间距位置的确定。

3)裤片宽度的设计。

① 前臀围=$H/4-1$(前后差)+1.5(松量)(cm),后臀围=$H/4+1$(前后差)+1.5(松量)(cm)。根据裤装的具体功能和造型,一般臀围的松量分配为前多后少。

② 前裆宽=$0.5H/10-1$(cm),后裆宽=$H/10-1.5$(cm)。

③ 烫迹线=前裆宽/2,后烫迹线=后裆宽/2,向侧缝偏移 0.5cm。

④ 后臀围/2=$H/5-0.5$(cm)。

4)上裆造型设计:后裆下落量=1(cm),后翘势=2.5(cm)。

男西裤结构制图如图 4-2-3 所示。

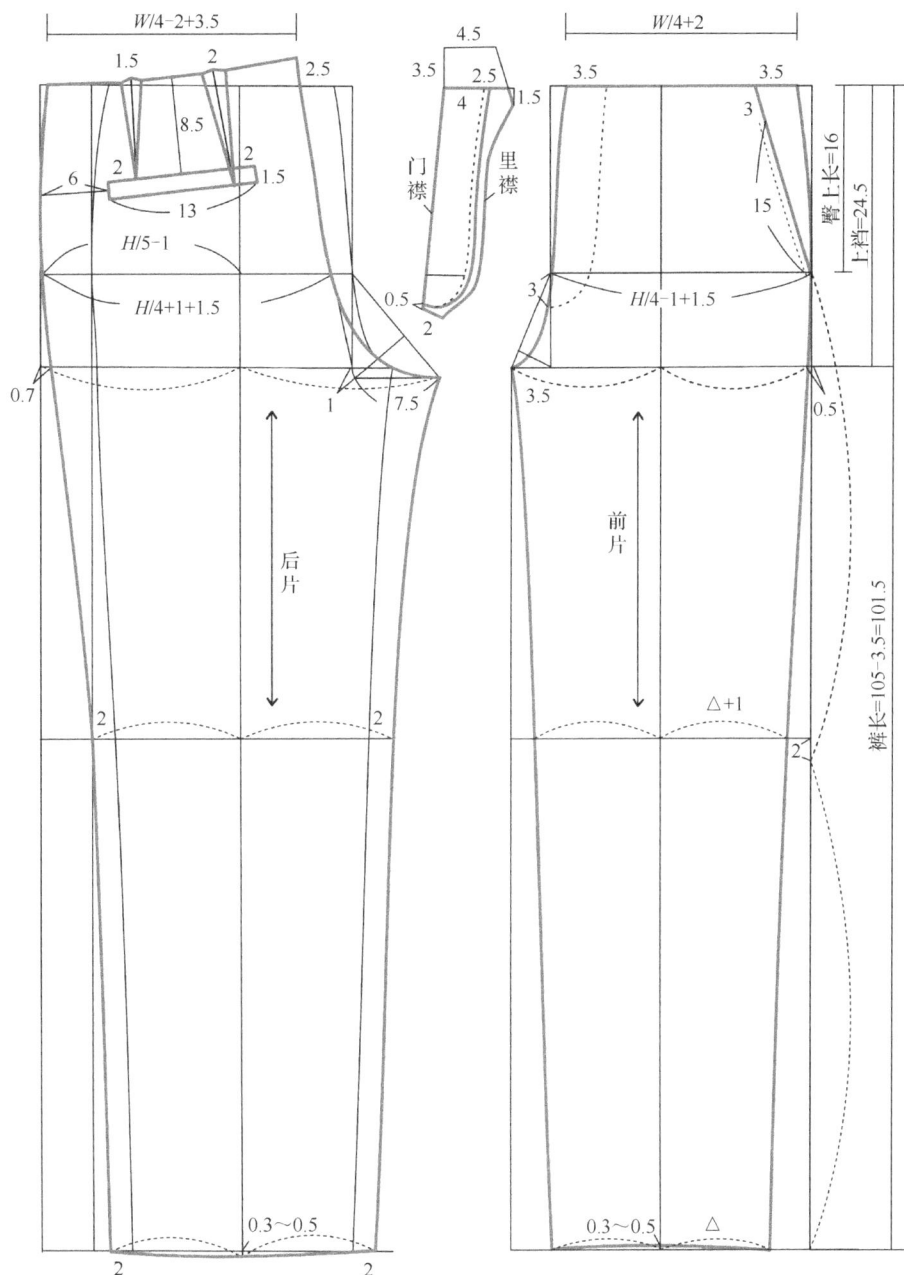

图 4-2-3　男西裤结构制图（单位：cm）

（2）结构线及零部件

1）门、里襟宽=3.5（cm），止口在臀围线下 3cm 处。

2）绘制侧缝斜插袋：侧腰点下 3cm 处起，斜进 3.5cm 处画斜插袋，袋口长=15（cm）。

3）绘制后腰省：将后腰围线三等分，在等分点处设置省道，靠近侧缝省道省长为 8.5cm，靠近后裆省道省长为 10cm。

4）绘制单嵌袋：袋位在腰线下 8.5cm，侧缝进 6cm 处，口袋大为 13cm×1.5cm。

5）串带：裤襻为 4.8cm×2cm（6 个），分别位于腰带后中、后侧缝偏进 2.5cm，以及前烫迹线处。

6）门襟腰带=(W/2+6cm 搭门)×3.5cm 长方条，里襟腰带=(W/2+4.5cm 搭门)×3.5cm 长方条。

男西裤零部件结构制图、男西裤零部件净样板、男西裤结构净样板如图4-2-4～图4-2-6所示。

2. 样板检验

（1）尺寸复核

1）规格核对：完成男西裤所有纸样的设计后，要对各部位的尺寸进行细致核对，尺寸不符合制单和客户标准的应加以修改。男西裤主要测量部位有以下几个。

① 裤长。测量从腰围线垂直向下至脚口的长度和腰头宽的总和是否等于裤长。

② 腰围。测量除省道、褶裥外的腰部结构线的总长与腰头的总长是否匹配，是否满足规格设定。

③ 臀围。测量前后裤片净样臀围长度是否等于臀围的1/2。

④ 裤口宽。测量裤口宽是否符合尺寸要求。

2）将前后裤片的外轮廓拓印拼合，折叠腰口省道，对线条细部进行校验，仔细查看线条是否圆顺，不圆顺的地方需要进行修改，具体如图4-2-7所示。

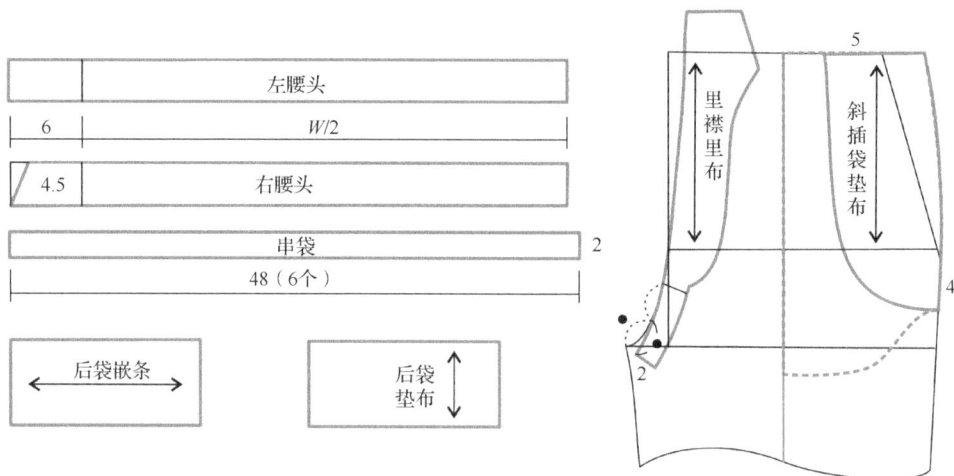

图 4-2-4 男西裤零部件结构制图（单位：cm）

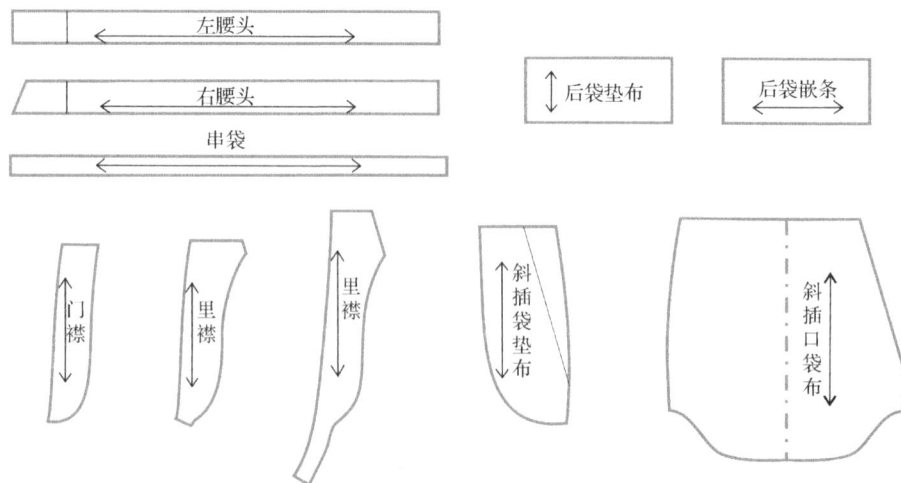

图 4-2-5 男西裤零部件净样板

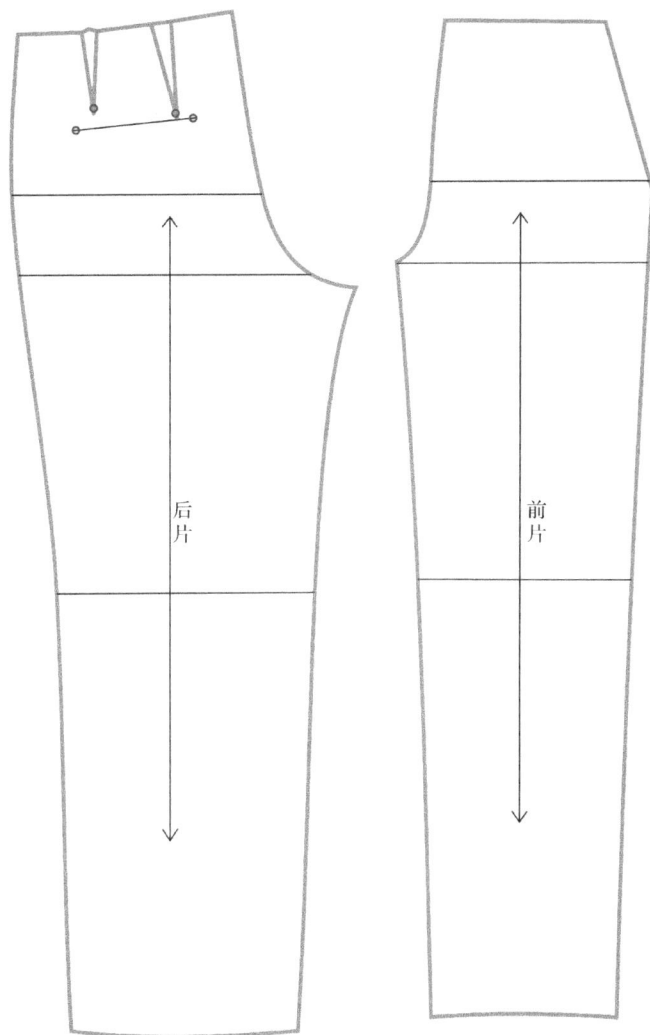

图 4-2-6 男西裤结构净样板

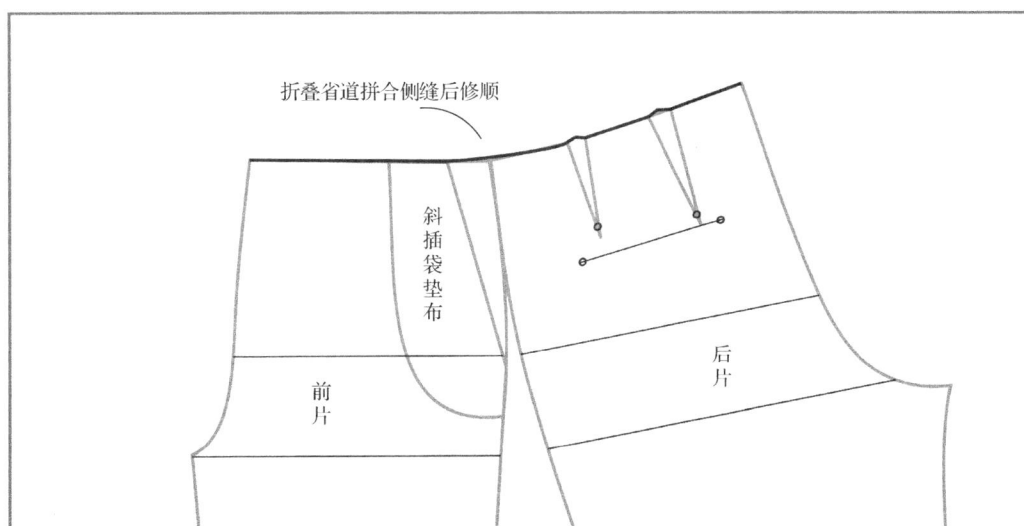

图 4-2-7 男西裤样板尺寸复核（1）

3）将前后裤片的外轮廓拓印，拼合下裆弧线，对线条细部进行校验，仔细查看裆部弧线是否圆顺，不圆顺的地方需要进行修改，具体如图 4-2-8 所示。

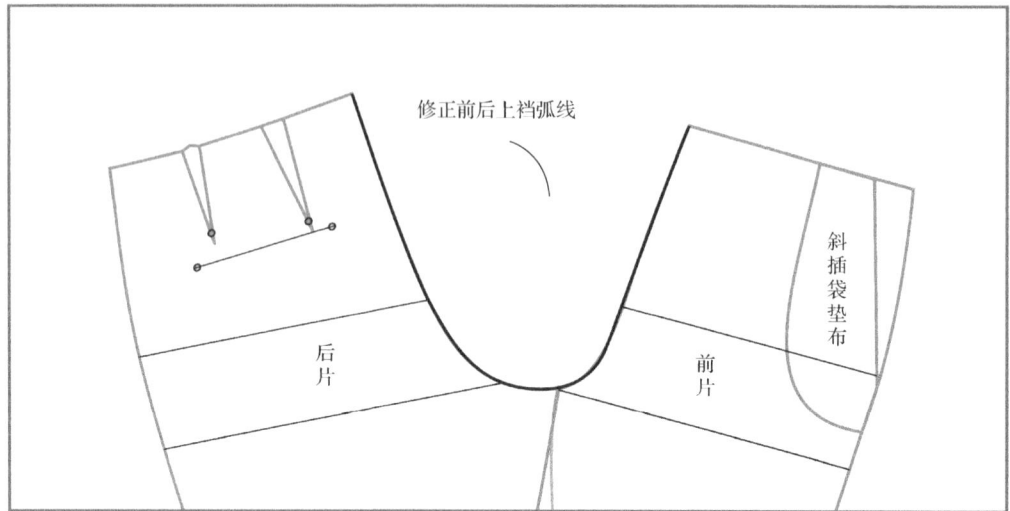

图 4-2-8　男西裤样板尺寸复核（2）

4）重叠前后裤片的外轮廓，先后检查前片侧缝和后片侧缝、前片下裆弧线与后片下裆弧线是否匹配，若有尺寸误差，则需要及时修改，以满足后期缝制工艺的需要，具体如图 4-2-9 所示。

（2）对位处理

1）对拉链位、臀围线、中裆线的位置进行对位剪口处理。

2）对腰头的前中、侧缝、后中，各省道的两边、褶裥的两边等位置进行对位剪口处理。

3）对各省道的省尖点进行钻孔处理。钻孔不宜刚好处理在省尖，以免在后期钻孔处理时扎坏面料，影响外观。

3．裁剪样板制作

（1）面料样板

根据企业来样特点和实际面料特征确定样板的放缝，但需要注意相关联（拼合）部位的放缝量必须一致。

图 4-2-10 所示的侧缝、内侧缝一般放缝 1～1.5cm，腰围、前裆弧线缝份为 0.8～1cm，后裆弧线递增缝份 1～2.5cm。裤口折边宽一般为 3～4cm，斜插袋袋口折边 2.5cm。门襟里襟内弧边缝份为 0.5cm。腰头后中留缝份 2.5cm，与后裆弧线腰处相等。其余部位一般放缝 1cm。

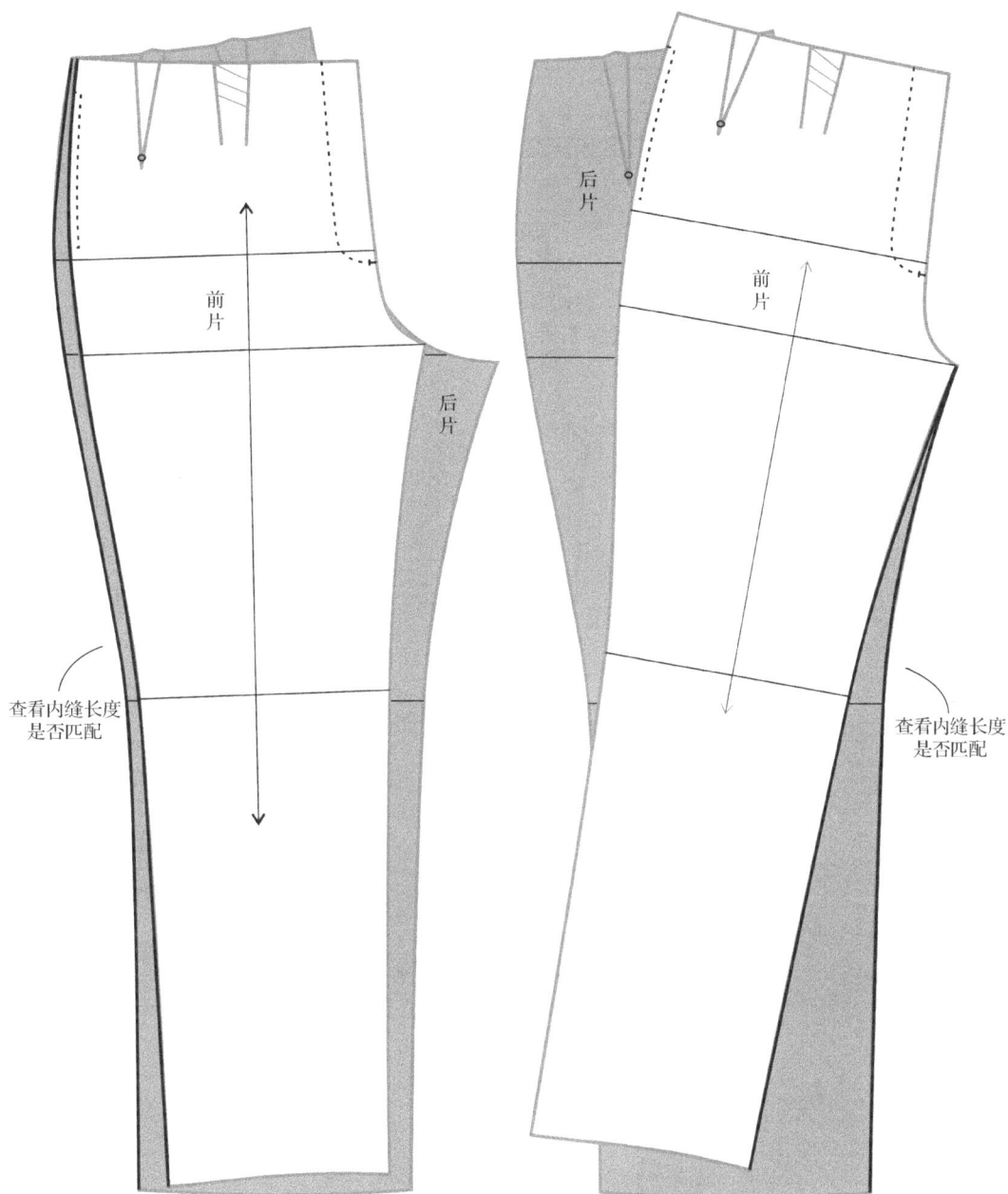

图 4-2-9　男西裤样板尺寸复核（3）

此外，面料样板还应标明丝缕线，写上款式名称、号型名称、裁片名称、裁片数量等信息，并在必要的部位打上剪口。

（2）里料样板

一般而言，男西裤的里料裁剪样板主要为口袋布。里料样板放缝 1cm，同时需要标上丝缕标记，写上文字标识。男西裤里料样板如图 4-2-11 所示。

（3）衬料样板

男西裤一般只需要在腰头、门里襟及袋口部位粘衬，衬样尺寸可以比毛样尺寸略小一些。腰衬样板制作方法根据所用的材料的不同而不同。男西裤衬料样板如图 4-2-12 所示。

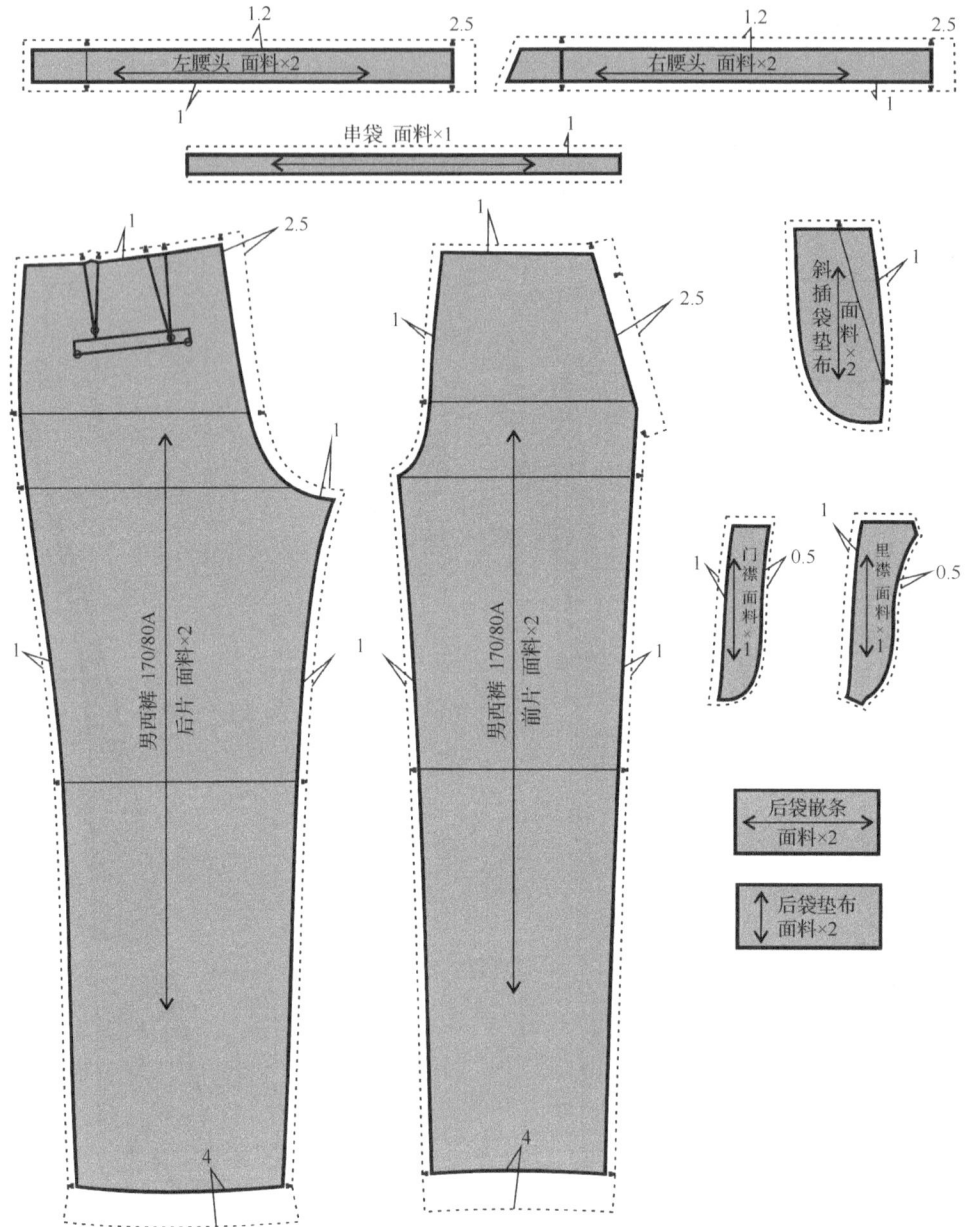

图 4-2-10　男西裤面料样板（单位：cm）

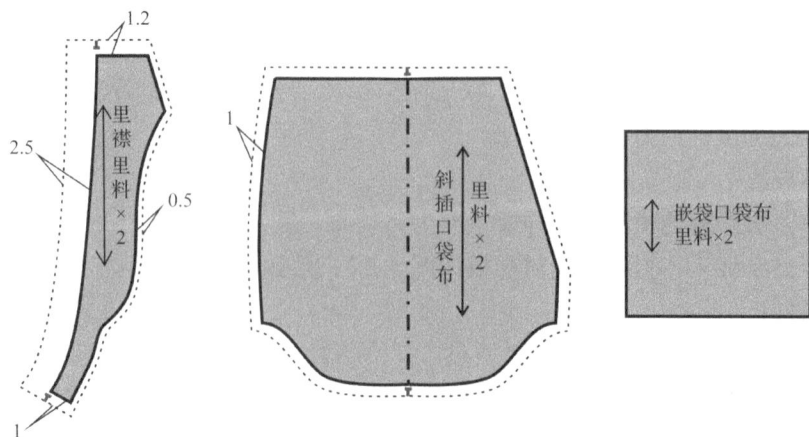

图 4-2-11　男西裤里料样板（单位：cm）

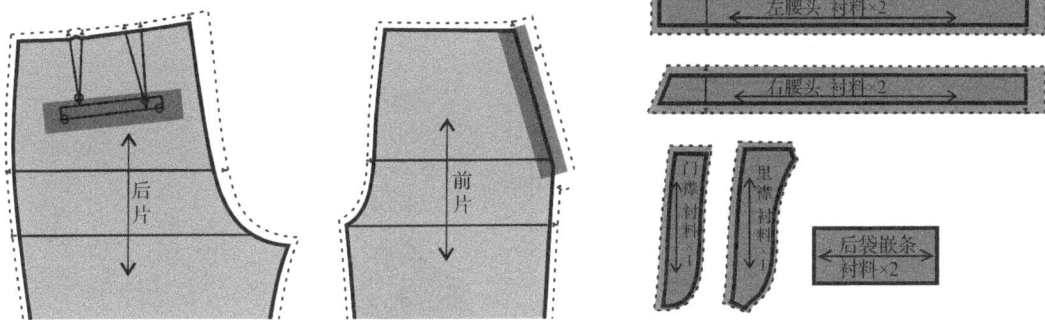

图 4-2-12　男西裤衬料样板

（4）裁剪排料

1）面料排料。面料排料时，需要考虑面料的材质、图案，如是否有倒顺毛、是否对条对格、是否有光泽等。把面料布幅对折，正面向里对好纱向，然后进行面料排版。排料时应做到排列紧凑，减小空隙，充分利用裤片的不同角度、弧势等进行套排。一般先排大片，再排小片。

面料排料部件包括前片（2片）、后片（2片）、左腰头（2片）、右腰头（2片）、斜插袋垫布（2片）、后袋嵌条（2片）、后袋垫布（2片）、门襟（1片）、里襟（1片）、串带（1片），准备好这些部件后进行纸样画样、裁剪等工作。男西裤面料排料如图4-2-13所示。

2）里料排料。里料排料时，应注意里料是否有图案，同时使正面向里对好纱向。里料排料部件主要包括斜插袋口袋布（完整2片）、嵌袋口袋布（2片）。

4. 剪板及校验复核

1）缝合边的核对。主要核对前后侧缝、内侧缝的长度是否匹配、相等；侧缝、省道、拼合后腰围线是否圆顺；档线拼合后是否圆顺。

2）样板规格的核对。主要核对腰围、臀围、裤口宽的维度尺寸和裤长。另外，还需要核对口袋、省道、拉链等小部位的规格设置是否合理。

3）根据样衣或款式图检验。结合客户来样检验样板的制作是否符合款式要求，检验所有样板是否齐全，检验是否根据来样要求处理放缝和细节。

4）里料样板、衬料样板的检验。检验里布样板、衬料样板的制作是否正确，是否符合要求。

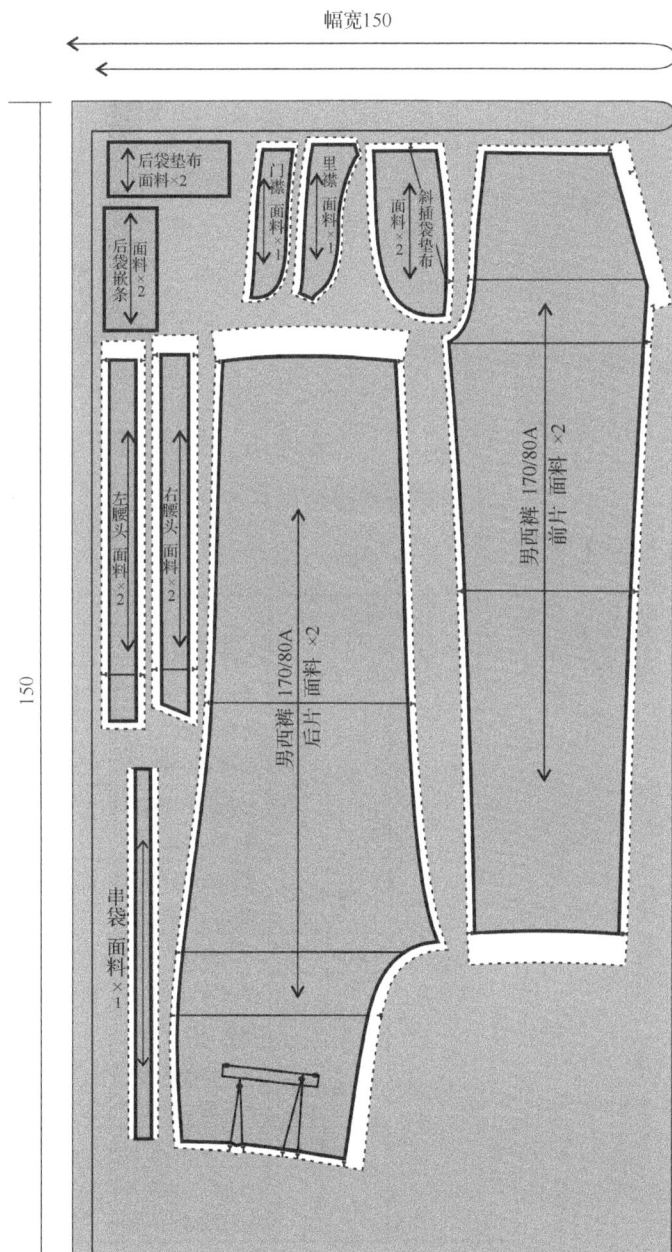

图 4-2-13　男西裤面料排料

5）样板标注检验。检验样板的剪口是否齐全；检验应有的标注是否完整，如款式名称、款号、号型规格、裁片名称、裁片数量、丝缕线等是否在样板上已标注完整。

5. 成衣试穿效果

男西裤成衣试穿效果如图 4-2-14 所示。

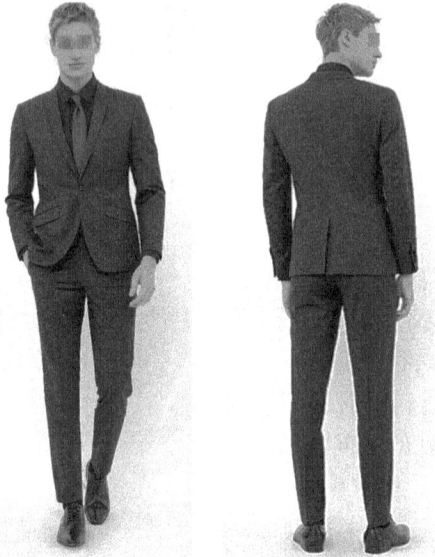

图 4-2-14　男西裤成衣试穿效果

4.2.4　任务评价：男西裤样板制作任务评价

男西裤样板制作任务评价标准如表 4-2-2 所示。

表 4-2-2　男西裤样板制作任务评价标准

评价内容		评价标准	备注
操作规范与职业素养		严格按照项目要求进行操作。遵守劳动纪律，服从安排；保持场地清洁；工具摆放整齐规范；按规程进行操作，工作不超时等	
男西裤制版任务成果	尺寸规格	男西裤裤长、腰围、臀围、裤口等成品规格尺寸及局部规格尺寸设计符合男西裤制版通知单中的规格尺寸要求，并与款式特征相吻合	
		男西裤各样板结构设计合理，各号型纸样各部位尺寸误差符合男西裤制版通知单中的误差尺寸要求	
	样板吻合	男西裤前后片侧缝线、前后内缝线等对应部位拼合长度一致，前后档缝拼接、前后侧缝腰围线拼接圆顺	
	缝份加放	男西裤前后档缝线、侧缝线、腰围线、裤口等各部位缝份、折边量准确，符合工艺要求	
	必要标记	男西裤后片省位、斜插袋等局部结构的对位、剪口标记、纱向、钻孔、纸样名称及裁片数量标注齐全	
	样板推放	号型档差设置正确，推档正确、合理	
		各号型裁剪纸样、工艺纸样齐全，分类储存规范	
	样板修剪	纸样修剪圆顺、齐整、流畅	
	样板管理	对各号型裁剪样板和工艺样板的名称、样板号、数量、规格、使用情况、存放位置等信息详细登记并建卡，做到物卡相吻合	

4.3 任务：牛仔裤工业样板制作

4.3.1 任务描述

【任务情境】

牛仔裤是受众非常广泛的流行裤装，跨越了时空、年龄，成为街头文化的经典，被称为"世纪的服装，人的第二皮肤"。它最早出现在美国西部，曾受到当地矿工和牛仔的欢迎，现在仍然十分流行。牛仔裤耐磨，面料柔软，穿着时尚且舒适，具有很高的运动机能性和实用性等优点，受到年轻人的喜爱。牛仔裤一般采用劳动布、牛筋劳动布等靛蓝色水磨面料，也有采用仿麂皮、灯芯绒、平绒等其他面料的。

本次板房收到公司发送的牛仔裤制版通知单，请根据该通知单的信息进行制版。

【任务要求】

1）分析公司提供的牛仔裤制版通知单上的款式造型、部位之间的结构关系，面辅料特点、缝制工艺等内容。

2）根据生产任务选择中间号型，按照中间号型的规格尺寸选择合理的结构设计方法，绘制中间号型的牛仔裤结构制图，要求体现款式特征、结构准确合理、线条流畅。

3）在中间号型样板结构图基础上，按照企业生产标准进行中间号型的裁剪样板和工艺样板的制作，要求制作规范、片数完整。

4）检查和复核工业样板并剪板。

牛仔裤工业样板制作

4.3.2 任务准备：识读制版通知单并解析款式图

牛仔裤制版通知单如图 4-3-1 所示。

××服装公司制版通知单

产品名称	牛仔裤	客户		数量			
订单号		款号		交货日期			

规格		XS	S	M	L	XL
号型		150/58A	155/62A	160/66A	165/70A	170/74A
尺寸/cm	裤长	96	99	102	105	108
	腰围	60	64	68	72	76
	臀围	81.6	84.8	88	91.2	94.4
	上裆长	23	23.5	24	24.5	25
	裤口宽	17	17.5	18	18.5	19
	腰头宽	4.5	4.5	4.5	4.5	4.5

质量要求		面料小样
工艺要求	特殊要求	
1. 符合成品规格，外观美观，内外无线头 2. 缉省：缉缝顺直、缉尖，左右对称，丝缕顺直 3. 侧缝挖袋、后片贴袋：袋布和袋口平服，高低一致，后袋袋角方正，袋角无楹、无毛出 4. 门、里襟：缉线顺直，长短一致，封口无起吊 5. 做、装腰头：腰头顺直，明缉线宽窄一致，面里平服，不起络、不皱、不反吐	1. 裁剪要求：面料采用 75%棉、25%涤纶。口袋布采用全棉人字纹裁剪时，丝缕按样板上标注 2. 用衬要求：腰头衬×1，门里襟衬×1，斜插袋口、后裤袋口及后袋嵌线粘牵条衬 3. 缝线要求：缝线针距 3cm 14～15 针 4. 整烫要求：熨烫温度为 160～170℃，整烫符合人体体型，归拔熨烫侧缝、下裆缝及挺缝线，整烫平挺、无焦、无黄、无极光、无污渍	

图 4-3-1 牛仔裤制版通知单

1. 解析款式图

图 4-3-2 所示为牛仔裤正背面款式图，该款牛仔裤臀部较紧，前片无褶裥和省道，方角挖袋，前中装拉链，后片拼后翘成育克，后贴袋左右各 1 个，前片袋口、后贴袋、后翘、裤腰等均缉有明线。

牛仔裤布料一般选用牛仔布、牛津布或棉涤混纺布，以具有弹性、结实耐洗为宜。

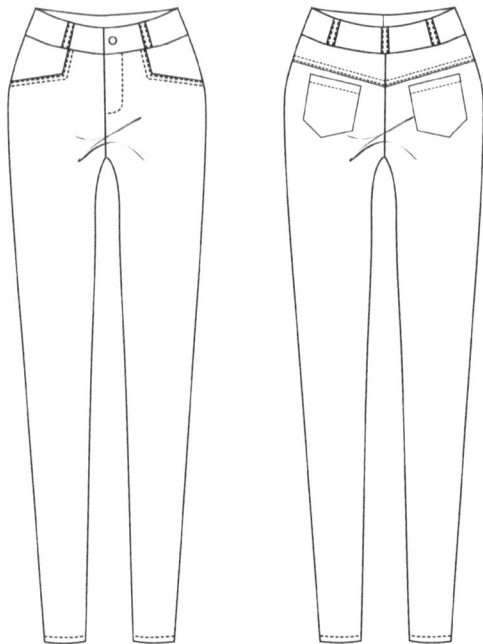

图 4-3-2　牛仔裤正背面款式图

2. 确定中间号型的规格尺寸

160/66A 牛仔裤规格尺寸如表 4-3-1 所示。

表 4-3-1　160/66A 牛仔裤规格尺寸　　　　　　　　　　　　　　　单位：cm

部位	裤长	腰围	臀围	上裆长	裤口宽	腰头宽
尺寸	102	68	88	24	18	4.5

4.3.3　实践操作：完成牛仔裤工业样板

1. 结构设计

（1）辅助线

1）取裤长=102（cm）。

2）五线定长，包括腰围线、裤口线、横裆线、臀围线、中裆线的间距位置的确定。

3）裤片宽度的设计。

① 前臀围=H/4-1（前后差）（cm），后臀围=H/4+1（前后差）（cm）。根据裤装的具体功能和造型，一般臀围的松量分配为前多后少。

② 前小裆宽=0.3H/10（cm），后小裆宽=0.9H/10（cm）。

③ 烫迹线=前裆宽/2，后烫迹线=后裆宽/2，向侧缝偏移 1.5cm。

4）上裆造型设计：后裆下落量=0.7（cm），后翘势=2.5（cm）。

牛仔裤结构制图如图 4-3-3 所示。

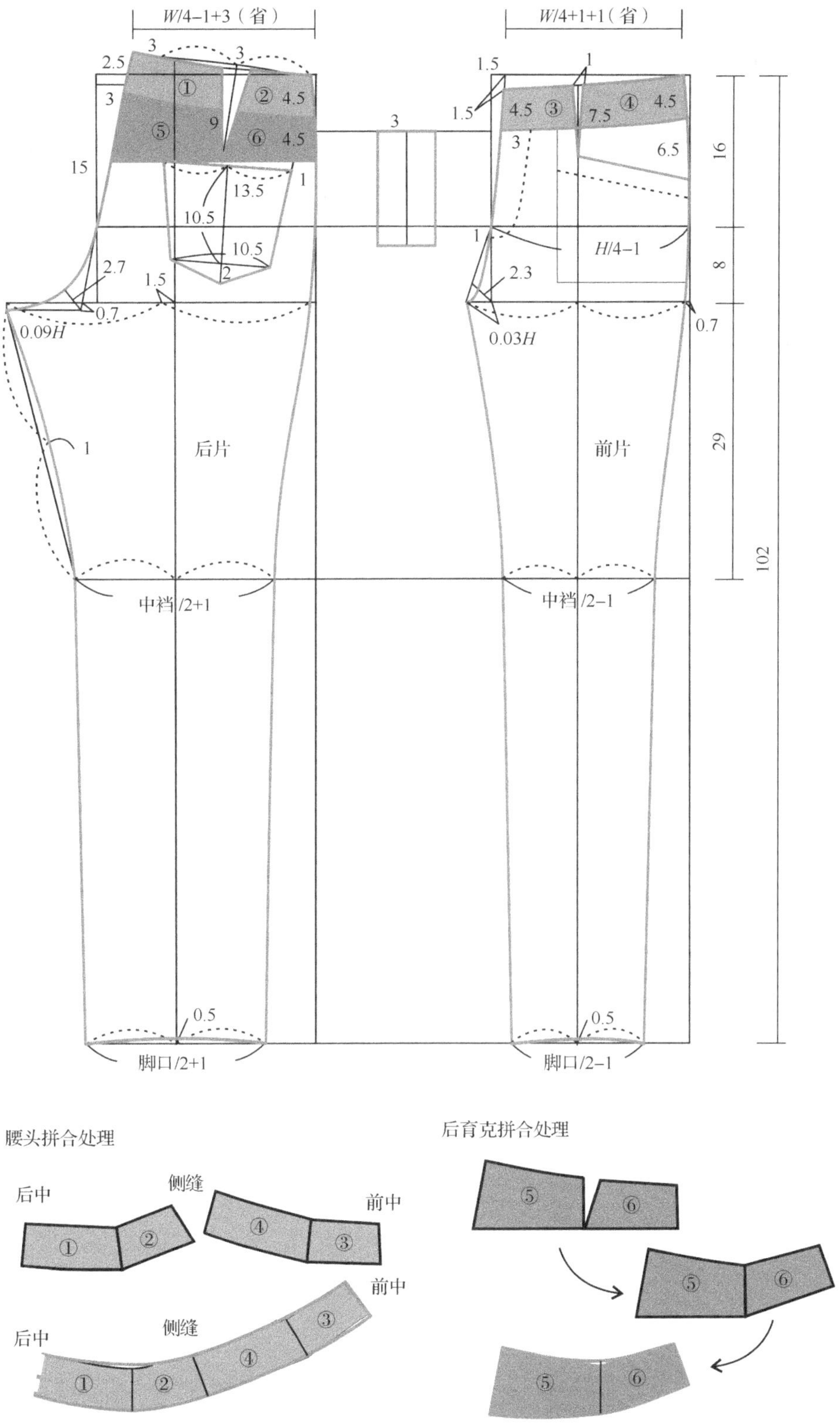

图 4-3-3　牛仔裤结构制图（单位：cm）

（2）结构线及零部件

1）门、里襟宽 3.5（cm），止口在臀围线下 2cm 处。

2）绘制腰头，腰头宽 4.5cm，并将腰头省道合并，处理成弧线腰头。

3）绘制前腰省和侧缝挖袋：在烫迹线连腰线处绘制前腰省，省长 7.5cm，侧腰点下 6.5cm

处起，连接到前腰省省尖。

4）绘制后腰省：在后腰围线偏进 3cm 处至后片侧缝两等分，在等分点处设置省道，省道省长 9cm。

5）绘制后片育克和后贴袋：贴袋袋位在育克下 1cm 处，口袋尺寸为 13.5cm×12.5cm，处理成尖型贴袋。

6）串带：裤袢为 4.5cm×2cm（5 个），分别位于腰带后中、后侧缝偏进 2.5cm，以及前烫迹线处。

7）腰带：拼接前腰和后腰，处理成弧形腰头。

牛仔裤结构净样板如图 4-3-4 所示。

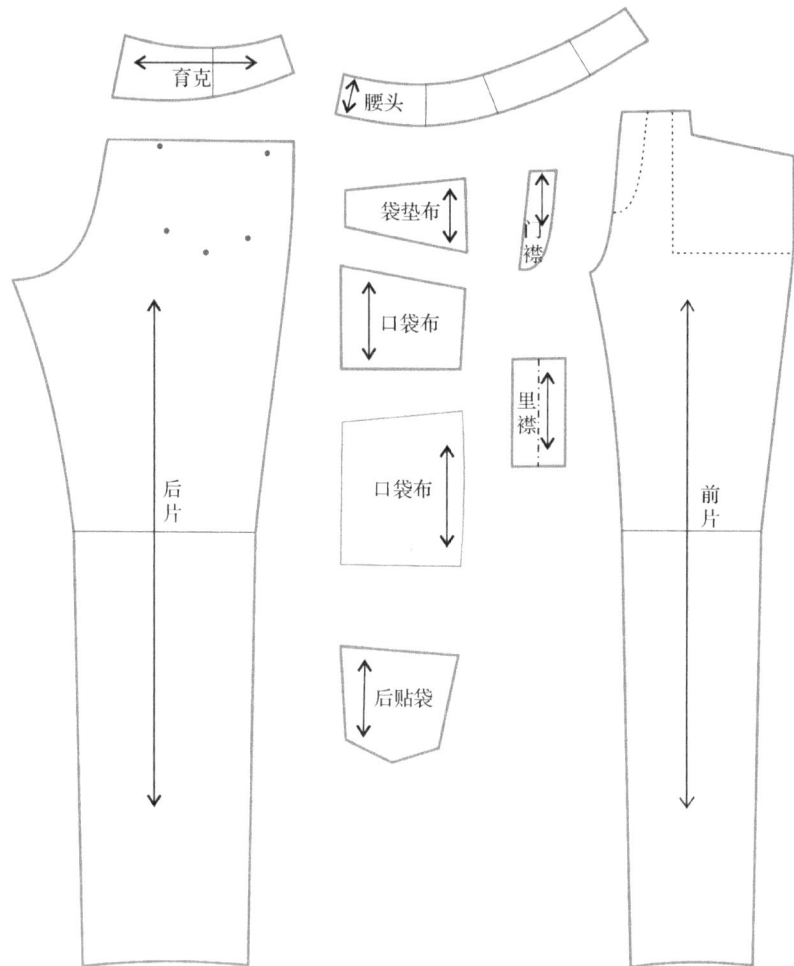

图 4-3-4　牛仔裤结构净样板

2. 样板检验

（1）尺寸复核

1）规格核对：完成牛仔裤所有纸样的设计后，要对各部位的尺寸进行细致核对，尺寸不符合制单和客户标准的应加以修改。裤子主要测量部位有以下几个。

① 裤长。测量从腰围线垂直向下至脚口的长度和腰头宽的总和是否等于裤长。

② 腰围。测量除省道、褶裥外的腰部结构线的总长与腰头的总长是否匹配，是否满足规格设定。

③ 臀围。测量前后裤片净样臀围长度是否等于臀围的 1/2。

④ 裤口宽。测量裤口宽是否符合尺寸要求。

2）将前后裤片的外轮廓拓印拼合，折叠前片挖袋、育克，对线条细部进行校验，仔细查看线条是否圆顺，不圆顺的地方需要进行修改。同时，查看腰线与腰头是否匹配，具体如图 4-3-5 所示。

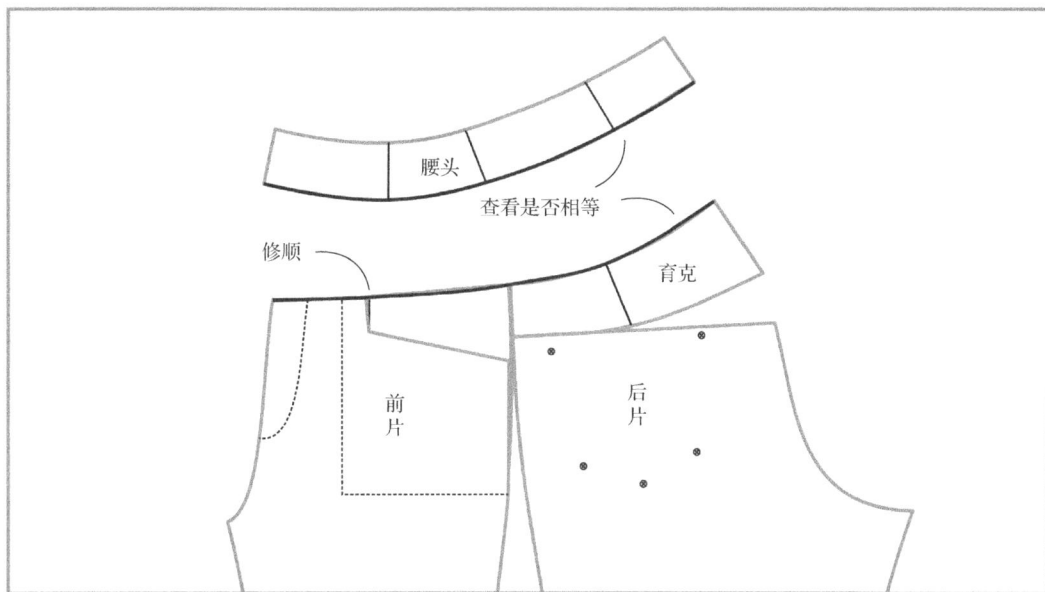

图 4-3-5　牛仔裤样板尺寸复核（1）

3）将前后裤片的外轮廓拓印，拼合下档弧线，对线条细部进行校验，仔细查看档部弧线是否圆顺，不圆顺的地方需要进行修改，具体如图 4-3-6 所示。

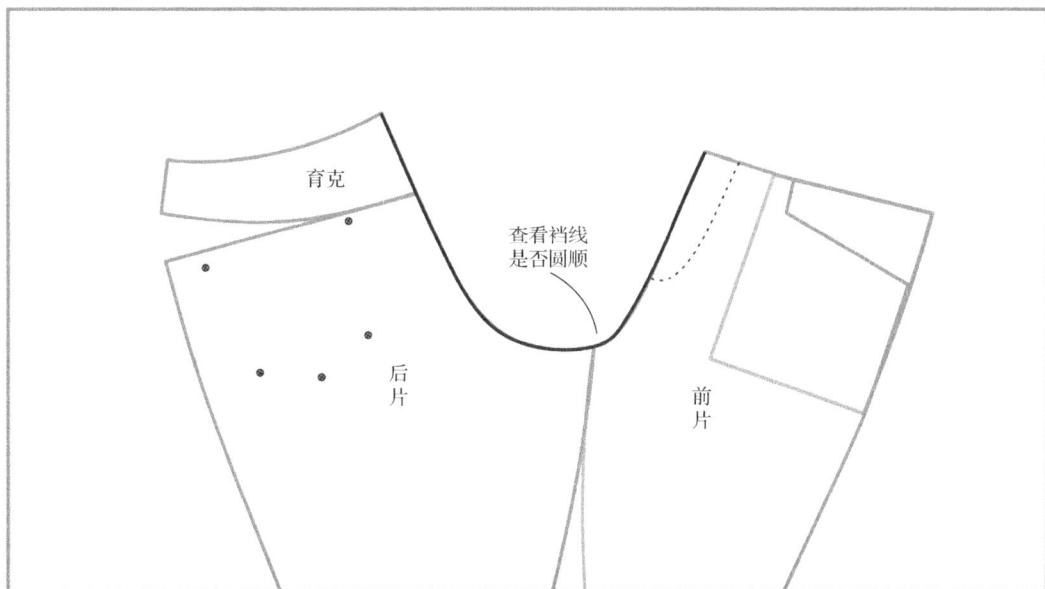

图 4-3-6　牛仔裤样板尺寸复核（2）

4）重叠前后裤片的外轮廓，先后检查前片侧缝和后片侧缝、前片下档弧线与后片下档弧线是否匹配一致，若有尺寸误差，则需要及时修改，以满足后期缝制工艺的需要，具体如图 4-3-7 所示。

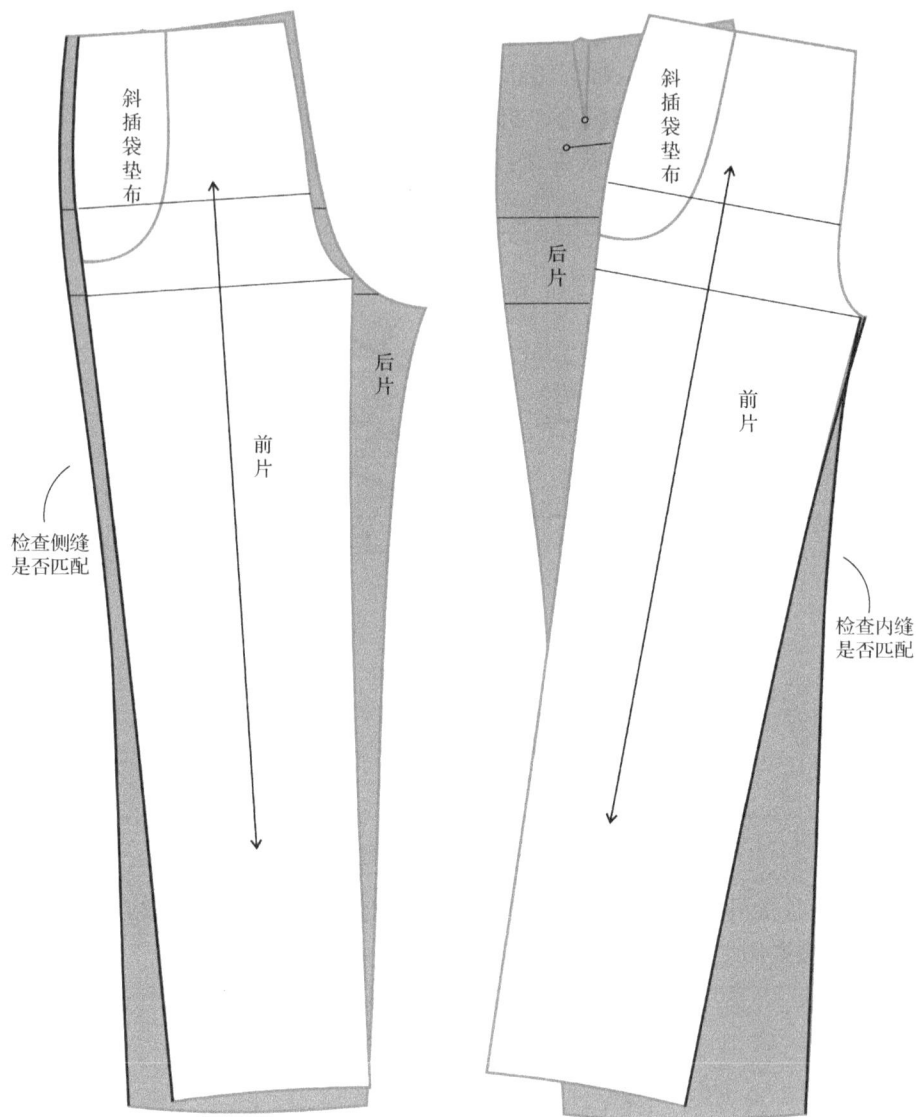

图 4-3-7　牛仔裤样板尺寸复核（3）

（2）对位处理

1）对拉链位、臀围线、中裆线的位置进行对位剪口处理。

2）对腰头的前中、侧缝、后中等位置进行对位剪口处理。

3）对后贴袋袋位进行钻孔处理。钻孔不宜刚好处理在省尖，以免在后期钻孔处理时扎坏面料，影响外观。

3. 裁剪样板制作

（1）面料样板

根据企业来样特点和实际面料特征确定样板的放缝，但需要注意相关联（拼合）部位的放缝量必须一致。

图 4-3-8 所示的裤口贴边放缝 3～4cm，后贴袋袋口贴边放缝 3～4cm，其余部位一般放缝 1cm。

此外，面料样板还应标明丝缕线，写上款式名称、号型名称、裁片名称、裁片数量等信息，并在必要的部位打上剪口。

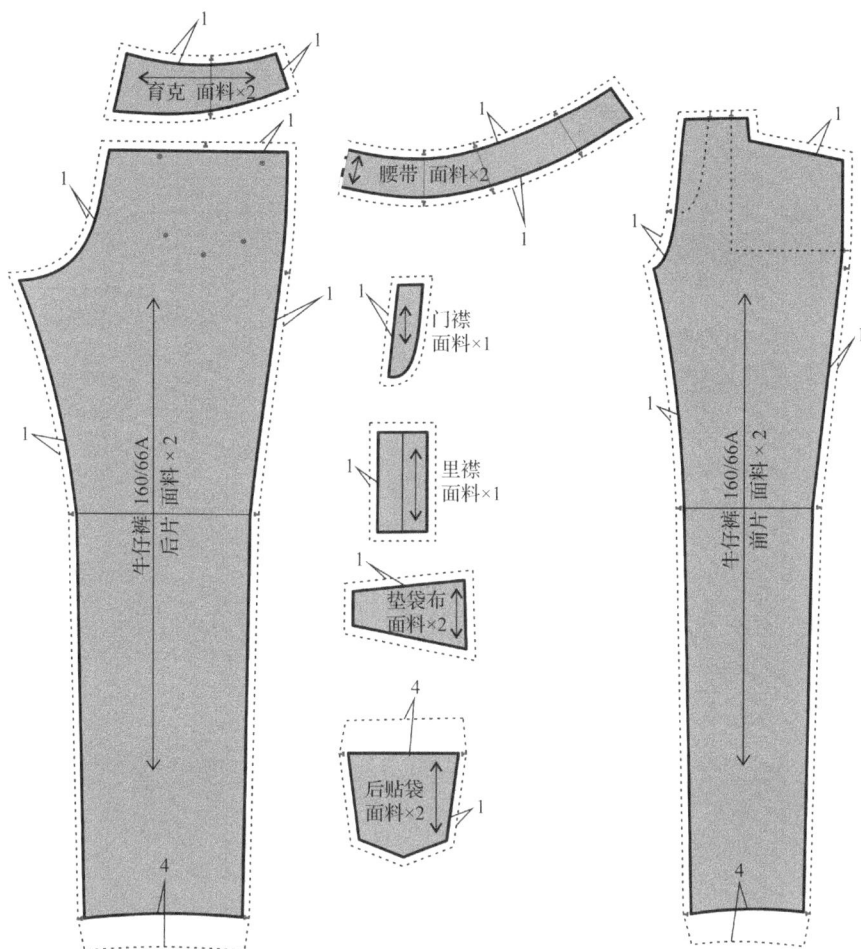

图 4-3-8 牛仔裤面料样板（单位：cm）

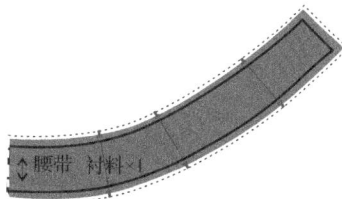

（2）里料样板

一般而言，牛仔裤里料样板主要为口袋布。里料样板放缝 1cm，同时需要标上丝缕标记，写上文字标识。牛仔裤里料样板如图 4-3-9 所示。

（3）衬料样板

牛仔裤一般只需要在腰头部位粘衬，衬样尺寸可以比毛样尺寸略小一些。牛仔裤衬料样板如图 4-3-10 所示。

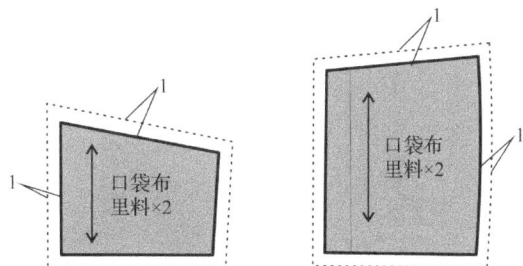

图 4-3-9 牛仔裤里料样板（单位：cm）　　　　图 4-3-10 牛仔裤衬料样板

（4）裁剪排料

1）面料排料。面料排料时，需要考虑面料的材质、图案，如是否有倒顺毛、是否对条对格、是否有光泽等。把面料布幅对折，正面向里对好纱向，然后进行面料排版。排料时应做到排列紧凑，减小空隙，充分利用裤片的不同角度、弧势等进行套排。一般先排大片，再排小片。

面料排料部件包括前片（2 片）、后片（2 片）、腰带（2 片）、后贴袋（2 片）、育克（2 片）、垫袋布（2 片）、门襟（1 片）、里襟（1 片），准备好这些部件后进行纸样画样、裁剪等工作。牛仔裤面料排料如图 4-3-11 所示。

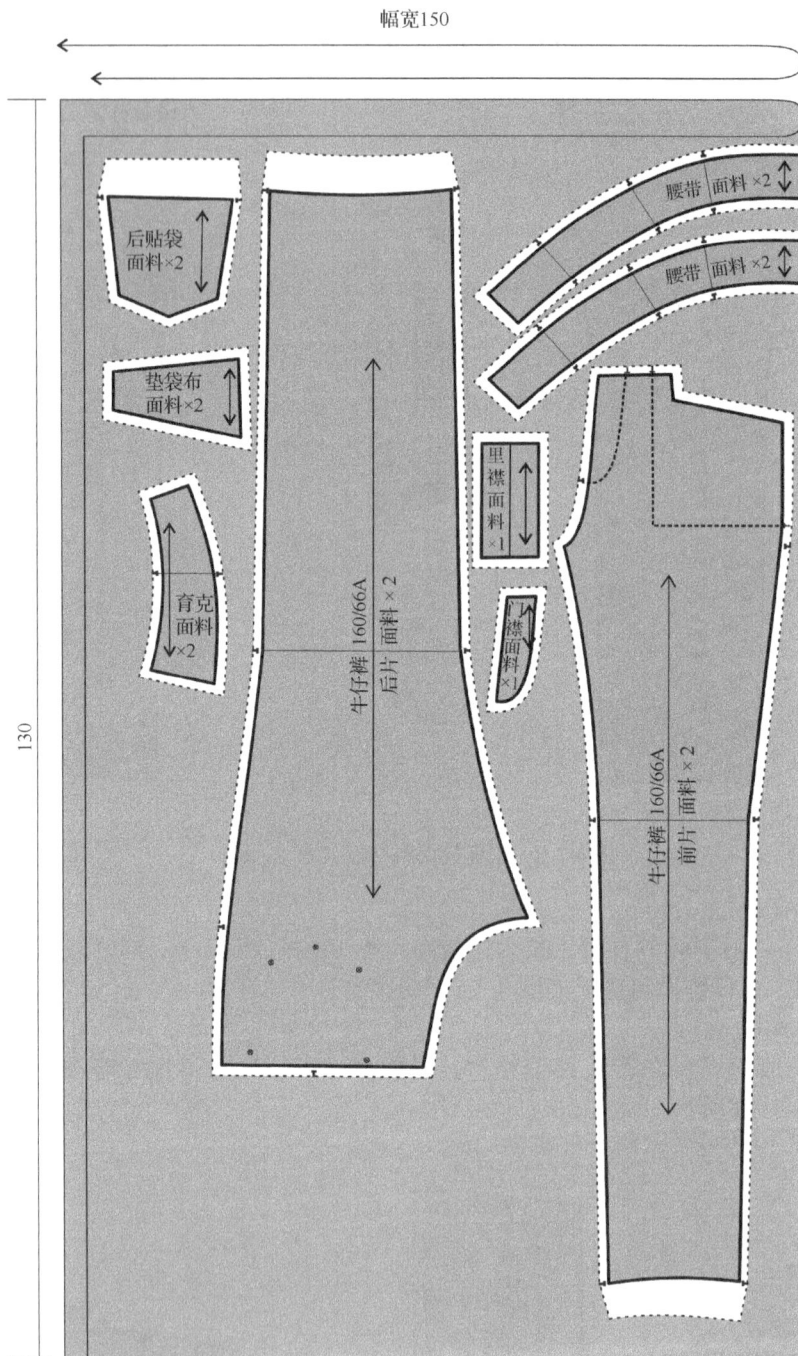

图 4-3-11　牛仔裤面料排料（单位：cm）

2）里料排料。里料排料时，应注意是否有图案等，同时使正面向里对好纱向。里料排料部件主要包括挖袋口袋布（各 2 片）。

4. 剪板及校验复核

1）缝合边的核对。主要核对裤子前后侧缝、内侧缝的长度是否匹配、相等；侧缝、省道、褶裥拼合后腰围线是否圆顺；裆线拼合后是否圆顺。

2）样板规格的核对。主要校对腰围、臀围、裤口宽的维度尺寸和裤长。另外，还需要核对口袋、省道、拉链等小部位的规格设置是否合理。

3）根据样衣或款式图检验。结合客户来样检验样板的制作是否符合款式要求，检验所有样板是否齐全，检验是否根据来样要求处理放缝和细节。

4）里料样板、衬料样板的检验。检验里料样板、衬料样板的制作是否正确，是否符合要求。

5）样板标注检验。检验样板的剪口是否齐全；检验应有的标注是否完整，如款式名称、款号、号型规格、裁片名称、裁片数量、丝缕线等是否在样板上已标注完整。

5. 成衣试穿效果

牛仔裤成衣试穿效果如图 4-3-12 所示。

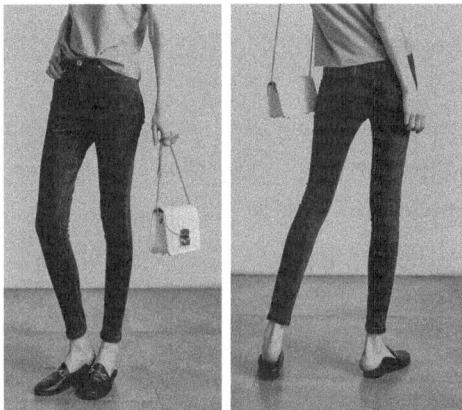

图 4-3-12 牛仔裤成衣试穿效果

4.3.4 任务评价：牛仔裤样板制作任务评价

牛仔裤样板制作任务评价标准如表 4-3-2 所示。

表 4-3-2 牛仔裤样板制作任务评价标准

评价内容		评价标准	备注
操作规范与职业素养		严格按照项目要求进行操作。遵守劳动纪律，服从安排；保持场地清洁；工具摆放整齐规范；按规程进行操作，工作不超时等	
牛仔裤制版任务成果	尺寸规格	牛仔裤裤长、腰围、臀围、裤口等成品规格尺寸及局部规格尺寸设计符合牛仔裤制版通知单中的规格尺寸要求，并与款式特征相吻合	
		牛仔裤各样板结构设计合理，各号型纸样各部位尺寸误差符合牛仔裤制版通知单中的误差尺寸要求	
	样板吻合	牛仔裤前后片侧缝线、前后内缝线等对应部位拼合长度一致，前后裆缝拼接、前后侧缝腰围线拼接圆顺	
	缝份加放	牛仔裤前后裆缝线、侧缝线、腰围线、裤口等各部位缝份、折边量准确，符合工艺要求	
	必要标记	牛仔裤后片贴袋位、前片挖袋等局部结构的对位、剪口标记、纱向、钻孔、纸样名称及裁片数量标注齐全	
	样板推放	号型档差设置正确，推档正确、合理	
		各号型裁剪纸样、工艺纸样齐全，分类储存规范	
	样板修剪	纸样修剪圆顺、齐整、流畅	
	样板管理	对各号型裁剪样板和工艺样板的名称、样板号、数量、规格、使用情况、存放位置等信息详细登记并建卡，做到物卡相吻合	

4.4 任务：短裤工业样板制作

4.4.1 任务描述

【任务情境】

短裤可衬托女性的身材，随着流行趋势的发展，短裤成为夏季时装裤。短裤收身效果明显，易于与其他服饰搭配，成为深受年轻女性青睐的服装款式。消费者挑选短裤面料时，要考虑面料的属性，如果要求料子不能太薄，那么可以选用中厚型、透气的棉卡其、牛仔布、皮革等面料，也可以选用横贡缎、丝绒材料等有特殊肌理的面料。

作为样板师的你收到公司发送的女短裤制版通知单，请根据该通知单的信息进行制版。

【任务要求】

1）分析公司提供的女短裤制版通知单上款式造型、部位之间的结构关系，面辅料特点、缝制工艺等内容。

2）根据生产任务选择中间号型，按照中间号型的规格尺寸选择合理的结构设计方法，绘制中间号型的女短裤结构制图，要求体现款式特征、结构准确合理、线条流畅。

3）在中间号型样板结构图基础上，按照企业生产标准进行中间号型的裁剪样板和工艺样板的制作，要求制作规范、片数完整。

4）检查和复核工业样板并剪板。

4.4.2 任务准备：识读制版通知单并解析款式图

女短裤制版通知单如图 4-4-1 所示。

××服装公司制版通知单

产品名称	女短裤		客户			数量		
订单号			款号			交货日期		
			规格	S	M	L	XL	XXL
			号型	155/62A	160/66A	165/70A	170/74A	175/78A
		尺寸/cm	裤长	40	42	44	46	48
			腰围	64	68	72	76	80
			臀围	88	92	96	100	104
			上裆长	29.5	30	30.5	31	31.5
			裤口宽	33.7	34	34.3	34.6	34.9

质量要求		面料小样
工艺要求	特殊要求	
1. 符合成品规格，外观美观，内外无线头 2. 缉省、褶：按纸样画出省、褶裥的位置，沿刀口起缉缝顺直、缉尖，左右对称，丝缕顺直，反压褶裥和省 3. 侧缝斜插袋：袋布和袋口平服，高低一致，袋口无豁开、袋布无外露、封口平齐 4. 门、里襟：长短一致，封口无起吊 5. 做、装腰头：腰头顺直，明缉线宽窄一致，面里平服，不起绺、不皱、不反吐	1. 裁剪要求：裁剪时，丝缕按样板上标注 2. 用衬要求：门襟衬×1，斜插袋口、后裤口粘牵条衬 3. 缝线要求：缝线针距3cm 14～15针 4. 整烫要求：熨烫温度为160～170℃，整烫符合人体体型，归拔熨烫侧缝、下裆缝及挺缝线，整烫平挺、无焦、无黄、无极光、无污渍	

图 4-4-1 女短裤制版通知单

1. 识读制版通知单

根据制版单信息，查看款式细节、工艺要求、面料特征和部位尺码。在短裤结构设计中，由于没有涉及腿、膝前屈运动的横向伸展量和运动量，仅仅考虑臀沟、大腿内侧部位的纵向伸展率和臀部横向伸展量，因此臀围松量的分配可以前少后多或平均分配。

2. 解析款式图

图 4-4-2 所示为女短裤正背面款式图，该款短裤为高腰 A 型短裤，裤口宽松，卷边处理，前腰左右各打 1 个活褶，左右设置斜插袋，后片左右各收 1 个省道，腰间设置 7 个裤袢。该款女短裤造型自然时尚，适合年轻女性穿着。

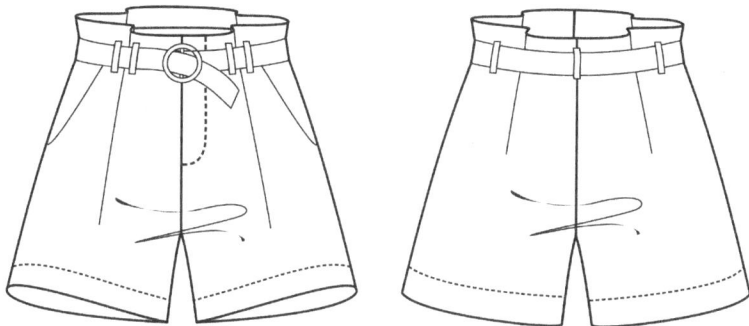

图 4-4-2 女短裤正背面款式图

3. 确定中间号型的规格尺寸

160/66A 女短裤规格尺寸如表 4-4-1 所示。

表 4-4-1 160/66A 女短裤规格尺寸   单位：cm

部位	裤长	腰围	臀围	上裆	裤口宽
尺寸	42	68	92	30	34

4.4.3 实践操作：完成女短裤工业样板

1. 结构设计

（1）辅助线

1）取裤长=42（cm）。高腰部分 6cm。

2）五线定长，包括腰围线、裤口线、横裆线、臀围线、中裆线的间距位置的确定。

3）裤片宽度的设计。

① 确定前臀围=$H/4-0.5$（前后差）（cm），后臀围=$H/4+0.5$（前后差）（cm）。根据裤装的具体功能和造型，一般臀围的松量分配为前多后少。

② 确定前小裆宽=$0.5H/10$（cm），后小裆宽=$0.1H$（cm）。

③ 确定烫迹线=前横裆线宽/2，后烫迹线=后横裆线宽/2。

4）上裆造型设计：后裆下落量=0.7（cm），后翘势=2.5（cm）。

女短裤结构制图和女短裤结构净样板分别如图 4-4-3 和图 4-4-4 所示。

（2）结构线及零部件

1）门、里襟宽为 3~4（cm），止口在臀围线下 2cm 处。

2）绘制前后腰头贴边，贴边宽 6cm。

3）绘制前片刀褶和侧缝斜插袋：在烫迹线连腰线处绘制前片刀褶，褶长 7cm，褶宽 3cm。侧腰点下 15cm 处起，腰线侧缝进 4cm，绘制斜插袋袋口。

4）绘制后腰省：在后腰围线偏进 1cm 处至后片侧缝两等分，在等分点处设置省褶，省褶省长 10cm，大小 1.8cm。

5）绘制裤口，裤口向外略宽松量，呈现 A 形。

6）绘制里襟、门襟，配置斜插袋袋口配件。

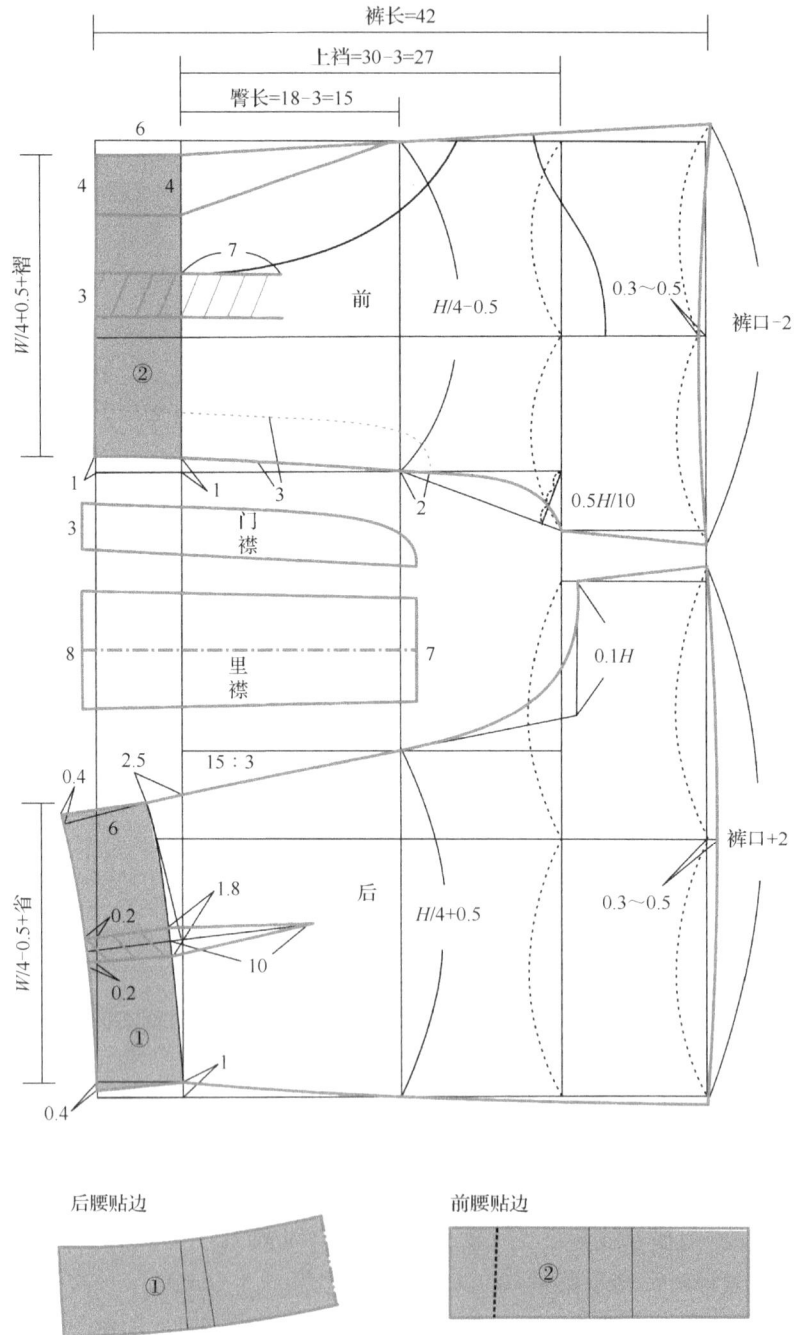

图 4-4-3　女短裤结构制图（单位：cm）

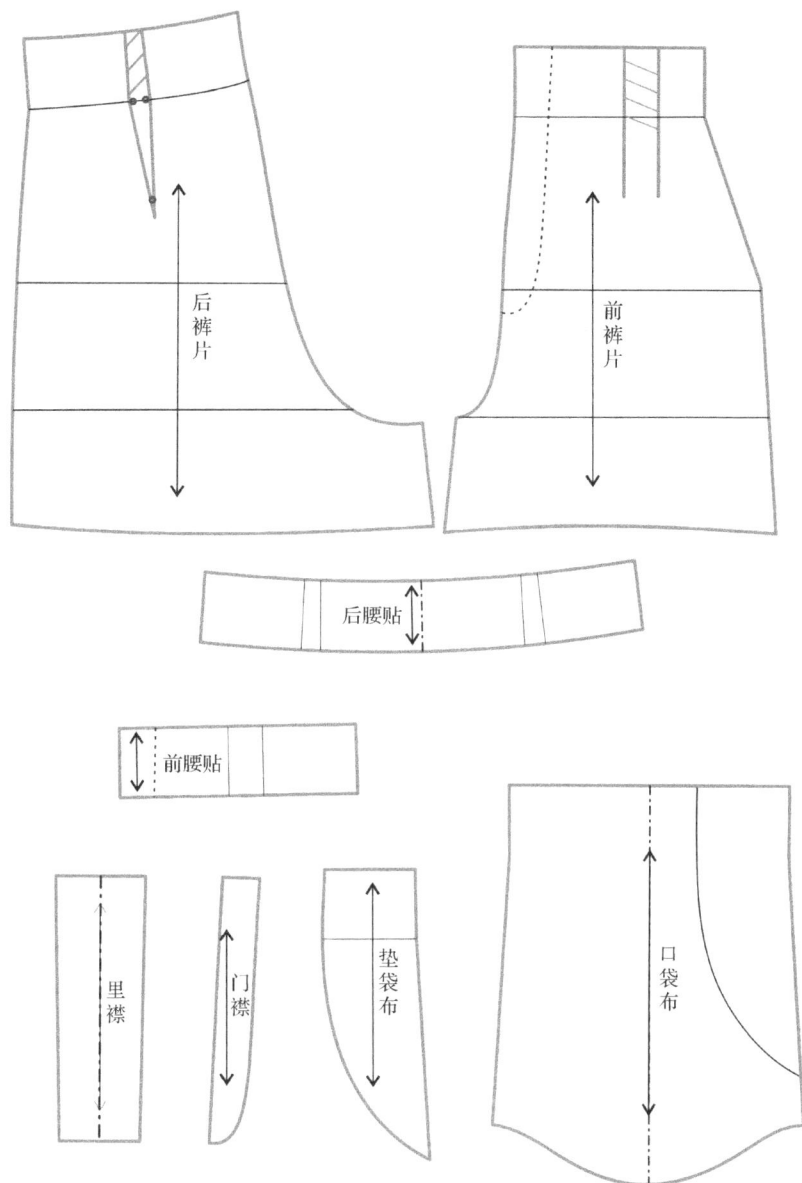

图 4-4-4　女短裤结构净样板

2. 样板检验

（1）尺寸复核

1）规格核对：完成女短裤所有纸样的设计后，要对各部位的尺寸进行细致核对，尺寸不符合制单和客户标准的应加以修改。

裤子主要测量部位有以下几个。

① 裤长。测量从腰围线垂直向下至脚口的长度和腰头宽的总和是否等于裤长。

② 腰围。测量除省道、褶裥以外的腰部结构线的总长与腰头的总长是否匹配，是否满足规格设定。

③ 臀围。测量前后裤片净样臀围长度是否等于臀围的 1/2。

④ 裤口宽。测量裤口宽是否符合尺寸要求。

2）将前后裤片的外轮廓拓印拼合，折叠腰口省道和褶裥，拼合前后片侧缝，对线条细部进行校验，仔细查看腰部线条是否圆顺，线条不圆顺的地方需要进行修改。同时，检查前后侧缝，查看其是否匹配，具体如图 4-4-5 所示。

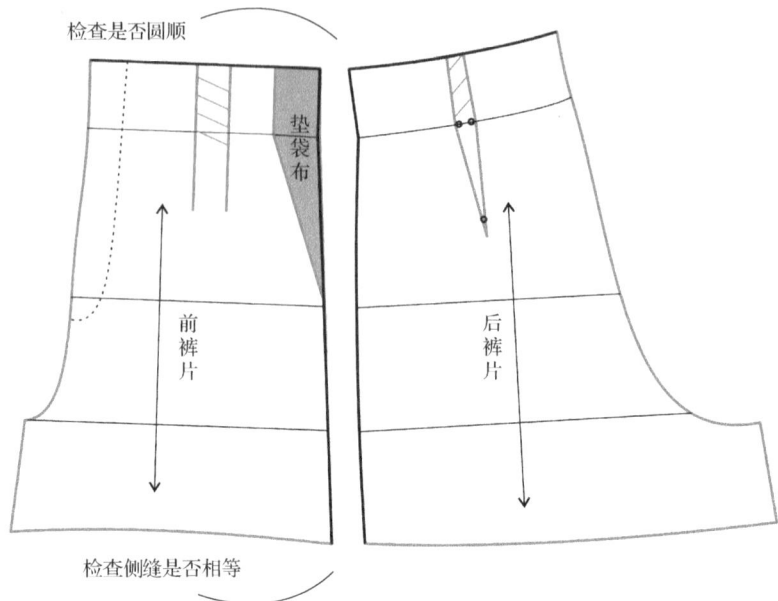

图 4-4-5　女短裤样板尺寸复核（1）

　　3）拼合前后下裆线，检查前后上裆弧线拼合之后是否圆顺，检查前后裤片裤口位置拼合之后是否圆顺，不圆顺的地方需要进行修改，具体如图 4-4-6 所示。

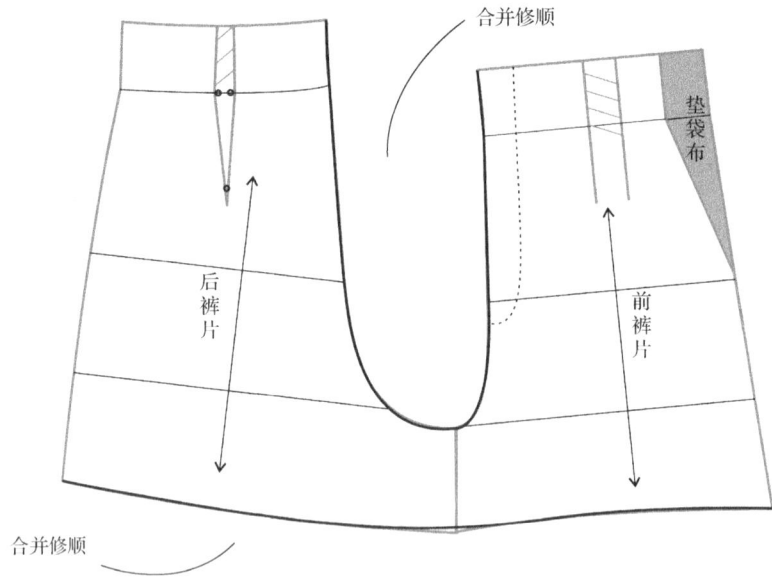

图 4-4-6　女短裤样板尺寸复核（2）

　　（2）对位处理

　　1）对拉链位、臀围线、中裆线的位置进行对位剪口处理。

　　2）对腰贴的前中、侧缝、后中，各省道的两边、褶裥的两边等位置进行对位剪口处理。

　　3）对后片省道的省尖点进行钻孔处理。钻孔不宜刚好处理在省尖，以免在后期钻孔处理时扎坏面料，影响外观。

3．裁剪样板制作

（1）面料样板

根据企业来样特点和实际面料特征确定样板的放缝，但需要注意相关联（拼合）的部位的放缝量必须一致。

图 4-4-7 所示的裤口折边放缝 3～4cm，其余部位一般可以考虑放缝 1cm。

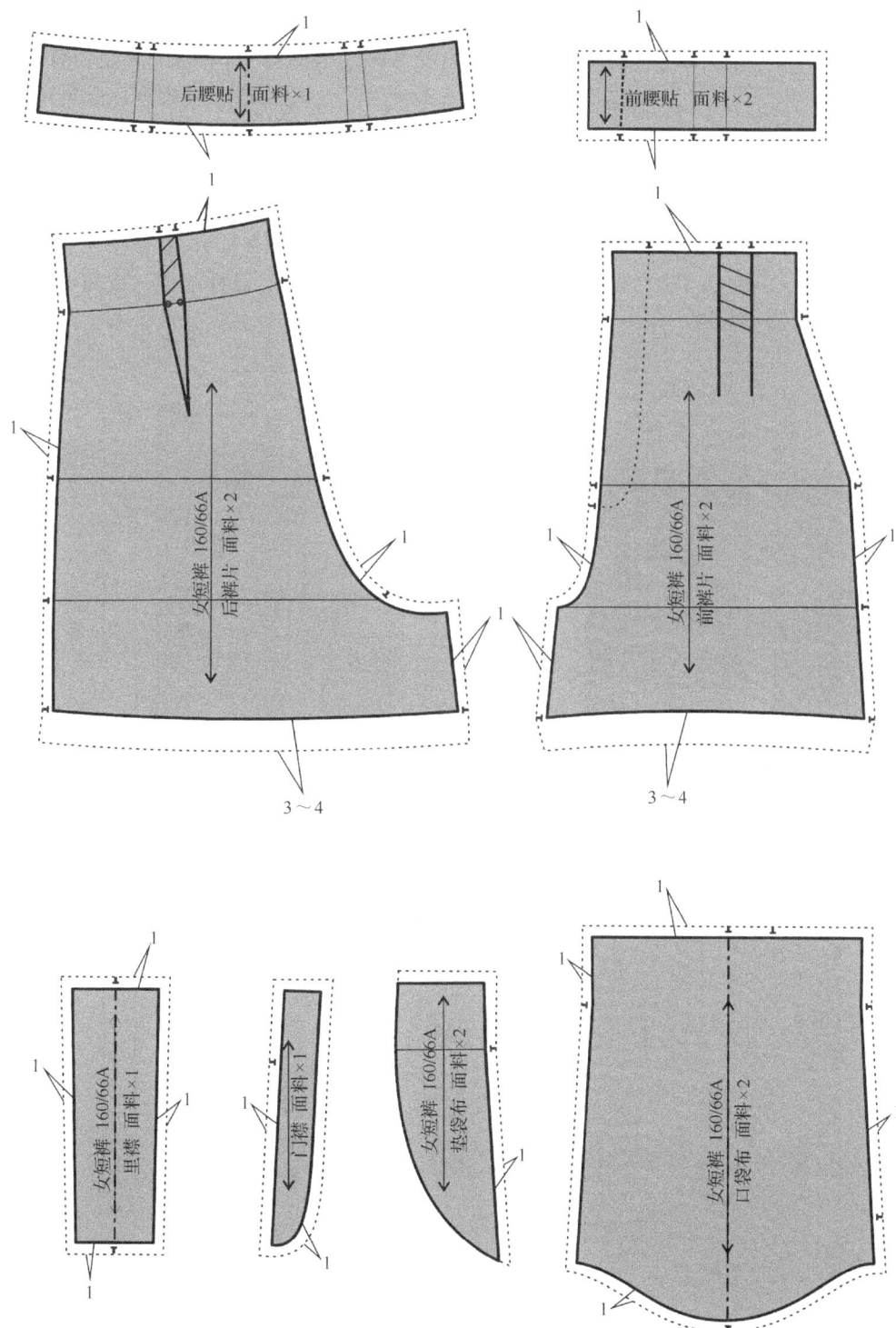

图 4-4-7　女短裤面料样板（单位：cm）

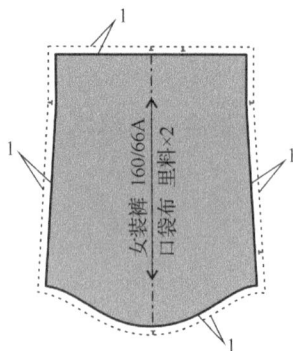

图 4-4-8　女短裤里料样板（单位：cm）

此外，面料样板还应标明丝缕线，写上款式名称、号型名称、裁片名称、裁片数量等信息，并在必要的部位打上剪口。

（2）里料样板

一般而言，女短裤的里料样板主要为口袋布。里料样板放缝1cm，同时需要做丝缕标记，写上文字标识。女短裤里料样板如图 4-4-8 所示。

（3）裁剪排料

面料排料时，需要考虑面料的材质、图案，如是否有倒顺毛、是否对条对格、是否有光泽等。把面料布幅对折，正面向里对好纱向，然后进行面料排版。面料排料时应排列紧凑，减小空隙，充分利用裤片的不同角度、弧势等进行套排。一般先排大片，再排小片。

面料排料部件包括前裤片（2 片）、后裤片（2 片）、垫袋布（2 片）、后腰贴（完整 1 片）、前腰贴（2 片）、门襟（1 片）、里襟（1 片），准备好这些部件进行纸样画样、裁剪等工作。女短裤面料排料如图 4-4-9 所示。

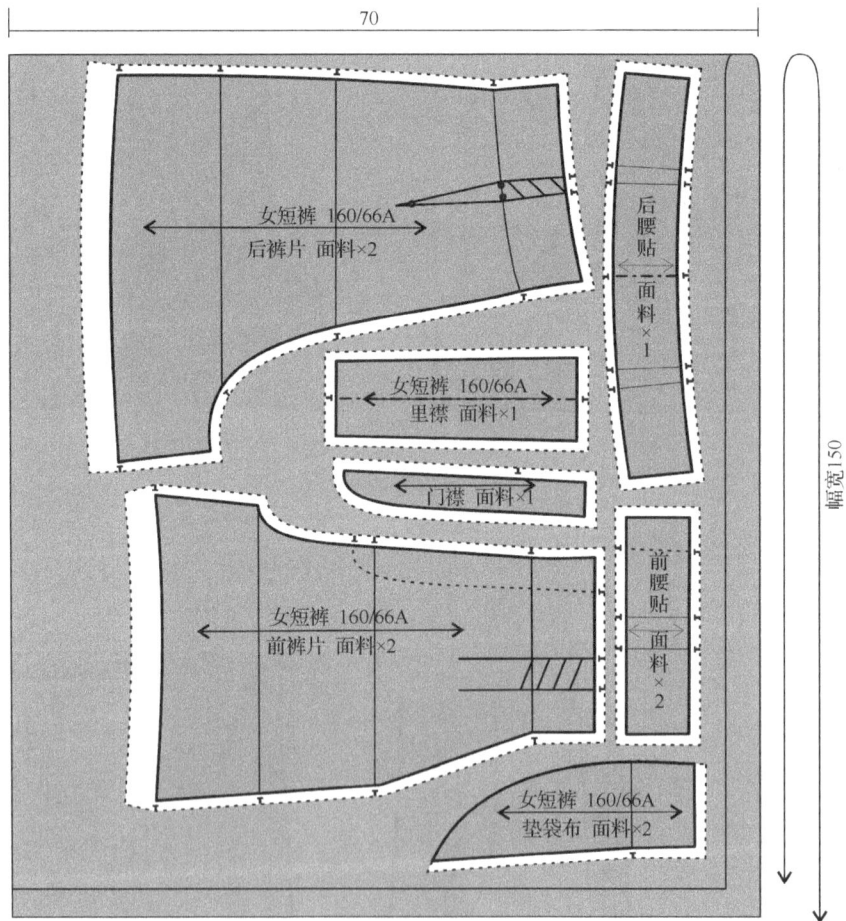

图 4-4-9　女短裤面料排料（单位：cm）

4. 剪板及校验复核

1）缝合边的核对。主要核对裤子前后侧缝、内侧缝的长度是否匹配、相等；侧缝、省道、褶裥拼合后腰围线是否圆顺；裆线拼合后是否圆顺。

2）样板规格的核对。主要核对腰围、臀围、裤口宽的维度尺寸和裤长。另外，还需要核对口袋、省道、拉链等小部位的规格设置是否合理。

3）根据样衣或款式图检验。结合客户来样检验样板的制作是否符合款式要求，检验所有样板是否齐全，检验是否根据来样要求处理放缝和细节。

4）里料样板、衬料样板的检验。检验里料样板、衬料样板的制作是否正确，是否符合要求。

5）样板标注检验。检验样板的剪口是否齐全；检验应有的标注是否完整，如款式名称、款号、号型规格、裁片名称、裁片数量、丝缕线等是否在样板上已标注完整。

5. 成衣试穿效果

女短裤成衣试穿效果如图 4-4-10 所示。

图 4-4-10　女短裤成衣试穿效果

4.4.4　任务评价：女短裤样板制作任务评价

女短裤样板制作任务评价标准如表 4-4-2 所示。

表 4-4-2　女短裤样板制作任务评价标准

评价内容		评价标准	备注
操作规范与职业素养		严格按照项目要求进行操作。遵守劳动纪律，服从安排；保持场地清洁；工具摆放整齐规范；按规程进行操作，工作不超时等	
女短裤制版任务成果	尺寸规格	女短裤裤长、腰围、臀围、裤口等成品规格尺寸及局部规格尺寸设计符合女短裤制版通知单中的规格尺寸要求，并与款式特征相吻合	
		女短裤各样板结构设计合理，各号型纸样各部位尺寸误差符合女短裤制版通知单中的误差尺寸要求	
	样板吻合	女短裤前后片侧缝线、前后内缝线等对应部位拼合长度一致，前后档缝拼接、前后侧缝腰围线拼接圆顺	
	缝份加放	女短裤前后档缝线、侧缝线、腰围线、裤口等各部位缝份、折边量准确，符合工艺要求	
	必要标记	女短裤前褶、后省等局部结构的对位、剪口标记、纱向、钻孔、纸样名称及裁片数量标注齐全	
	样板推放	号型档差设置正确，推档正确、合理	
		各号型裁剪纸样、工艺纸样齐全，分类储存规范	
	样板修剪	纸样修剪圆顺、齐整、流畅	
	样板管理	对各号型裁剪样板和工艺样板的名称、样板号、数量、规格、使用情况、存放位置等信息详细登记并建卡，做到物卡相吻合	

拓展训练：高腰翻边裤工业样板实训练习

【任务情境】

高腰翻边裤为典型的高腰七分时装裤，由于是连腰造型，因此腰部需适当松量，臀部松量较多，同时考虑人体腿膝前倾运动，松量加放可以前多后少，前片设有两个褶裥解决臀腰差。高腰翻边裤采用斜插袋，前开门绱装门里襟拉链，后片设有两个腰省解决后片臀腰差，裤口略收。高腰翻边裤可以选用具有弹性、悬垂性的薄羊毛呢、化纤等条纹面料或传统的格子花纹面料，不宜采用质地厚的硬挺面料。

作为样板师的你收到公司发送的高腰翻边裤制版通知单，请根据该通知单的信息进行制版。

【任务要求】

1）分析公司提供的高腰翻边裤制版通知单上的款式造型、部位之间的结构关系，面辅料特点、缝制工艺等内容。

2）根据生产任务选择中间号型，按照中间号型的规格尺寸选择合理的结构设计方法，绘制中间号型的高腰翻边裤结构制图，要求体现款式特征、结构准确合理、线条流畅。

3）在中间号型样板结构图基础上，按照企业生产标准进行中间号型的裁剪样板和工艺样板的制作，要求制作规范、片数完整。

4）检查和复核工业样板并剪板。

【任务制单】

高腰翻边裤制版通知单如训练图 4-1-1 所示。

××服装公司制版通知单

产品名称	高腰翻边裤	客户			数量		
订单号		款号			交货日期		

	规格	S	M	L	XL	XXL
	号型	155/62A	160/66A	165/70A	170/74A	175/78A
尺寸/cm	裤长	76	78	80	82	84
	腰围	62	66	70	74	78
	臀围	92	96	100	94	108
	上裆长	27.5	28	28.5	29	29.5
	裤口宽	20.7	21	21.3	21.6	21.9
	连腰宽	6	6	6	6	6

质量要求		面料小样
工艺要求	特殊要求	
1. 符合成品规格，外观美观，内外无线头 2. 绱省、褶：按纸样画出省、褶裥的位置，沿刀口起绱缝顺直、绱尖，左右对称，丝缕顺直，反压褶裥和省 3. 侧缝斜插袋：袋布和袋口平服，高低一致，袋口无豁开、袋布无外露，封口平齐 4. 门、里襟：长短一致，封口无起吊 5. 做、装腰头：腰头顺直，明缉线宽窄一致，面里平服，不起绺、不皱、不反吐	1. 裁剪要求：裁剪时，丝缕按样板上标注 2. 用衬要求：斜插袋口、后裤口粘牵条衬 3. 缝线要求：缝线针距3cm 14～15 针 4. 整烫要求：熨烫温度为160～170℃，整烫符合人体体型，归拔熨烫侧缝、下裆缝及挺缝线，整烫平挺、无焦、无黄、无极光、无污渍	

训练图 4-1-1　高腰翻边裤制版通知单

【成衣试穿效果】

高腰翻边裤成衣试穿效果如训练图 4-1-2 所示。

训练图 4-1-2　高腰翻边裤成衣试穿效果

【任务评价】

高腰翻边裤样板制作任务评价标准如训练表 4-1-1 所示。

训练表 4-1-1　高腰翻边裤样板制作任务评价标准

评价内容		评价标准	备注
操作规范与职业素养		严格按照项目要求进行操作。遵守劳动纪律，服从安排；保持场地清洁；工具摆放整齐规范；按规程进行操作，工作不超时等	
高腰翻边裤制版任务成果	尺寸规格	高腰裤裤长、腰围、臀围、裤口等成品规格尺寸及局部规格尺寸设计符合高腰翻边裤制版通知单中的规格尺寸要求，并与款式特征相吻合	
		高腰裤各样板结构设计合理，各号型纸样各部位尺寸误差符合高腰翻边裤制版通知单中的误差尺寸要求	
	样板吻合	高腰裤前后片侧缝线、前后内缝线等对应部位拼合长度一致，前后裆缝拼接、前后侧缝腰围线拼接应圆顺	
	缝份加放	高腰裤前后裆缝线、侧缝线、腰围线、裤口等各部位缝份、折边量准确，符合工艺要求	
	必要标记	高腰裤后片贴袋位、前片挖袋等局部结构的对位、剪口标记、纱向、钻孔、纸样名称及裁片数量标注齐全	
	样板推放	号型档差设置正确，推档正确、合理	
		各号型裁剪纸样、工艺纸样齐全，分类储存规范	
	样板修剪	纸样修剪圆顺、齐整、流畅	
	样板管理	对各号型裁剪样板和工艺样板的名称、样板号、数量、规格、使用情况、存放位置等信息详细登记并建卡，做到物卡相吻合	

项目 5

上装工业制版

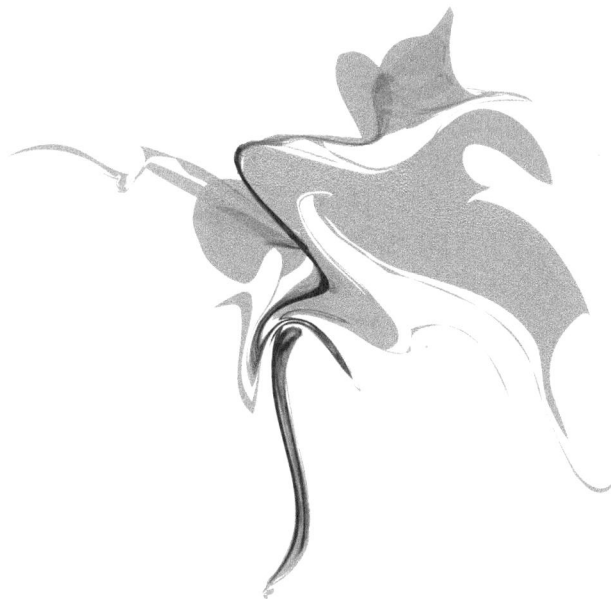

知识目标

1）了解上装的品类、特征和结构原理。
2）了解上装产品开发的过程和要求，以及与服装结构设计的相互关系。
3）熟悉上装制图方法和样板制作方法。

能力目标

1）能独立完成上装及变化型款式的样板制作。
2）能根据上装的款式合理地进行余量的设计和加放。

素养目标

1）树立规范意识、成本意识、责任意识、增强行业使用感。
2）养成认真细致的工作态度和严谨负责的工作作风。

5.1 任务：女衬衫工业样板制作

5.1.1 任务描述

【任务情境】

衬衫是常见的上装品类之一，它既可外穿，也可以内搭，适合一年四季搭配选用。衬衫的穿着范围非常广泛，有罩在下装外面穿的衬衫，有塞在下装里面穿的衬衫，有作为内衣穿的衬衫，也有作为外衣穿的衬衫。随着人们衣着品位的提高，人们的着装标准也在不断发生变化，衬衫的款式造型、使用材料、穿着目的越来越多样化，越来越不拘一格，个性化、时尚化成为衬衫的主流设计方向。

衬衫的款式和功能不同，衬衫的宽松量也不同。在实际的工业样板制作中，不仅要根据款式、面料的厚薄、性能等方面合理选择服装的宽松量，还要考虑流水生产中的工艺损耗量及其他由于面料性能等因素产生的某些增量或减量，结合这些影响因素，进行综合制版。

作为样板师的你收到公司发送的女衬衫制版通知单，请根据该通知单的信息进行制版。

【任务要求】

1）分析公司提供的女衬衫制版通知单上款式造型、部位之间的结构关系，面辅料特点、缝制工艺等内容。

2）根据生产任务选择中间号型，按照中间号型的规格尺寸选择合理的结构设计方法，绘制中间号型的女衬衫结构制图，要求体现款式特征、结构准确合理、线条流畅。

3）在中间号型样板结构图基础上，按照企业生产标准进行中间号型的裁剪样板和工艺样板的制作，要求制作规范、片数完整。

4）检查和复核工业样板并剪板。

5.1.2 任务准备：识读制版通知单并解析款式图

1. 识读制版通知单

仔细查看制版通知单（图 5-1-1）中的款式信息、工艺信息、规格尺寸信息。

通常制版通知单中的正背面款式图包含款式结构的胸围、腰围、臀围的位置。根据这些位置，可以进一步推敲款式内部结构线的相对位置和大致比例。这里尤其要注意，在上装结构中，设计师需要考虑款式图的透视关系。由于人体是具有一定厚度的，因此在分析具体结构时，要考虑样衣侧缝的转折关系；在分析领型结构时，要考虑领子翻折的厚度。

2. 款式图解析

图 5-1-2 所示为女衬衫正背面款式图，该款女衬衫属于基本款式，在日常生活中受众较为广泛。该款女衬衫外轮廓收腰，具有典型的衬衫领、合体袖，前片有腋下省、腰省，衣身长度适中，底摆平摆，领子为扣尖领，其袖子袖口有袖克夫，门襟为暗门襟，五粒扣。通常情况下，改变衬衫领尖形状、袖长及省道等都可以改变衬衫的设计效果。

本款女衬衫适用的材料有棉、麻、化纤织物、薄型毛料等，根据配套的裙子或裤子进行色彩、花纹的搭配，可以获得不同的穿搭效果。

××服装公司制版通知单

产品名称	腋下省女衬衫		客户			数量		
订单号			款号			交货日期		

	规格	XS	S	M	L	XL
	号型	150/58A	155/62A	160/66A	165/70A	170/74A
尺寸/cm	衣长	54	56	58	60	62
	袖长	53	54.5	56	57.5	59
	胸围	84	88	92	96	100
	腰围	68	72	76	80	84
	臀围	88	92	96	100	104
	腰节长	35.6	36.8	37	39.2	40.4
	领围	38	39	42	41	42
	肩宽	36	37	38	39	40
	袖口	20	21	22	23	24
	袖克夫	4	4	4	4	4

质量要求		面料小样
工艺要求	特殊要求	
1. 缝线不起皱，松紧一致。针距 3cm 12～14 针，密度对称，回针牢固。撬边不暴针 2. 领面、袖克夫、门襟等部位需粘衬。压衬注意温度、牢度，粘衬不反胶 3. 省道顺直、绱领平服、左右对称 4. 商标缝于后领居中，洗涤标于左里侧缝、底边向上 4cm 5. 不允许烫极光，不能有污迹线头，钉纽牢固 6. 规格正确。套装顺号码 10 件（条）一捆，配套生产包装	面料采用 96%棉；锁边线采用涤弹丝；辅料薄粘合衬、纽扣；商标、洗涤标由客户提供	

图 5-1-1　女衬衫制版通知单

图 5-1-2　女衬衫正背面款式图

3. 确定中间号型的规格尺寸

160/66A 女衬衫规格尺寸如表 5-1-1 所示。

表 5-1-1　160/66A 女衬衫规格尺寸　　　　　　　　　单位：cm

部位	衣长	袖长	胸围	腰围	臀围	腰节长	领围	肩宽	袖口	袖克夫
尺寸	58	56	92	76	96	37	42	38	22	4

5.1.3　实践操作：完成女衬衫工业样板

1. 结构设计

（1）衣身绘制

1）取衣长=58（cm）。

2）五线定长，包括上平线、胸围线、腰围线、臀围线、下平线的间距位置的确定。

3）后衣片结构的设计。

① 确定后片胸围=$B/4-0.5$（cm）。根据衬衫的具体功能和造型，一般衬衫的松量分配为前多后少。

② 确定后横开领=$N/5$，直开领=$N/5/3$。

③ 确定后肩斜=15：5.2，取肩宽=$S/2=19$（cm）。

取后入肩量 2cm 确定后背宽。

④ 确定胸腰差=$(92-76)/2=8$（cm），则后片需处理 4cm，前片需处理 4cm，即前后腰省各收 3cm，前后侧缝各收 1cm。

后腰省位于后背宽的 1/2 向侧缝偏 1cm 处。

⑤ 确定胸臀差=$(96-92)/4=1$（cm），则后片侧缝下摆向外放 1cm，以满足后片臀围的规格尺寸量。

4）前衣片结构的设计。

① 确定前片胸围=$B/4+0.5$（前后差）（cm）。延长胸围线、腰围线、臀围线和下平线。

② 从前中胸围线向上取乳高线为 24.5cm。绘制前横开领=$N/5-0.2$，前直开领=$N/5+1$，完成前领弧。

③ 确定前肩斜=15：6，前肩长=后肩长-0.3（cm）。前胸宽=后背宽-1（cm）。

取前胸宽的 1/2，并向侧缝偏移 1cm 确定胸点，向下绘制腰省 3cm。前片侧缝沿前胸围线上抬 2.5cm 绘制省道，并在腋下 5cm 处绘制腋下省省中，完成腋下省省道转移。

将前片侧缝向外放 1cm，满足前片臀围规格尺寸量要求。

绘制前中门襟，门襟连着前衣片。

女衬衫衣身结构制图如图 5-1-3 所示。

（2）袖子绘制

量取前后袖窿弧长，前袖窿弧长为前袖窿，后袖窿弧长为后袖窿。

取袖长=56-袖克夫宽=52（cm）。取袖山高为 $B/10+5$。作袖长线的垂线。

结合前后袖窿值，从袖山顶点向左取后袖窿值与垂线有交点，从袖山顶点向右取前袖窿值与垂线有交点，两个交点之间的距离即为袖子的袖肥。

绘制袖口大小=袖口+5（两个 2.5cm 的刀褶）（cm）。

绘制袖衩长=8（cm）。

绘制袖克夫长=袖口=22（cm），袖克夫宽=4（cm）。

女衬衫领子、袖子结构制图如图 5-1-4 所示。

（3）绘制领子

量取前后领弧长。

水平绘制线长=后领弧长+前领弧长，前领弧长进行二等分。

后领中上抬 2cm，作领子宽度 7cm，其中领座部分 3cm，翻领部分 4cm。

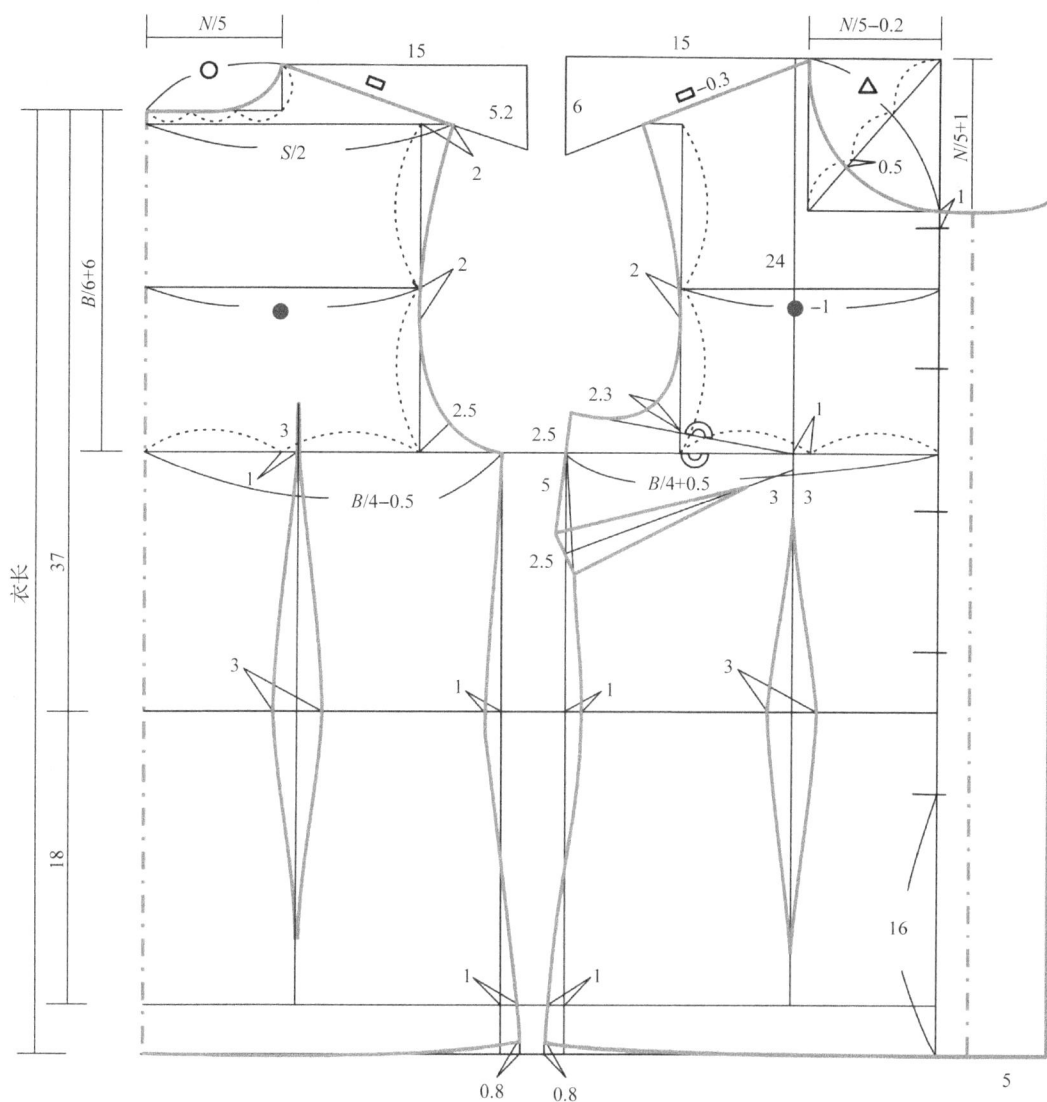

图 5-1-3　女衬衫衣身结构制图（单位：cm）

女衬衫结构净样板如图 5-1-5 所示。

2. 样板检验

（1）尺寸复核

1）规格核对：完成女衬衫所有纸样的设计后，要对各部位的尺寸进行细致核对，尺寸不符合制单和客户标准的应加以修改。

女衬衫主要测量部位包括衣长、胸围、腰围、臀围、摆围、袖长等，也包括细部尺寸（如袖衩、袖克夫、省道、领子）。

2）对线条细部进行校验，仔细查看线条是否圆顺，不圆顺的地方需要进行修顺。

① 前片侧缝收省后查看其长度是否与后片侧缝相等。同时拼合前后侧缝线，查看袖窿弧线是否圆顺，不圆顺的地方要进行修顺，具体如图 5-1-6 所示。

② 拼合前后肩缝线，查看前后领弧线是否圆顺，不圆顺的地方要进行修顺。同时测量

前领弧线到门襟位，测量后领弧线，查看领弧线是否与绘制的领子拼接缝相匹配，具体如图 5-1-7 所示。

③ 拼合前后肩缝线，查看前后袖窿弧线是否圆顺，不圆顺的地方要进行修顺。同时测量前后袖窿弧线长。查看前后袖窿弧线长是否与袖山弧线长接近，一般薄面料袖山弧线会比袖窿弧线长 1cm 左右，作为袖子的吃势量，具体如图 5-1-8 所示。

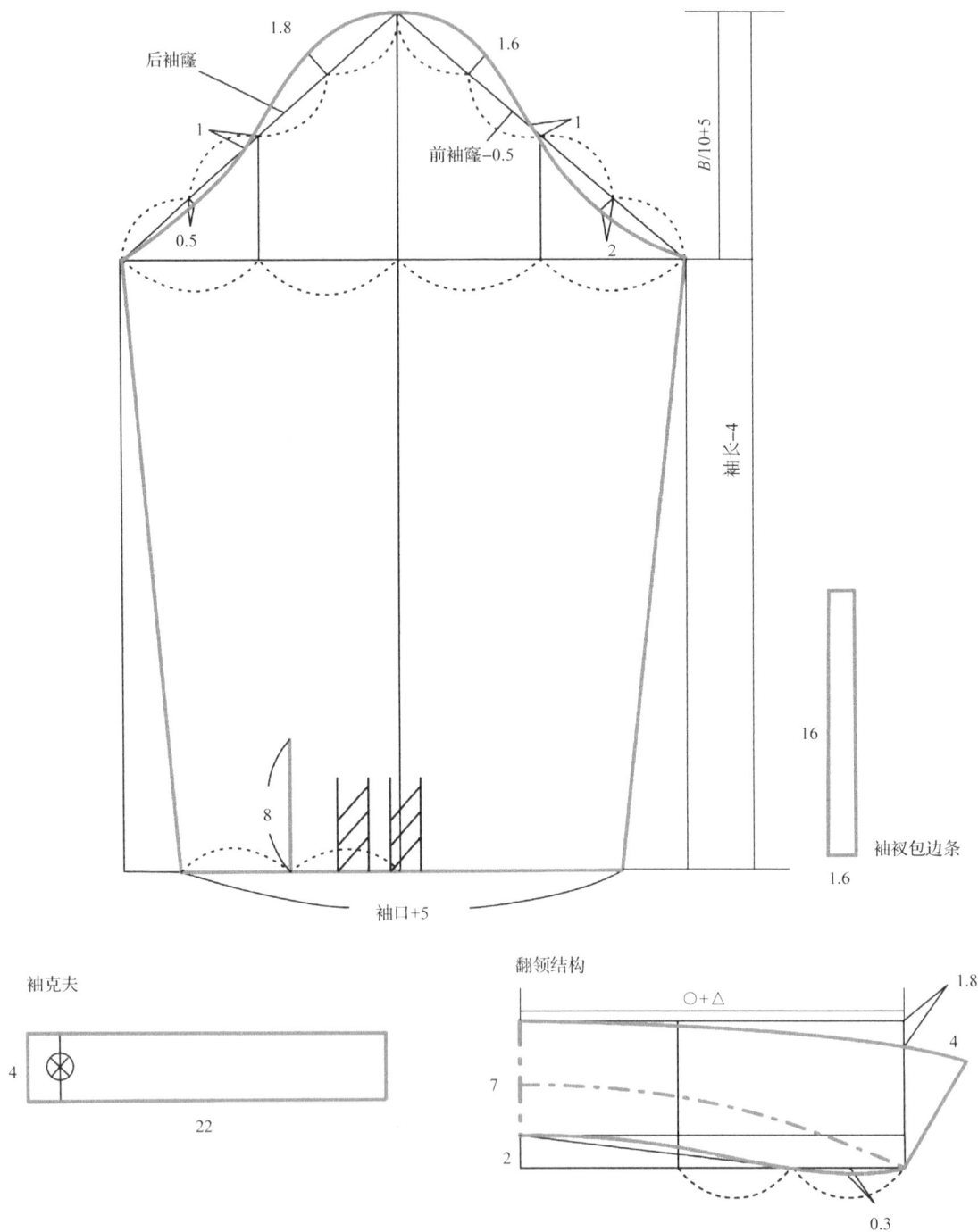

图 5-1-4　女衬衫领子、袖子结构制图（单位：cm）

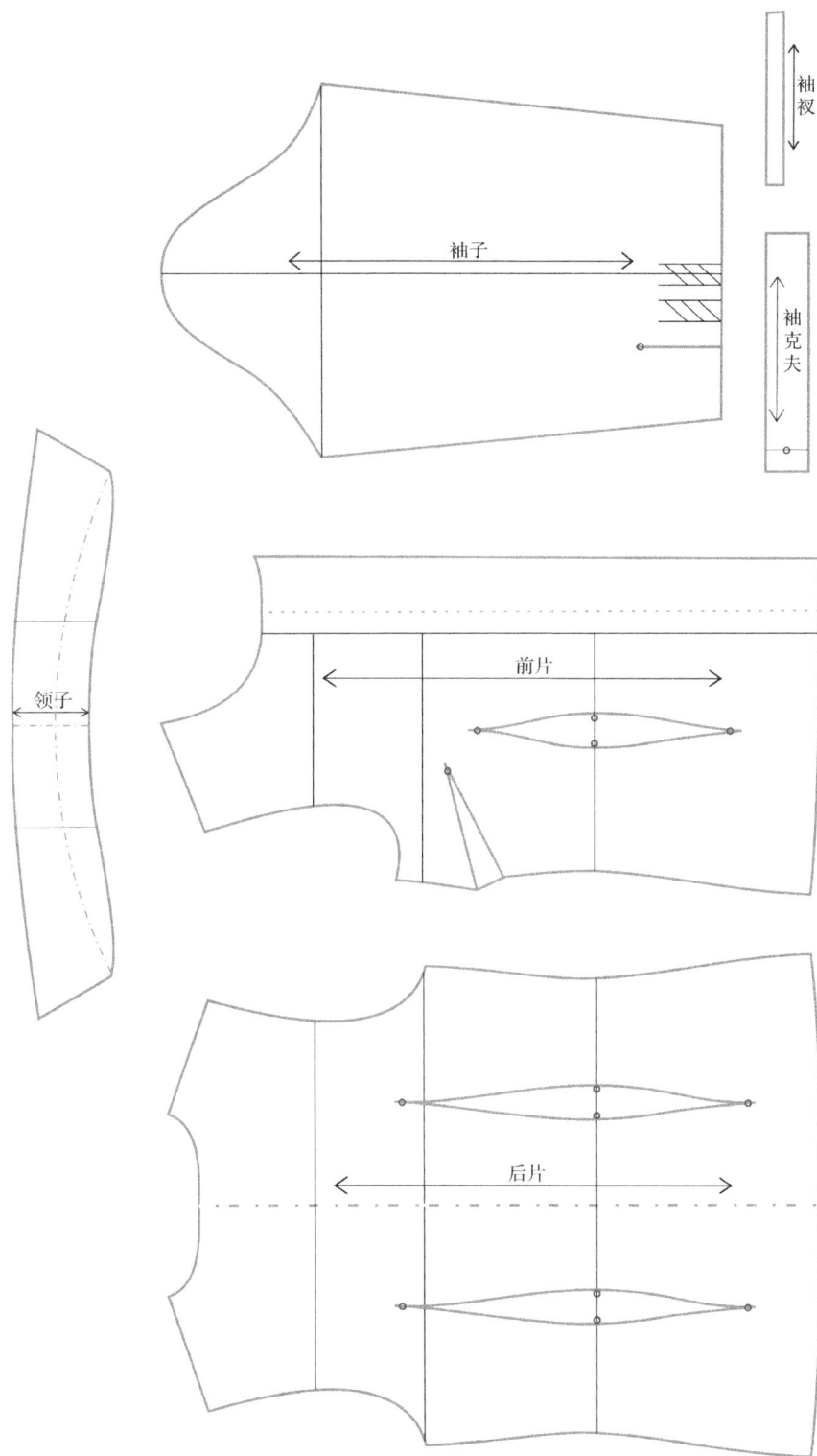

图 5-1-5　女衬衫结构净样板

拼合修顺

后片

前片

收省后检查是否相等

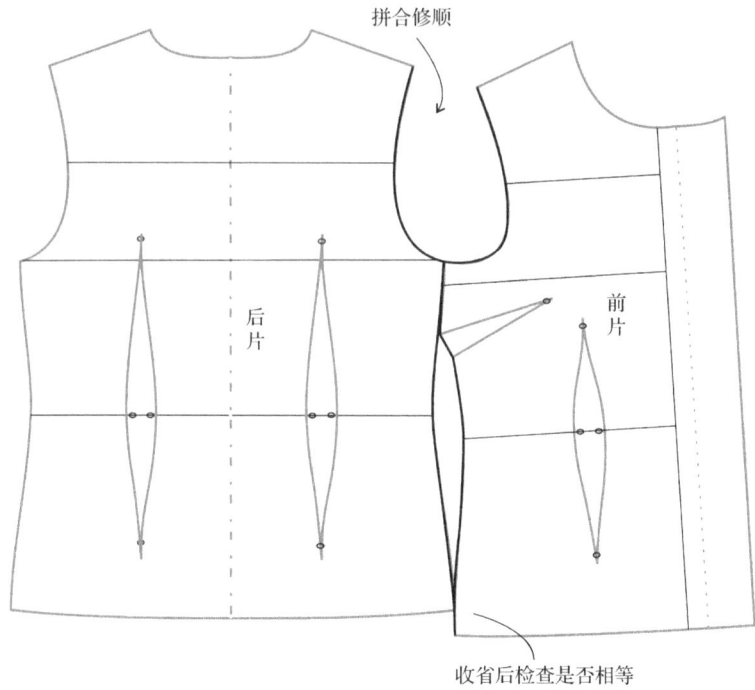

图 5-1-6　女衬衫样板尺寸复核（1）

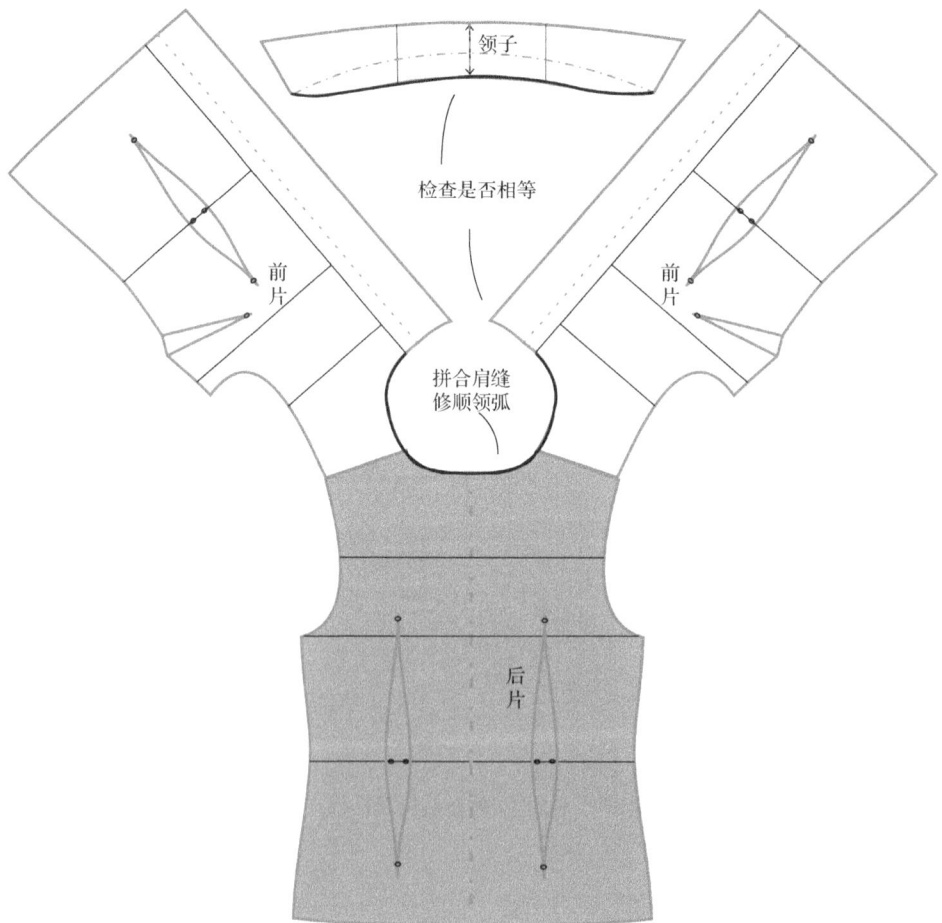

领子

检查是否相等

前片

前片

拼合肩缝
修顺领弧

后片

图 5-1-7　女衬衫样板尺寸复核（2）

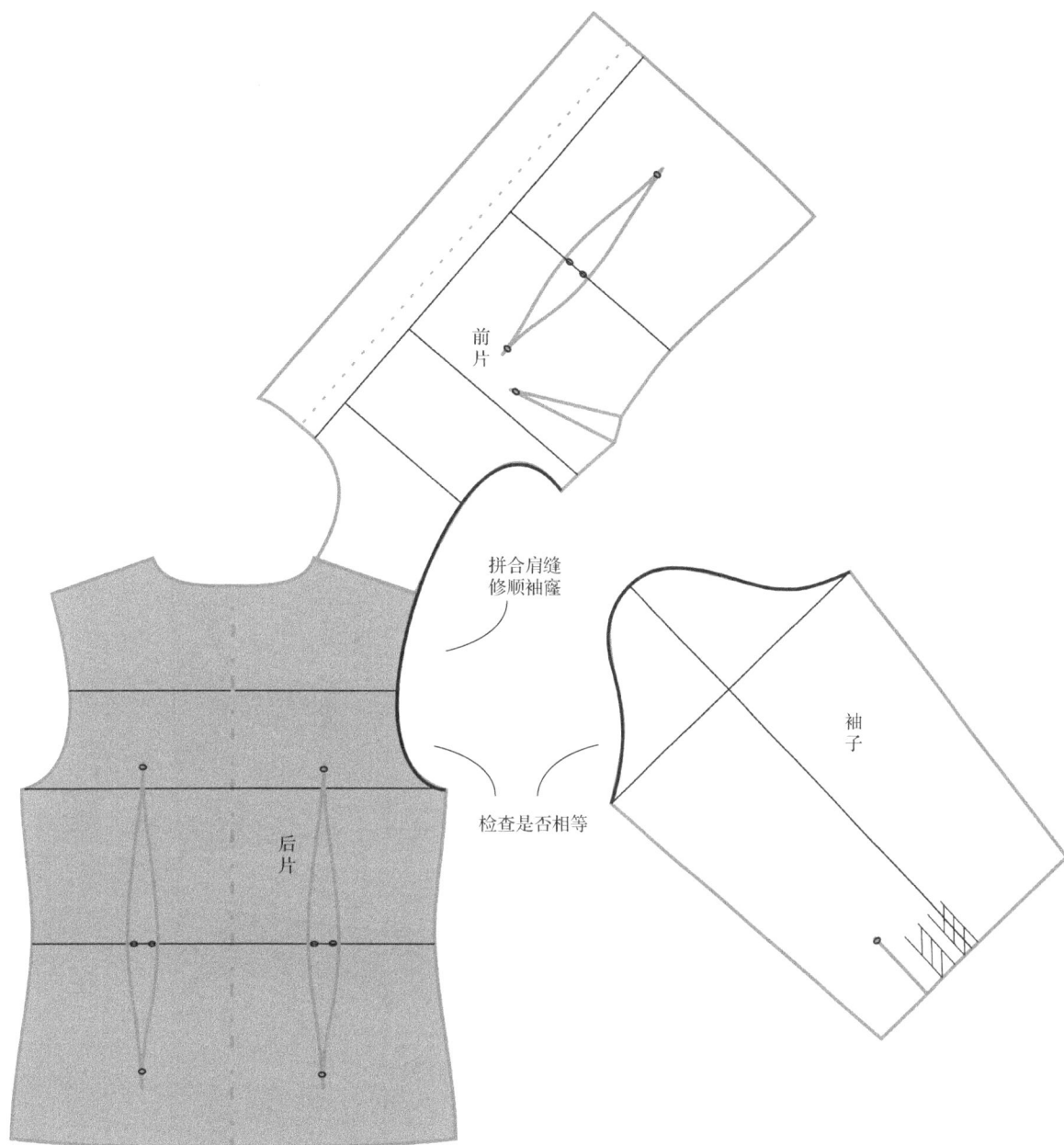

图 5-1-8 女衬衫样板尺寸复核（3）

（2）对位处理

1）对胸围、腰围线、臀围线、前中线、后中线、袖中线等位置进行对位剪口处理。

2）对领子的后中，后领弧线对位点、腋下省的两边、袖子刀褶等位置进行对位剪口处理。

3）对各省道的省尖点进行钻孔处理。钻孔不宜刚好处理在省尖，以免在后期钻孔处理时扎坏面料，影响外观。

3. 裁剪样板制作

（1）面料样板

根据企业来样特点和实际面料特征确定样板的放缝，但需要注意相关联（拼合）的部位的放缝量必须一致。在图 5-1-9 中的底边放缝 2.5cm，其余部位一般放缝 1cm。

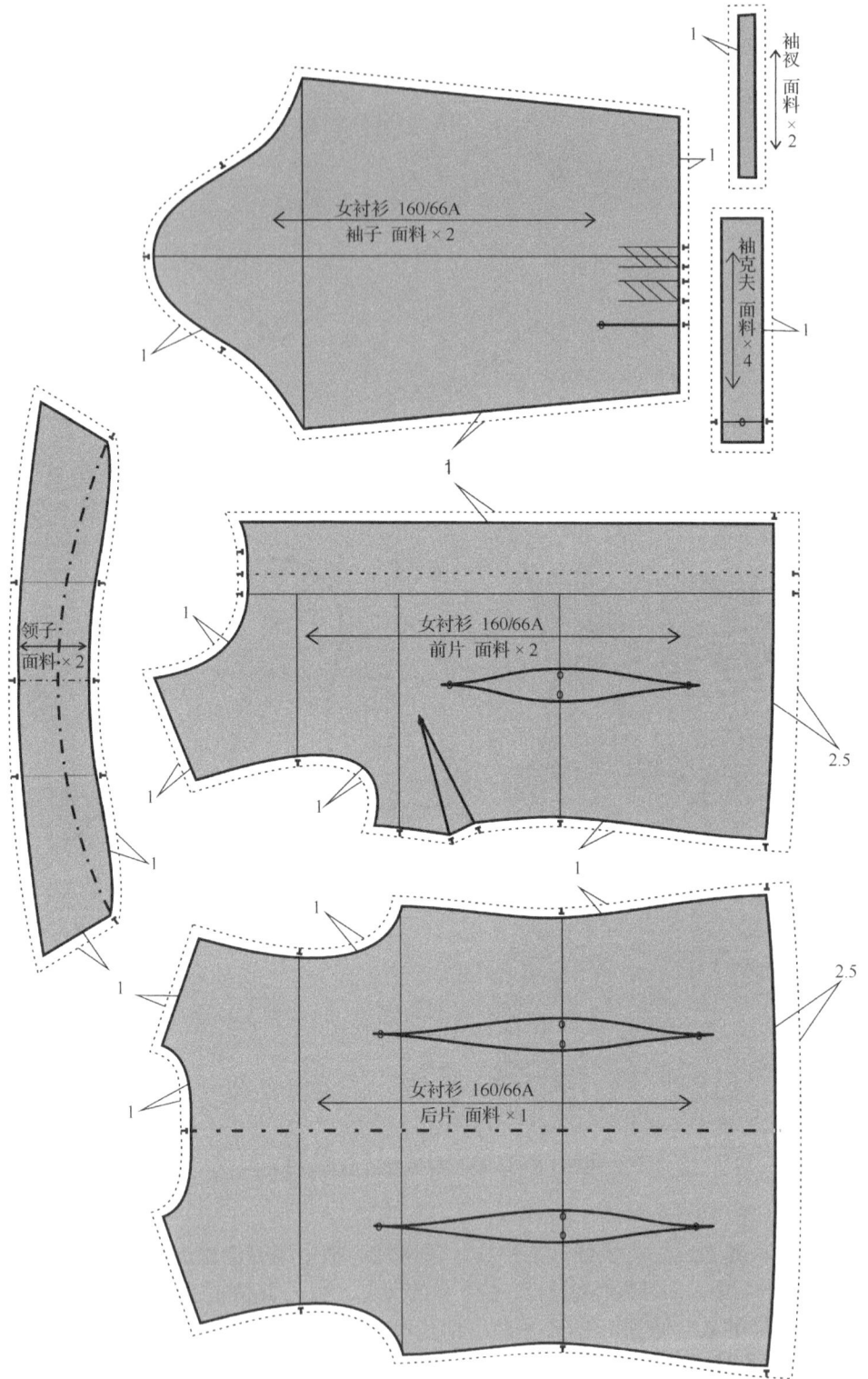

图 5-1-9　女衬衫面料样板（单位：cm）

　　此外，面料样板还应标明丝缕线，写上款式名称、号型名称、裁片名称、裁片数量等信息，并在必要的部位打上剪口。

　　（2）衬料样板

　　女衬衫一般只需在前片门襟、领面、袖克夫面等部位粘衬，衬样尺寸可以比毛样尺寸略小一些。女衬衫衬料样板如图 5-1-10 所示。

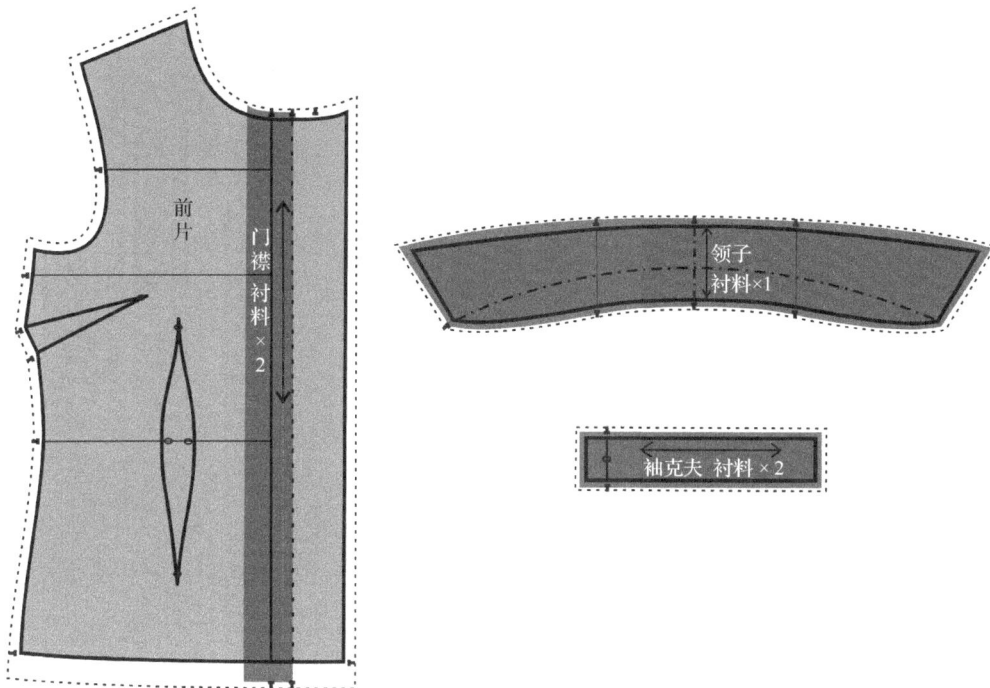

图 5-1-10 女衬衫衬料样板

（3）裁剪排料

面料排料时需要考虑面料的材质、图案，如是否有倒顺毛、是否对条对格、是否有光泽等。把面料布幅对折，正面向里对好纱向，然后进行面料排版。排料时应排列紧凑，减小空隙，充分利用各衣片的不同角度、弧势等进行套排。一般先排大片，再排小片。

排料部件包括前片（2 片）、后片（完整 1 片）、袖子（2 片）、领子（完整 2 片）、袖克夫（4 片）、袖衩（2 片），准备好这些部件后进行纸样画样、裁剪等工作。女衬衫面料排料如图 5-1-11 所示。

4. 剪板及校验复核

1）缝合边的核对。主要核对女衬衫前后侧缝，袖窿弧与袖山弧线，领弧线和领子的长度是否匹配、相等；侧缝、肩缝拼合后对应弧线是否圆顺。

2）样板规格的核对。主要核对胸围、腰围、臀围、领围的维度尺寸和衣长、袖长等长度尺寸。另外，还需要核对袖克夫、领子、省道、刀褶等小部位的规格设置是否合理。

3）根据样衣或款式图检验。结合客户来样检验样板的制作是否符合款式要求，检验所有样板是否齐全，检验是否根据来样要求处理放缝和细节。

4）里料、衬料、工艺样板的检验。检验里料样板、衬料样板的制作是否正确，是否符合要求。

5）样板标注检验。检验样板的剪口是否齐全；检验应有的标注是否完整，如款式名称、款号、号型规格、裁片名称、裁片数量、丝缕线等是否在样板上已标注完整。

幅宽150

120

袖衩 面料 ×2

袖克夫 面料 ×4

袖克夫 面料 ×4

女衬衫 160/66A 后片 面料 ×1

女衬衫 160/66A 前片 面料 ×2

领子 面料 ×2

领子 面料 ×2

女衬衫 160/66A 袖子 面料 ×2

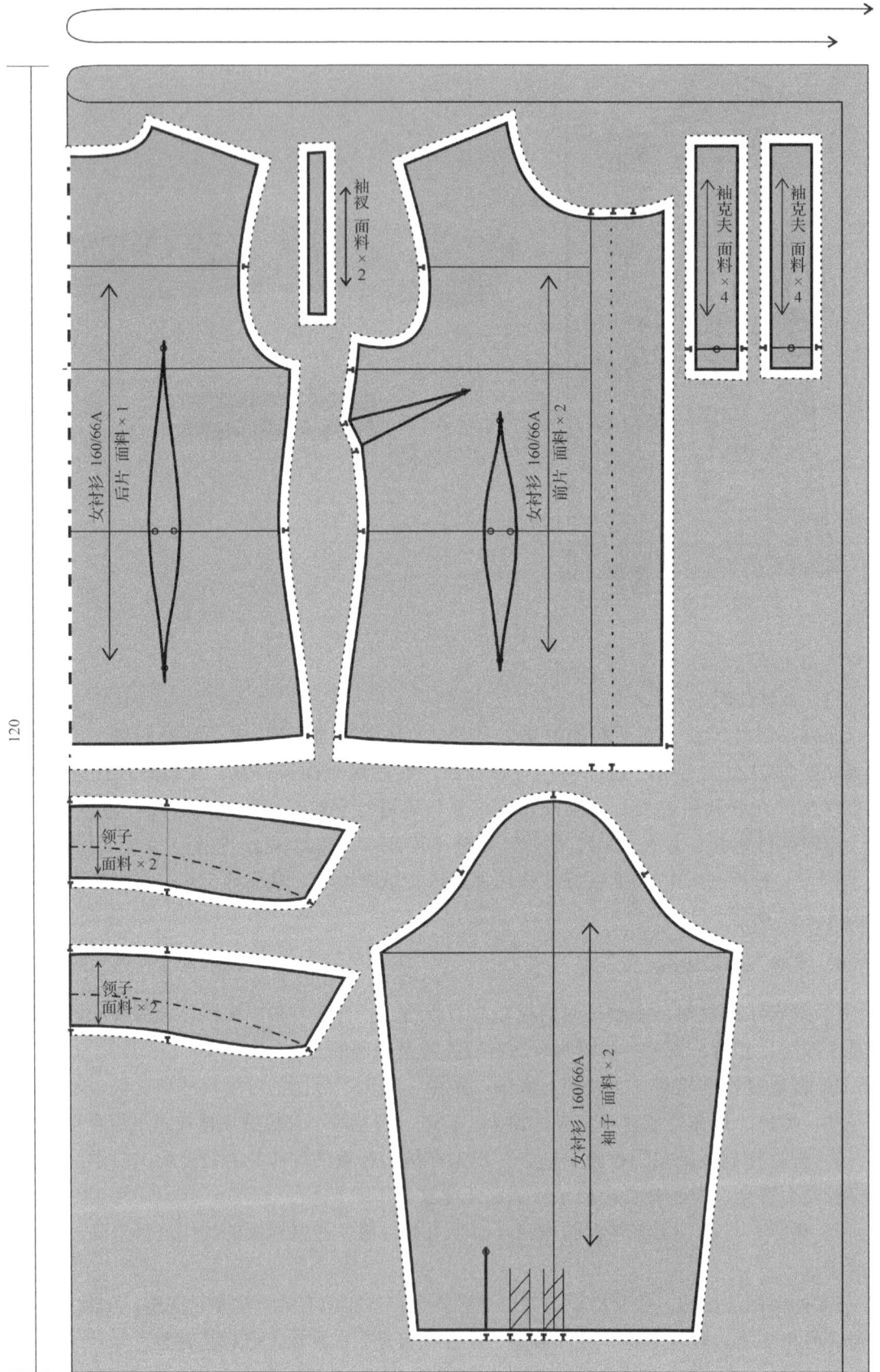

图 5-1-11　女衬衫面料排料（单位：cm）

5. 成衣试穿效果

女衬衫成衣试穿效果如图 5-1-12 所示。

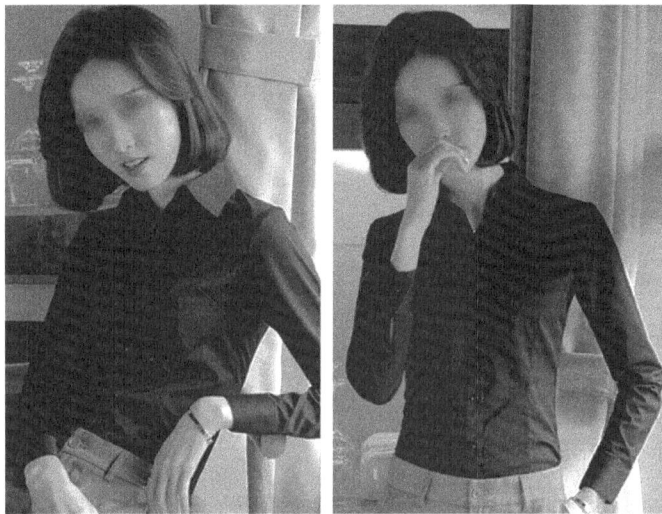

图 5-1-12 女衬衫成衣试穿效果

5.1.4 任务评价：女衬衫样板制作任务评价

女衬衫样板制作任务评价标准如表 5-1-2 所示。

表 5-1-2 女衬衫样板制作任务评价标准

评价内容		评价标准	备注
操作规范与职业素养		严格按照项目要求进行操作。遵守劳动纪律，服从安排；保持场地清洁；工具摆放整齐规范；按规程进行操作，工作不超时等	
女衬衫制版任务成果	尺寸规格	女衬衫衣长、袖长、胸围、腰围、臀围、肩宽、袖口等成品规格尺寸及局部规格尺寸设计符合女衬衫制版通知单中的规格尺寸要求，并与款式特征相吻合	
		女衬衫各样板结构设计合理，各号型纸样各部位尺寸误差符合女衬衫制版通知单中的误差尺寸要求	
	样板吻合	女衬衫前后侧缝线对应部位拼合长度一致，前后袖窿弧线、前后领弧线拼合等部位拼接圆顺	
	缝份加放	女衬衫前后片肩线、前后侧缝线、袖窿弧线、前后领口弧线、折边量准确，符合工艺要求	
	必要标记	女衬衫前后片省位、衣片领口弧与领、底边等对位、剪口标记、纱向、钻孔、纸样名称及裁片数量标注齐全	
	样板推放	号型档差设置正确，推档正确、合理	
		各号型裁剪纸样、工艺纸样齐全，分类储存规范	
	样板修剪	纸样修剪圆顺、齐整、流畅	
	样板管理	对各号型裁剪样板和工艺样板的名称、样板号、数量、规格、使用情况、存放位置等信息详细登记并建卡，做到物卡相吻合	

5.2 任务：男衬衫工业样板制作

5.2.1 任务描述

【任务情境】

男衬衫是男士日常穿着的服装之一，是男士着装内外兼修关键单品。与套装更注重外在

男衬衫工业样板
制作

的品质相比，因为衬衣需要贴身穿着，所以它还要兼具内在品质。也就是说，衬衣的面料更需要舒适、透气，尺寸更需要合体。男衬衫适合各年龄层男士穿着，在夏季可以作为外衣穿着，在春秋季可以作为内衣与西服搭配穿着。衬衫的质料以前多为白府绸，如今更多地使用的确良、丝、纱和各类化纤。衬衫样式有立领、大翻领、小翻领。

作为样板师的你收到公司发送的男衬衫制版通知单，请你根据该通知单的信息进行制版。

【任务要求】

1）分析公司提供的男衬衫制版通知单上款式造型、部位之间的结构关系，面辅料特点、缝制工艺等内容。

2）根据生产任务选择中间号型，按照中间号型的规格尺寸选择合理的结构设计方法，绘制中间号型的男衬衫结构制图，要求体现款式特征、结构准确合理、线条流畅。

3）在中间号型样板结构图基础上，按照企业生产标准进行中间号型的裁剪样板和工艺样板的制作，要求制作规范、片数完整。

4）检查和复核工业样板并剪板。

5.2.2 任务准备：识读制版通知单并解析款式图

男衬衫制版通知单如图 5-2-1 所示。

××服装公司制版通知单

产品名称	男衬衫	客户			数量		
订单号		款号			交货日期		

	规格	XS	S	M	L	XL
	号型	160/80A	165/84A	170/88A	175/92A	180/96A
尺寸/cm	衣长	69	71	73	75	77
	袖长	56	57.5	59	60.5	62
	胸围	104	108	112	116	120
	腰围	100	104	108	112	116
	腰节长	40.1	41.3	42.5	43.7	44.9
	领围	37	38	39	40	41
	肩宽	44	45	46	47	48
	袖口	22	23	24	25	26
	袖克夫	6	6	6	6	6

质量要求		面料小样
工艺要求	特殊要求	
1. 缝线不起皱，松紧一致，针距3cm 12~14针，密度对称，回针牢固。撬边不暴针 2. 翻领领面、座领领面、袖克夫、门襟、袖衩等部位需粘衬。压衬注意温度、牢度，粘衬不反胶 3. 褶皱自然，绱领平服，左右对称 4. 商标缝于后领居中背中线，洗涤标缝于左里侧缝、底边向上20cm 5. 不允许烫极光，不能有污迹线头，钉纽牢固 6. 规格正确。套装顺码10件（条）一捆，配套生产包装	面料采用96%棉；锁边线采用涤弹丝；辅料薄粘合衬、纽扣；商标、洗涤标由客户提供	

图 5-2-1 男衬衫制版通知单

1. 解析款式图

图 5-2-2 所示为男衬衫正背面款式图，该款男衬衫为基本款式，在日常生活中受众较为广泛。该款男衬衫整体比较宽松，采用经典分体式衬衫领，左前胸有一个贴袋，前门襟六粒

扣，直腰身，圆下摆，双层过肩，后中过肩中心设置一个工字褶（明褶），袖口开宝剑头袖衩，收两只褶裥，装圆角袖克夫，领、袋、袖克夫均缉明线。

男衬衫可选用轻薄、吸湿性和透气性好、舒适而不粘身、手感柔软的面料，如薄型的纯棉织物和麻织物及其混纺织物等。

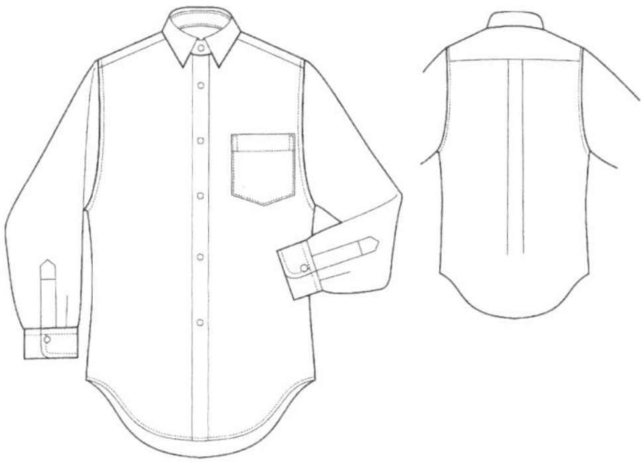

2．确定中间号型的规格尺寸

170/88A 男衬衫规格尺寸如表 5-2-1 所示。

图 5-2-2　男衬衫正背面款式图

表 5-2-1　170/88A 男衬衫规格尺寸　　　　　　　　　　　　单位：cm

部位	衣长	袖长	胸围	腰围	后腰节长	领围	肩宽	袖口	袖克夫
尺寸	73	59	112	108	42.5	39	46	24	6

5.2.3　实践操作：完成男衬衫工业样板

1．结构设计

（1）衣身绘制

1）取衣长=73（cm）。

2）五线定长，包括上平线、胸围线、腰围线、臀围线、下平线的间距位置的确定。

3）后衣片结构的设计。

① 确定后片胸围=$B/4$。根据衬衫的具体功能和造型，一般衬衫的松量也可分配为前多后少。

② 确定后横开领=$N/5$，直开领=$N/5/3$。

③ 确定后肩斜=15：4.5，取肩宽=$S/2$=23(cm)。

取后入肩量 2cm 确定后背宽。

④ 确定胸腰差=(112-108)/2=4（cm），则后片需处理 2cm，前片处理 2cm。由于款式前后片无省道处理，因此前后侧缝可以考虑各收 1cm。

后片下摆处理成圆摆，侧缝下摆处向外放 1cm，以满足后片臀围的活动量要求。

绘制后袖窿弧线，并从后中下落 8cm 水平绘制后中过肩，过肩袖窿部分收 0.7cm 的小省道，保有后背肩胛骨的凸势。

从后中向外处理工字褶（明褶）部分，折叠量为 4cm。

4）前衣片结构的设计。

① 确定前片胸围=$B/4$。延长后片胸围线、腰围线、臀围线和下平线。

② 从前中胸围线向上取前腰节长 42.5cm。绘制前横开领=$N/5$-0.3，前直开领=$N/5$+0.3，完成前领弧的绘制。

③ 确定前肩斜=15：5.5，前肩长=后肩长。前胸宽=后背宽-0.5（cm）。

绘制前袖窿弧线，处理从肩线下落 2cm。

收前侧缝 1cm，并将前片侧缝向外放 1cm，满足前片臀围规格尺寸量要求。

处理前片下摆成圆摆。

绘制前中门襟，门襟宽 4cm。

绘制前片贴袋。

男衬衫衣身结构制图如图 5-2-3 所示。

N/5　　　15：4.5

8　　S/2

2

0.5

15：5.5　　N/5-0.3

2

N/5+0.3

20.5

20.5

B/6+7

后腰节长=42.5

后腰节长=42.5

衣长=73

11.5

4　　3　5

B/4

B/4

2

11.5

1　1

4

2

1　1

6

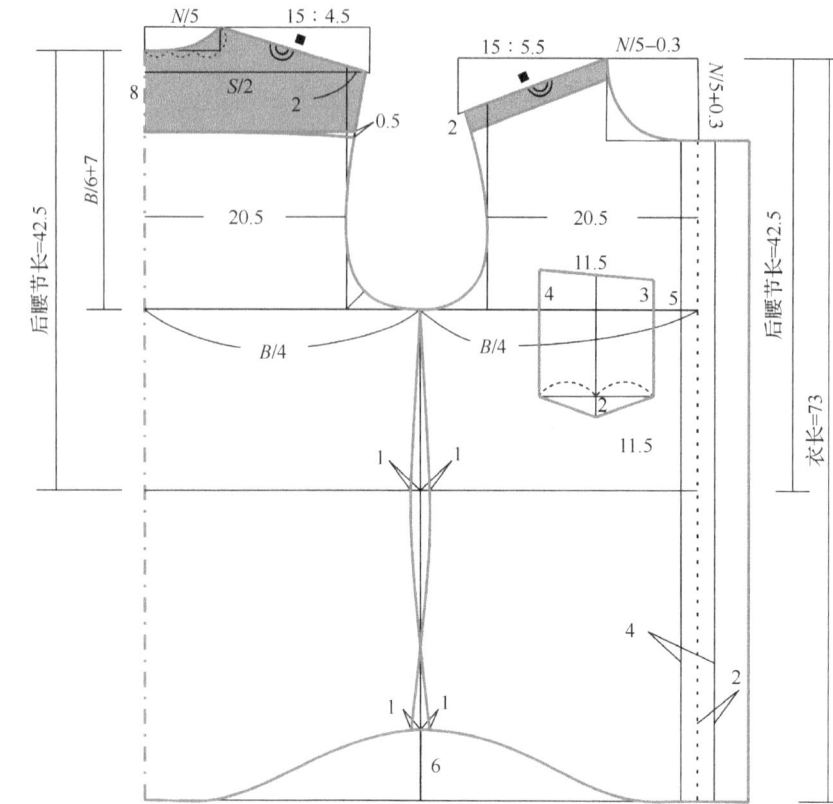

前后过肩拼合

后片工字褶（明褶）处理

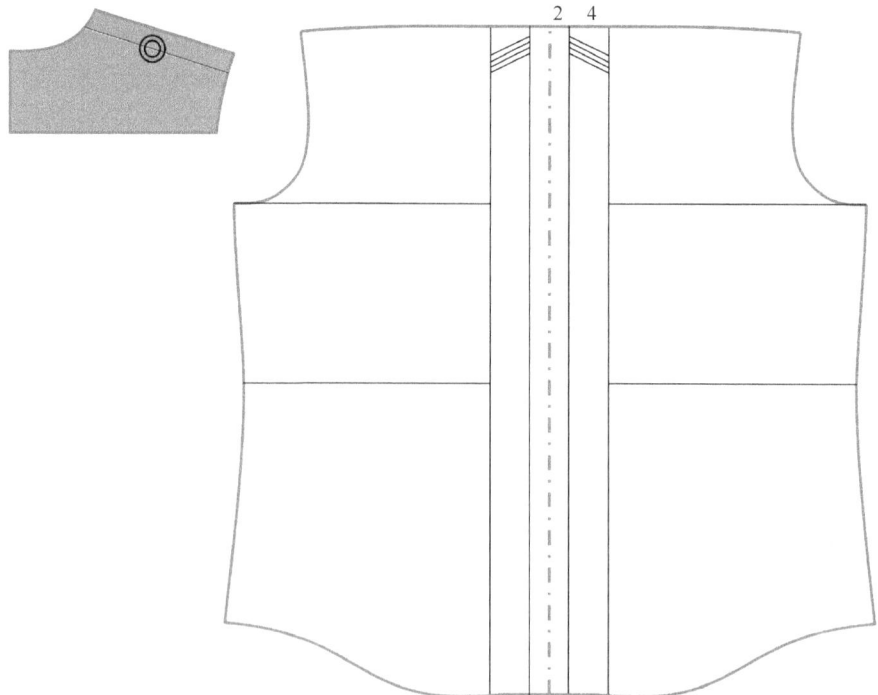

2　4

图 5-2-3　男衬衫衣身结构制图（单位：cm）

（2）袖子绘制

量取前后袖窿弧长，前袖窿弧长为前袖窿，后袖窿弧长为后袖窿。

取袖长=59-袖克夫宽=53（cm）。取袖山高为 $B/10-2$（cm）。作袖长线的垂线。

结合前后袖窿值，从袖山顶点向左取后袖窿值与垂线有交点，从袖山顶点向右取前袖窿值与垂线有交点，两个交点之间的距离即为袖子的袖肥。

绘制袖口大小=袖口+3（1 个 3cm 的刀褶）（cm）。

绘制袖衩长=12（cm）。

绘制袖克夫长=袖口=24（cm），袖克夫宽=6（cm），袖克夫为圆角袖克夫。

绘制宝剑头袖衩的大小袖衩。

（3）绘制领子

量取前后领弧长。

水平绘制线长=后领弧长+前领弧长，进行三等分，并在端点上抬 1cm，连接 1/3 等分点，同时延长 1/2 门襟值，即 2cm。

后领中上抬 0.8cm，作领子宽度 7cm，其中领座部分 3cm，翻领部分 4cm。

男衬衫袖子、领子结构制图如图 5-2-4 所示。

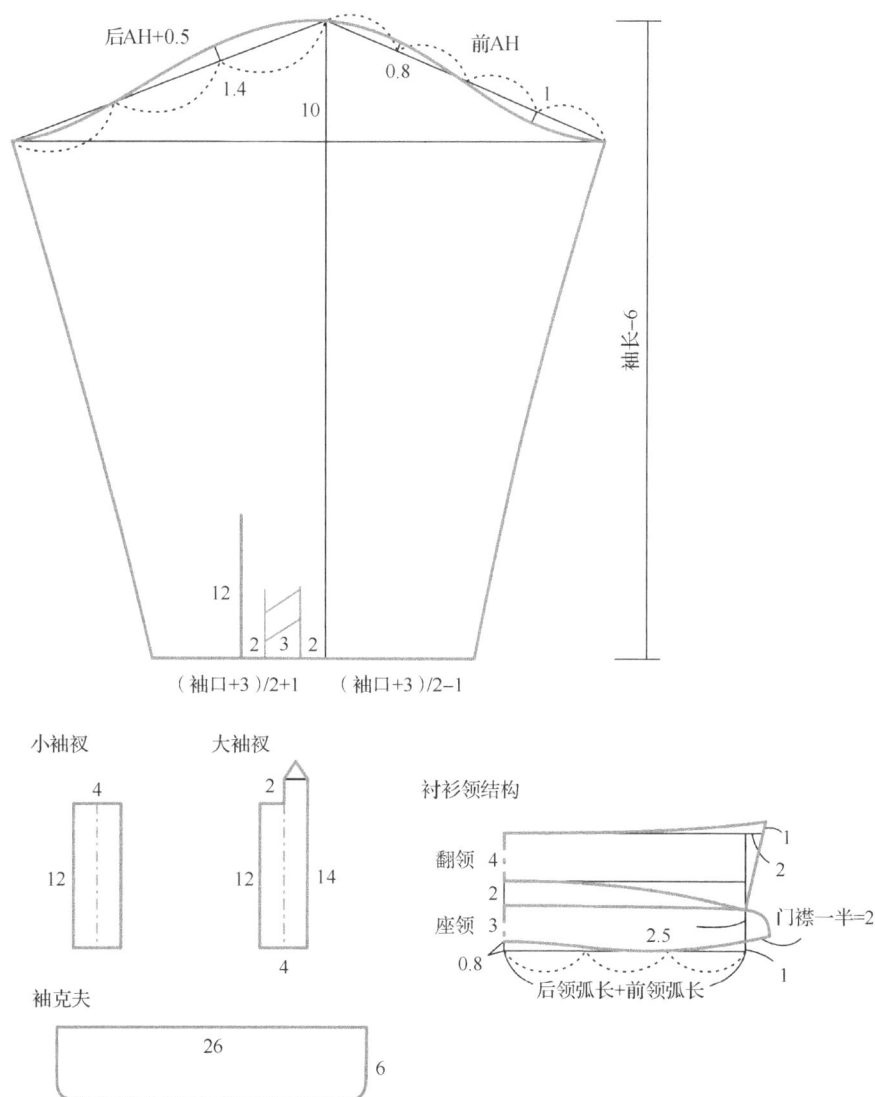

图 5-2-4　男衬衫袖子、领子结构制图（单位：cm）

男衬衫净样板如图 5-2-5 所示。

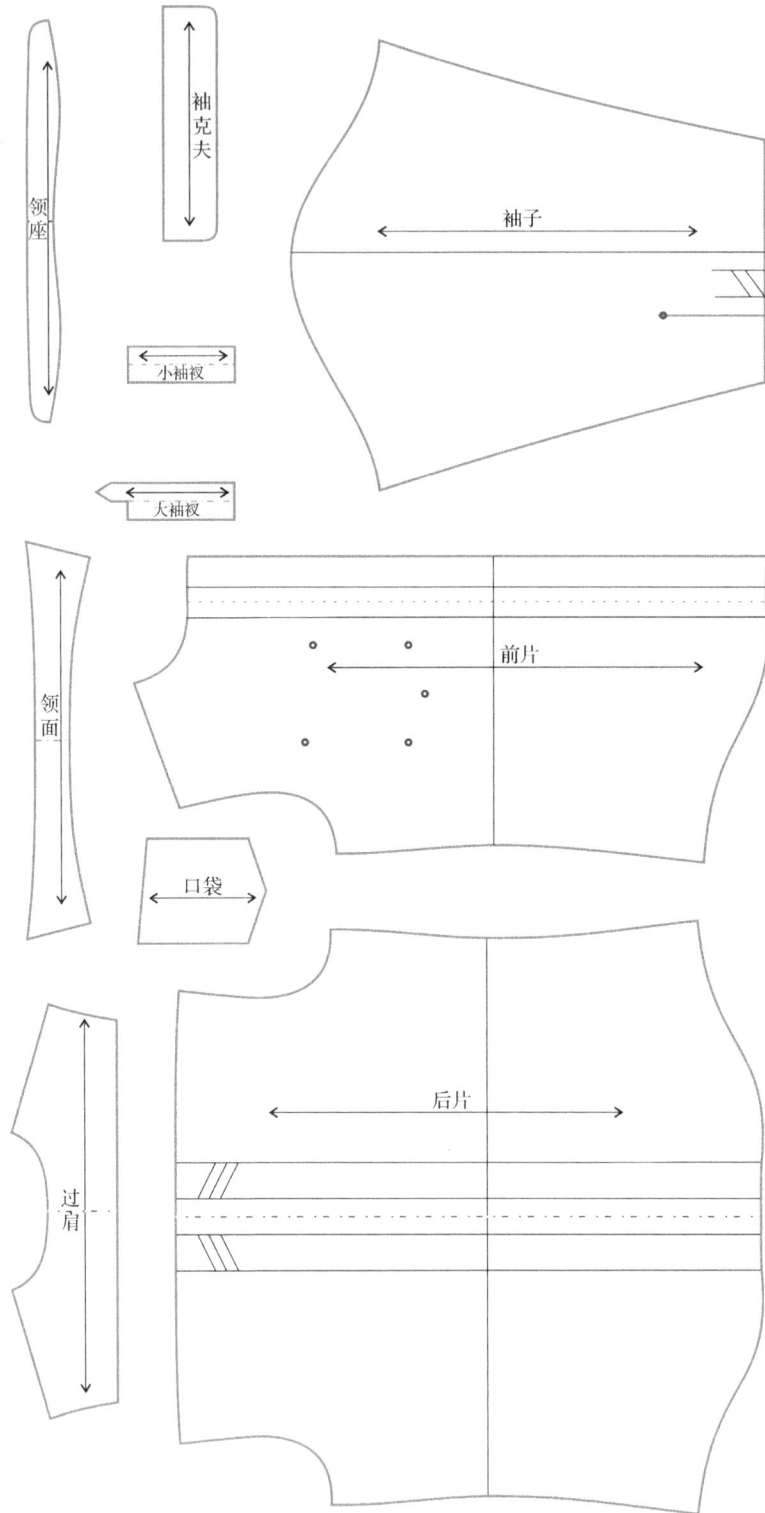

图 5-2-5　男衬衫净样板

2.　样板检验

（1）尺寸复核

1）规格核对：男衬衫所有纸样设计完成之后，要对各部位的尺寸进行细致核对，尺寸不符合制单和客户标准的应加以修改。

男衬衫主要测量部位包括衣长、胸围、腰围、摆围、袖长等，也包括细部尺寸（如袖衩、袖克夫、贴袋、领子）。

2）对线条细部进行校验，仔细查看线条是否圆顺，不圆顺的地方需要进行修改。

① 前片侧缝收省后查看其长度是否与后片侧缝相等。同时，拼合前后侧缝线，查看袖窿弧线是否圆顺，不圆顺的地方要进行修顺，具体如图 5-2-6 所示。

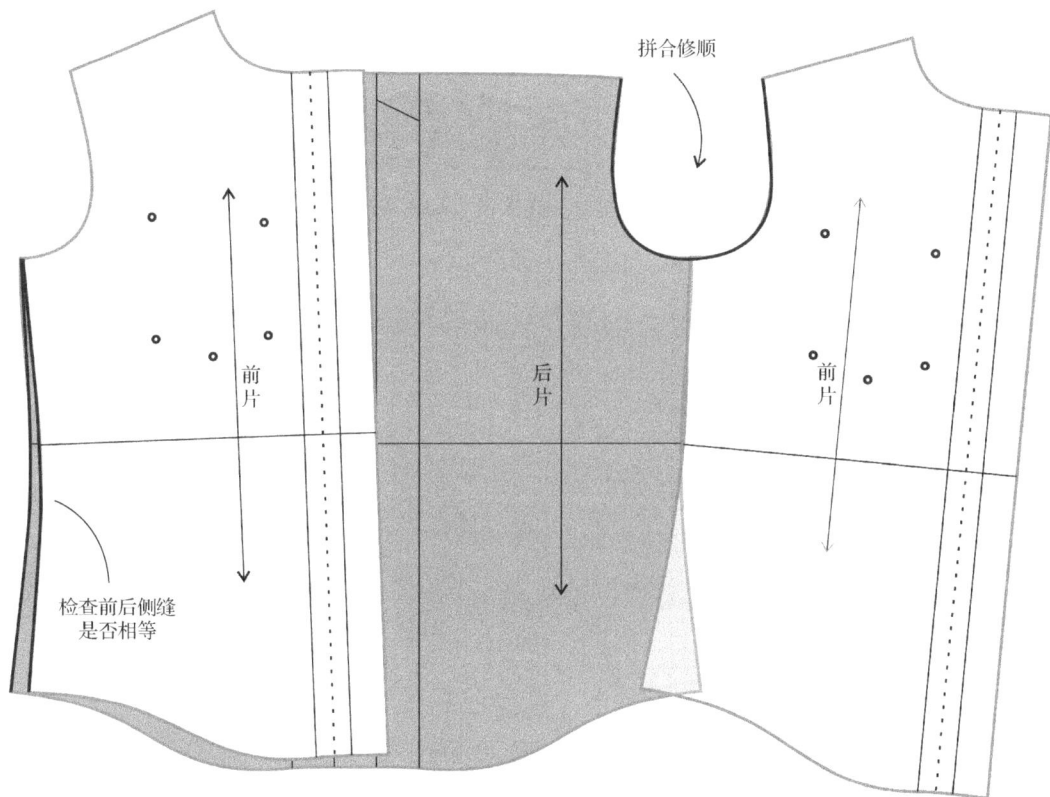

图 5-2-6　男衬衫样板尺寸复核（1）

② 拼合前后肩缝线，查看前后领弧线是否圆顺，不圆顺的地方要进行修顺。同时，测量前领弧线到门襟位，测量后领弧线，查看领弧线是否与绘制的领子拼接缝相等，具体如图 5-2-7 所示。

③ 拼合前后肩缝线，查看前后袖窿弧线是否圆顺，不圆顺的地方要进行修顺。同时，测量前后袖窿弧线长。查看前后袖窿弧线长是否与袖山弧线长接近，一般薄面料袖山弧线会比袖窿弧线长 1cm 左右，作为袖子的吃势量，具体如图 5-2-8 所示。

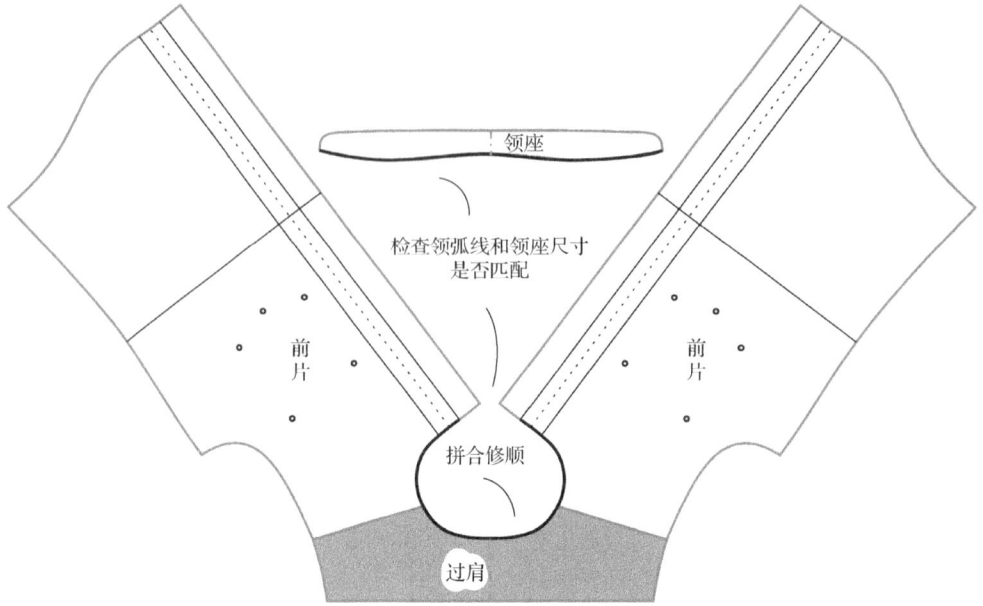

图 5-2-7　男衬衫样板尺寸复核（2）

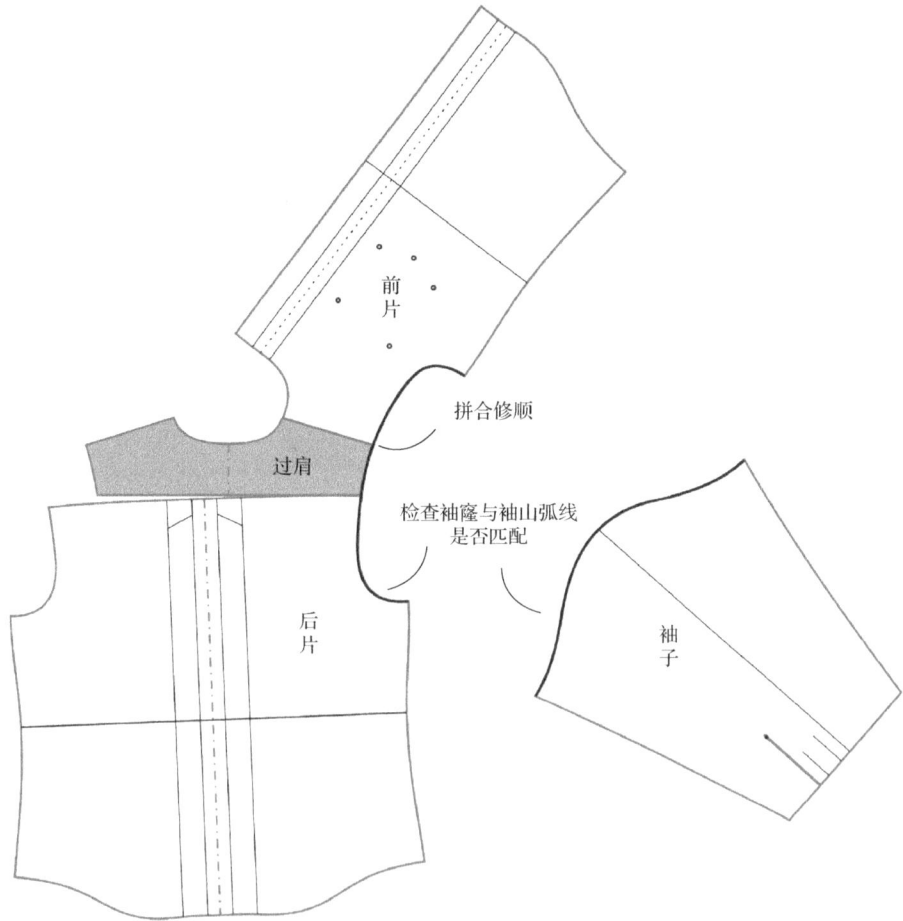

图 5-2-8　男衬衫样板尺寸复核（3）

（2）对位处理

1）对胸围、腰围线、臀围线、前中线、后中线、袖中线等位置进行对位剪口处理。

2）对领子的后中，后领弧线对位点、腋下省的两边、袖子刀褶等位置进行对位剪口处理。

3）对各省道的省尖点进行钻孔处理。钻孔不宜刚好处理在省尖，以免在后期钻孔处理时扎坏面料，影响外观。

3. 裁剪样板制作

（1）面料样板

根据企业来样特点和实际面料特征确定样板的放缝，但需要注意相关联（拼合）的部位的放缝量必须一致。

图 5-2-9 中的底边放缝 1.2～1.5cm，贴袋袋口放缝 2.5～3cm，其余部位一般放缝 1cm。此外，面料样板还应标明丝缕线，写上款式名称、号型名称、裁片名称、裁片数量等信息，并在必要的部位打上剪口。

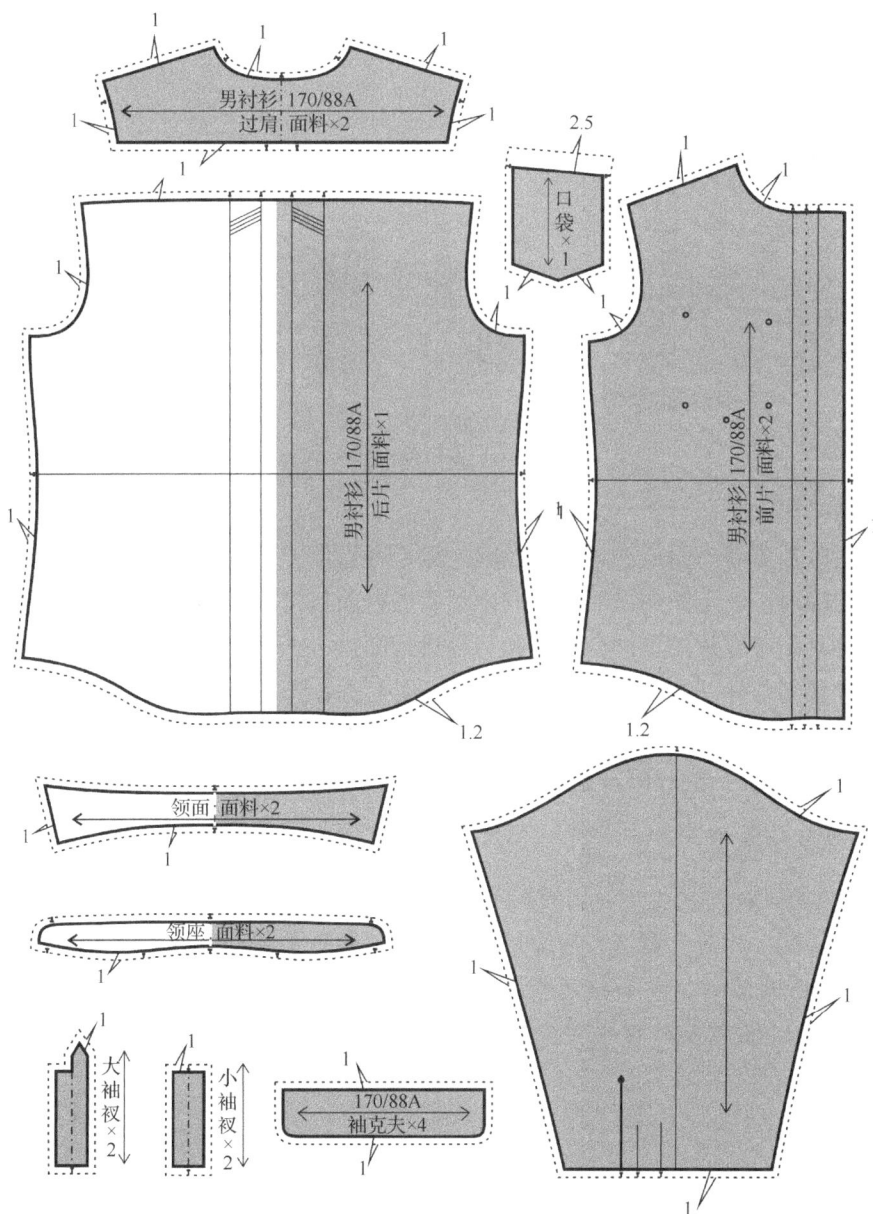

图 5-2-9 男衬衫面料样板（单位：cm）

（2）衬料样板

男衬衫一般只需要在前片门襟、领面、袖克夫面、大袖衩、小袖衩等部位粘衬，衬样尺寸可以比毛样尺寸略小一些。男衬衫衬料样板如图 5-2-10 所示。

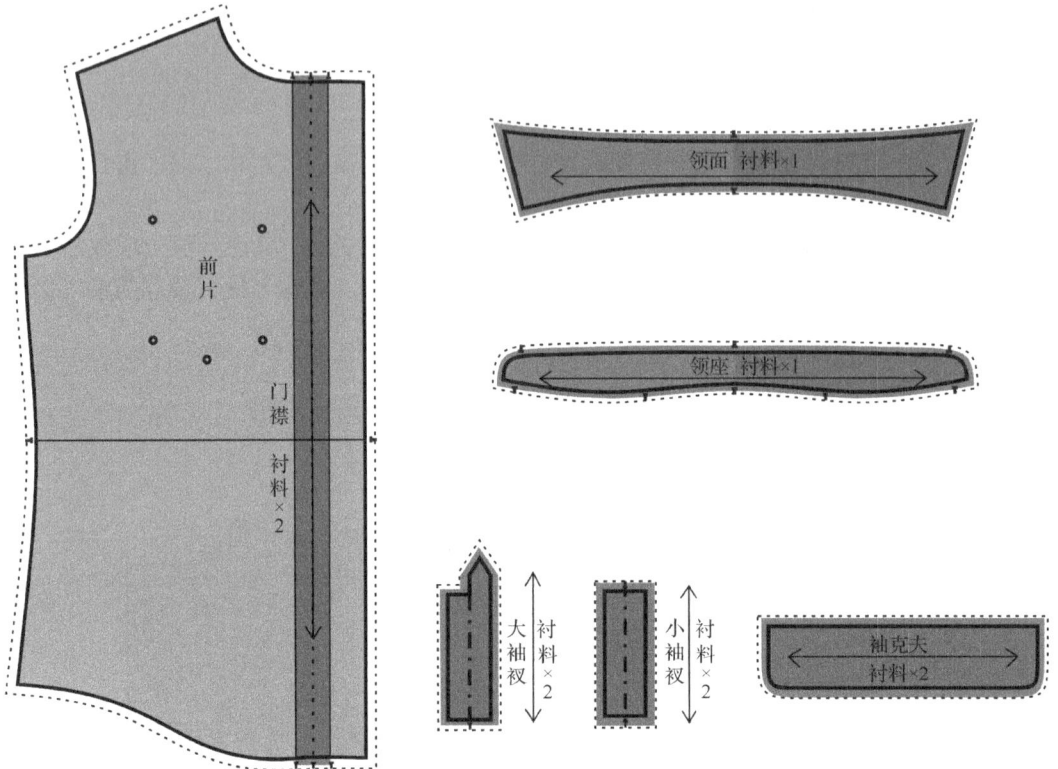

图 5-2-10　男衬衫衬料样板

（3）裁剪排料

面料排料时需要考虑面料的材质、图案，如是否有倒顺毛、是否对条对格、是否有光泽等。把面料布幅对折，正面向里对好纱向，然后进行面料排版。排料时应做到排列紧凑，减小空隙，充分利用各衣片的不同角度、弧势等进行套排。一般先排大片，再排小片。

排料部件包括前片（2 片）、贴袋（1 片）、后片（完整 1 片）、过肩（完整 2 片）、袖子（2 片）、领面（完整 2 片）、领座（完整 2 片）、袖克夫（4 片）、大袖衩（2 片）、小袖衩（2 片），准备好这些部件后进行纸样画样、裁剪等工作。男衬衫面料排料如图 5-2-11 所示。

4. 剪板及校验复核

1）缝合边的核对。主要核对男衬衫前后侧缝，袖窿弧线与袖山弧线，领弧线和领座弧线的长度是否匹配、相等；侧缝、肩缝拼合后对应弧线是否圆顺。

2）样板规格的核对。主要核对胸围、腰围、摆围、领围的维度尺寸和衣长、袖长等长度尺寸。另外，还需要核对袖克夫、领子、贴袋、工字褶、刀褶等小部位的规格设置是否合理。

幅宽150

140

口袋×1

男衬衫 170/88A
后片 面料×1

男衬衫 170/88A
前片 面料×2

领面 面料×2

领座 面料×2

男衬衫 170/88A
袖子 面料×2

男衬衫 170/88A
过肩 面料×2

170/88A
袖克夫×4

170/88A
袖克夫×4

小袖衩×2

大袖衩×2

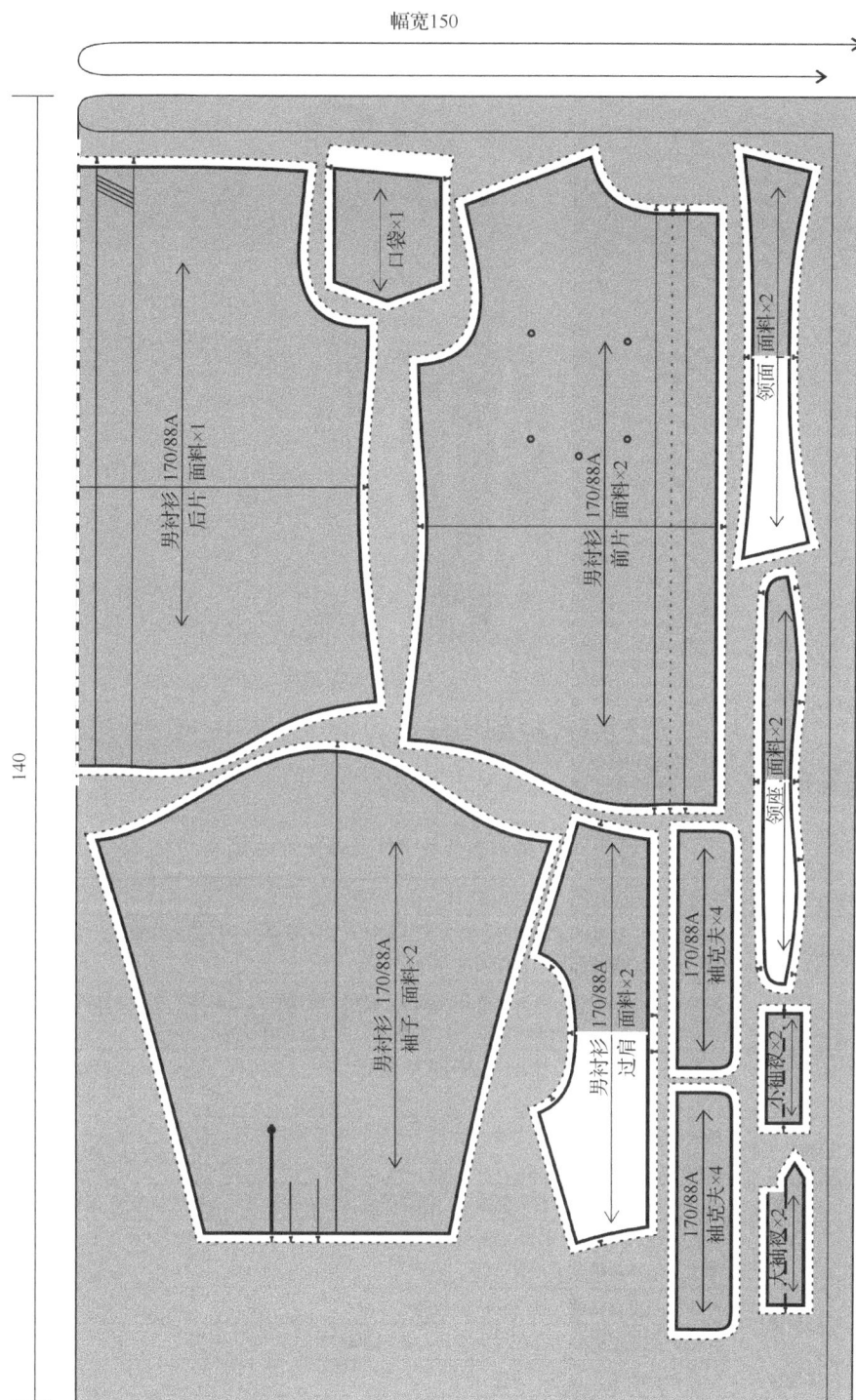

图 5-2-11　男衬衫面料排料（单位：cm）

　　3）根据样衣或款式图检验。结合客户来样检验样板的制作是否符合款式要求；检验所有样板是否齐全；检验是否根据来样要求处理放缝和细节。

　　4）里料样板、衬料样板的检验。检验样板的制作是否正确，是否符合要求。

　　5）样板标注检验。检验样板的剪口是否齐全；检验应有的标注，是否完整如款式名称、款号、号型规格、裁片名称、裁片数量、丝缕线等是否在样板上已标注完整。

5. 成衣试穿效果

男衬衫成衣试穿效果如图 5-2-12 所示。

图 5-2-12　男衬衫成衣试穿效果

5.2.4　任务评价：男衬衫样板制作任务评价

男衬衫样板制作任务评价标准如表 5-2-2 所示。

表 5-2-2　男衬衫样板制作任务评价标准

评价内容		评价标准	备注
操作规范与职业素养		严格按照项目要求进行操作。遵守劳动纪律，服从安排；保持场地清洁；工具摆放整齐规范；按规程进行操作，工作不超时等	
男衬衫制版任务成果	尺寸规格	男衬衫衣长、袖长、胸围、腰围、摆围、肩宽、袖口等成品规格尺寸及局部规格尺寸设计符合男衬衫制版通知单中的规格尺寸要求，并与款式特征相吻合	
		男衬衫各样板结构设计合理，各号型纸样各部位尺寸误差符合男衬衫制版通知单中的误差尺寸要求	
	样板吻合	男衬衫前后侧缝线对应部位拼合长度一致，前后袖窿弧线、前后领弧线拼合等部位拼接圆顺	
	缝份加放	男衬衫前后片肩线、前后侧缝线、袖窿弧线、前后领口弧线、折边量准确，符合工艺要求	
	必要标记	男衬衫前后贴袋、衣片领口弧与领、底边、袖山弧线与袖窿弧线等对位、剪口标记、纱向、钻孔、纸样名称及裁片数量标注齐全	
	样板推放	号型档差设置正确，推档正确、合理	
		各号型裁剪纸样、工艺纸样齐全，分类储存规范	
	样板修剪	纸样修剪圆顺、齐整、流畅	
	样板管理	对各号型裁剪样板和工艺样板的名称、样板号、数量、规格、使用情况、存放位置等信息详细登记并建卡，做到物卡相吻合	

拓展训练 5.1：泡泡袖女衬衫工业样板制作

【任务情境】

泡泡袖女衬衫是能凸显女性特征的服装款式，通常搭配不同的下装，能变换出各种时尚的造型。这里的泡泡袖是指在袖山处抽碎褶而蓬起呈泡泡状的袖型，赋予女性化特征。与普通时装袖相比，泡泡袖女衬衫有几个特点：一是由于泡泡袖袖山下垂后会向两边撑开，显得女性较强壮，因此肩宽要窄，一般用胸宽尺寸代替肩宽尺寸，如女装 38cm 的肩宽一般只取到 35cm；二是袖山要加高，只有加高才泡得起来；三是袖山头要加宽，加宽的褶才有褶量。

作为样板师的你收到公司发送的泡泡袖女衬衫制版通知单，请你根据该通知单的信息进行制版。

【任务要求】

1）分析公司提供的泡泡袖女衬衫制版通知单上款式造型、部位之间的结构关系，面辅料特点、缝制工艺等内容。

2）根据生产任务选择中间号型，按照中间号型的规格尺寸选择合理的结构设计方法，绘制中间号型的泡泡袖女衬衫结构制图，要求体现款式特征、结构准确合理、线条流畅。

3）在中间号型样板结构图基础上，按照企业生产标准进行中间号型的裁剪样板和工艺样板的制作，要求制作规范、片数完整。

4）检查和复核工业样板并剪板。

【任务制单】

泡泡袖女衬衫制版通知单如训练图 5-1-1 所示。

××服装公司制版通知单

产品名称	泡泡袖女衬衫		客户			数量		
订单号			款号			交货日期		

<table>
<tr><td rowspan="2" colspan="2"></td><td colspan="2">规格</td><td>XS</td><td>S</td><td>M</td><td>L</td><td>XL</td></tr>
<tr><td colspan="2">号型</td><td>150/58A</td><td>155/62A</td><td>160/66A</td><td>165/70A</td><td>170/74A</td></tr>
<tr><td rowspan="11"></td><td rowspan="11">尺寸/
cm</td><td colspan="2">衣长</td><td>54</td><td>56</td><td>58</td><td>60</td><td>62</td></tr>
<tr><td colspan="2">袖长</td><td>19</td><td>20.5</td><td>22</td><td>23.5</td><td>25</td></tr>
<tr><td colspan="2">胸围</td><td>84</td><td>88</td><td>92</td><td>96</td><td>100</td></tr>
<tr><td colspan="2">腰围</td><td>68</td><td>72</td><td>76</td><td>80</td><td>84</td></tr>
<tr><td colspan="2">臀围</td><td>88</td><td>92</td><td>96</td><td>100</td><td>104</td></tr>
<tr><td colspan="2">腰节长</td><td>35.6</td><td>36.8</td><td>37</td><td>39.2</td><td>40.4</td></tr>
<tr><td colspan="2">领围</td><td>38</td><td>39</td><td>40</td><td>41</td><td>42</td></tr>
<tr><td colspan="2">肩宽</td><td>36</td><td>37</td><td>38</td><td>39</td><td>40</td></tr>
<tr><td colspan="2">袖口</td><td>14</td><td>15</td><td>16</td><td>17</td><td>18</td></tr>
</table>

质量要求		
工艺要求	特殊要求	面料小样
1. 缝线不起皱，松紧一致。针距 3cm 12～14 针，密度对称，回针牢固。撬边不暴针 2. 领面、袖克夫、门襟等部位需粘衬。压衬注意温度、牢度，粘衬不反胶 3. 公主线顺直、绱领平服、袖子泡量均匀，左右对称 4. 商标缝于后领居中，洗涤标缝于左里侧缝、底边向上 4cm 5. 不允许烫极光，不能有污迹线头，钉纽牢固 6. 规格正确。套装顺号码 10 件（条）一捆，配套生产包装	面料采用 96%棉；锁边线采用涤弹丝；辅料薄粘合衬、纽扣；商标、洗涤标由客户提供	

训练图 5-1-1　泡泡袖女衬衫制版通知单

【成衣试穿效果】

泡泡袖女衬衫成衣试穿效果如训练图 5-1-2 所示。

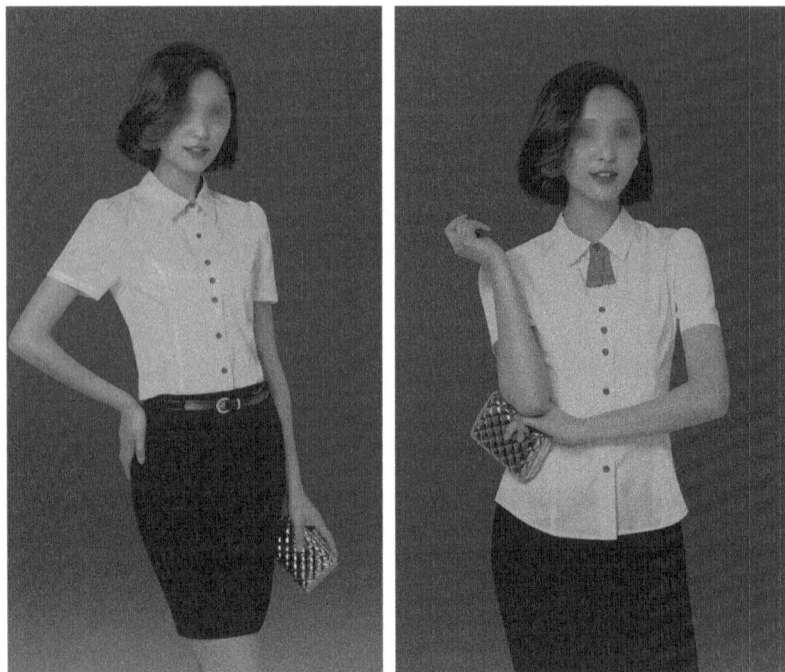

训练图 5-1-2　泡泡袖女衬衫成衣试穿效果

【任务评价】

泡泡袖女衬衫样板制作任务评价标准如训练表 5-1-1 所示。

训练表 5-1-1　泡泡袖女衬衫样板制作任务评价标准

评价内容		评价标准	备注
操作规范与职业素养		严格按照项目要求进行操作。遵守劳动纪律，服从安排；保持场地清洁；工具摆放整齐规范；按规程进行操作，工作不超时等	
泡泡袖女衬衫制版任务成果	尺寸规格	泡泡袖女衬衫衣长、袖长、胸围、腰围、摆围、肩宽、袖口等成品规格尺寸及局部规格尺寸设计符合泡泡袖女衬衫制版通知单中的规格尺寸要求，并与款式特征相吻合	
		泡泡袖女衬衫各样板结构设计合理，各号型纸样各部位尺寸误差符合泡泡袖女衬衫制版通知单中的误差尺寸要求	
	样板吻合	泡泡袖女衬衫前后侧缝线对应部位拼合长度一致，前后袖窿弧线、前后领弧线拼合等部位拼接圆顺	
	缝份加放	泡泡袖女衬衫前后片肩线、前后侧缝线、袖窿弧线、前后领口弧线、折边量准确，符合工艺要求	
	必要标记	泡泡袖女衬衫衣片领口弧与领、底边、打褶后袖山弧线与袖窿弧线等对位、剪口标记、纱向、钻孔、纸样名称及裁片数量标注齐全	
	样板推放	号型档差设置正确，推档正确、合理	
		各号型裁剪纸样、工艺纸样齐全，分类储存规范	
	样板修剪	纸样修剪圆顺、齐整、流畅	
	样板管理	对各号型裁剪样板和工艺样板的名称、样板号、数量、规格、使用情况、存放位置等信息详细登记并建卡，做到物卡相吻合	

5.3 任务：女西装工业样板制作

5.3.1 任务描述

【任务情境】

女西装工业样板
制作

女西装是常见的女式外套，它最早出现在 19 世纪 70 年代后期，当时妇女已普遍参与社会活动和体育运动，男西装的特征逐渐引入女装中。20 世纪 90 年代，女西装作为女性外出服已经基本定型。女西装的基本形制是合体女上衣，端庄大方，简洁明快，目前已成为职业女性在工作中的首选服装。女西装的结构设计重点是驳领、腰部省道及两片合体袖的处理。

女西装选料丰富，多采用中厚型面料，具有一定的挺括性，利于服装的塑形，并且可以根据季节、设计、用途、着装者的喜好选择色彩、图案、材料等。为了穿脱方便，女西装通常会选择滑溜特性的里料，这样不仅穿着舒适，还能保护面料，延长衣服的使用寿命，并能增强服装的立体感。

作为样板师的你收到公司发送的女西装制版通知单，请根据该通知单的信息进行制版。

【任务要求】

1）分析公司提供的女西装制版通知单上款式造型、部位之间的结构关系，面辅料特点、缝制工艺等内容。

2）根据生产任务选择中间号型，按照中间号型的规格尺寸选择合理的结构设计方法，绘制中间号型的女西装结构制图，要求体现款式特征、结构准确合理、线条流畅。

3）在中间号型样板结构图基础上，按照企业生产标准进行中间号型的裁剪样板和工艺样板的制作，要求制作规范、片数完整。

4）检查和复核工业样板并剪板。

5.3.2 任务准备：识读制版通知单并解析款式图

1. 识读制版通知单

仔细查看制版通知单中的款式信息、工艺信息、规格尺寸信息。女西装通常属于合体女上衣，对衣服的合体性有较高的要求，其结构设计需符合人体形态，同时体现功能性。因此，在结构设计中既要包含符合人体的造型尺寸，又要满足功能性需求。

本任务中女西装衣身前片为经典的公主线分割，需要通过省道转移，调整衣身结构，以进一步满足衣身合体性需要。

女西装制版通知单如图 5-3-1 所示。

2. 解析款式图

图 5-3-2 所示为女西装正背面款式图，该款女西装属于基本款式，在日常生活中受众较为广泛。该款女西装采用单排两粒扣，平驳领，公主线分割，四开身八片裁结构，左右前侧开双嵌袋，直角袋盖。前衣摆止口呈圆角，两片合体袖，衣身合体大方，适合职业女性穿着。

女西装可选用纯毛料、毛/化纤混纺、交织等面料，根据配套的裙子或裤子进行色彩、花纹的搭配，以获得不同的着装效果。

××服装公司制版通知单

产品名称	三粒扣平驳领女西装		客户			数量		
订单号			款号			交货日期		

规格	XS	S	M	L	XL
号型	150/58A	155/62A	160/66A	165/70A	170/74A
衣长	53	55	57	59	61
胸围	88	92	96	100	104
腰围	68	72	76	80	84
臀围	92	96	100	104	108
肩宽	37.5	38.5	39.5	40.5	41.5
腰节长	35.6	36.8	38	39.2	40.4
领围	38	39	40	41	42
袖长	54	55.5	57	58.5	60
袖口	23	24	25	26	27

（尺寸/cm）

质量要求

工艺要求	特殊要求	面料小样
1. 缝线不起皱，松紧一致。针距3cm 12～14针，密度对称，回针牢固。撬边不暴针 2. 前衣身大片、挂面、领面领底、后衣身上下、袖片上下等部位需粘衬。压衬注意温度、牢度，粘衬不反胶 3. 商标缝于后领居中，洗涤标缝于左里侧缝、底边向上4cm 4. 不允许烫极光，不能有污迹线头，钉纽牢固 5. 归拔自然，外观平整 6. 规格正确。套装顺号码10件（条）一捆，配套生产包装	面料采用粘纤52%、棉纶41%、氨纶7%；里料采用涤纶平纹绸；辅料薄粘合衬、直丝粘合牵条、垫肩、纽扣；商标、洗涤标由客户提供	

图 5-3-1　女西装制版通知单

图 5-3-2　女西装正背面款式图

3．确定中间号型的规格尺寸

160/66A 女西装规格尺寸如表 5-3-1 所示。

表 5-3-1　160/66A 女西装规格尺寸　　　　　　　　　　　　单位：cm

部位	衣长	胸围	腰围	臀围	肩宽	腰节长	领围	袖长	袖口
尺寸	57	96	76	100	39.5	38	40	57	25

5.3.3　实践操作：完成女西装工业样板

1．结构设计

（1）衣身绘制

1）取衣长=57（cm）。

2）五线定长，包括上平线、胸围线、腰围线、臀围线、下平线的间距位置的确定。

3）后衣片结构的设计。

① 确定后片胸围=B/4（cm）。

② 确定后横开领=N/5，直开领=N/5/3。

③ 确定后肩斜=15∶4.5，取肩宽=S/2=19.75（cm）。

取后背宽=1.5B/10+4（cm）。

④ 确定胸腰差=(96-76)/2=10（cm），则后中省收 1.5cm，后腰省收 3.5cm，前腰省收 3cm。前后侧缝各收 1cm。

⑤ 确定胸臀差=(100-96)/4=1（cm），则各衣片侧缝下摆向外放 0.5cm，以满足后片臀围的规格尺寸量。

绘制后片公主线与后片腰省。

4）前衣片结构的设计。

① 确定前片胸围=B/4（cm）。延长胸围线、腰围线、臀围线和下平线。

② 确定前腰节=后腰节+1（cm）。绘制前横开领=N/5。

③ 确定前肩斜=15∶5.5，前肩长=后肩长-0.5。前胸宽=1.5B/10+3（cm）。

④ 确定 BP 点距颈侧点 24.5～25cm，距离前中心 9cm 左右，胸省量一般为 2.5～3cm。

绘制前片公主线，前侧片省道转移。

将前衣片各侧缝向外放 0.5cm，满足前片臀围规格尺寸量。

绘制前中门襟，圆下摆。

绘制前片双嵌袋及其袋盖。

女西装衣身结构制图如图 5-3-3 所示。

（2）绘制领子

量取前后领弧长。

在领子的制图中，先在翻折线的左侧做出如图 5-3-4 所示的领子造型，然后以翻折线为对称轴对折，再做出领子的后半部分。图 5-3-4 中 C 点为 ab 线的重点，dc 垂直于 ab，连接 ad 的延长线是做领子倒伏量的依据，即领子的后领弧线与 ad 的延长线平行，最后取领子的领弧线长度等于衣身的领口弧线长度，最后确定后领宽。

图中标注文字：

7.5

1 15 8
5.5
后小肩-0.5 a

2.5 8
S/2 4.5
c d

22 1.5B/10+4 1 1.5B/10+3
7 7
5 5
2.5 b
38 B/4 B/4+■+●

1.5 3.5 3 10 2
10 11.5 2 4
0.5 0.5 0.5 0.5 2
19 5 1~1.5

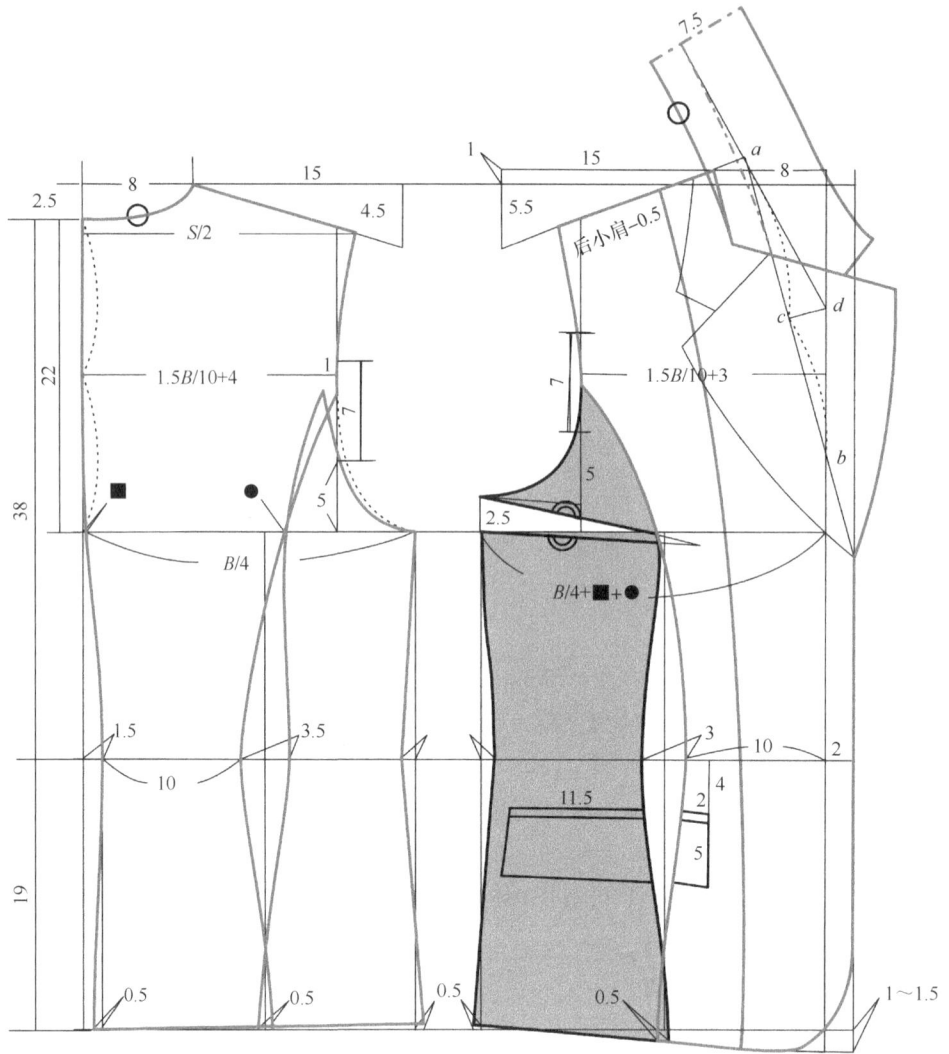

前侧片省道转移

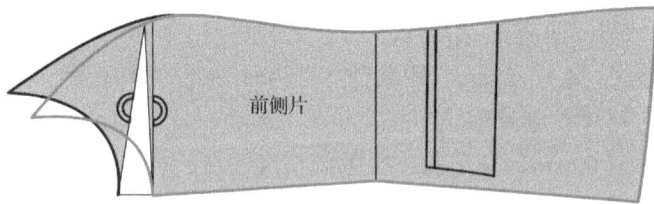

前侧片

前侧片嵌袋袋盖

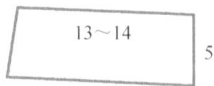

13~14
5

前侧片嵌袋牵条

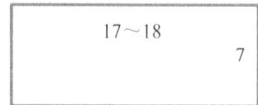

17~18
7

图 5-3-3 女西装衣身结构制图（单位：cm）

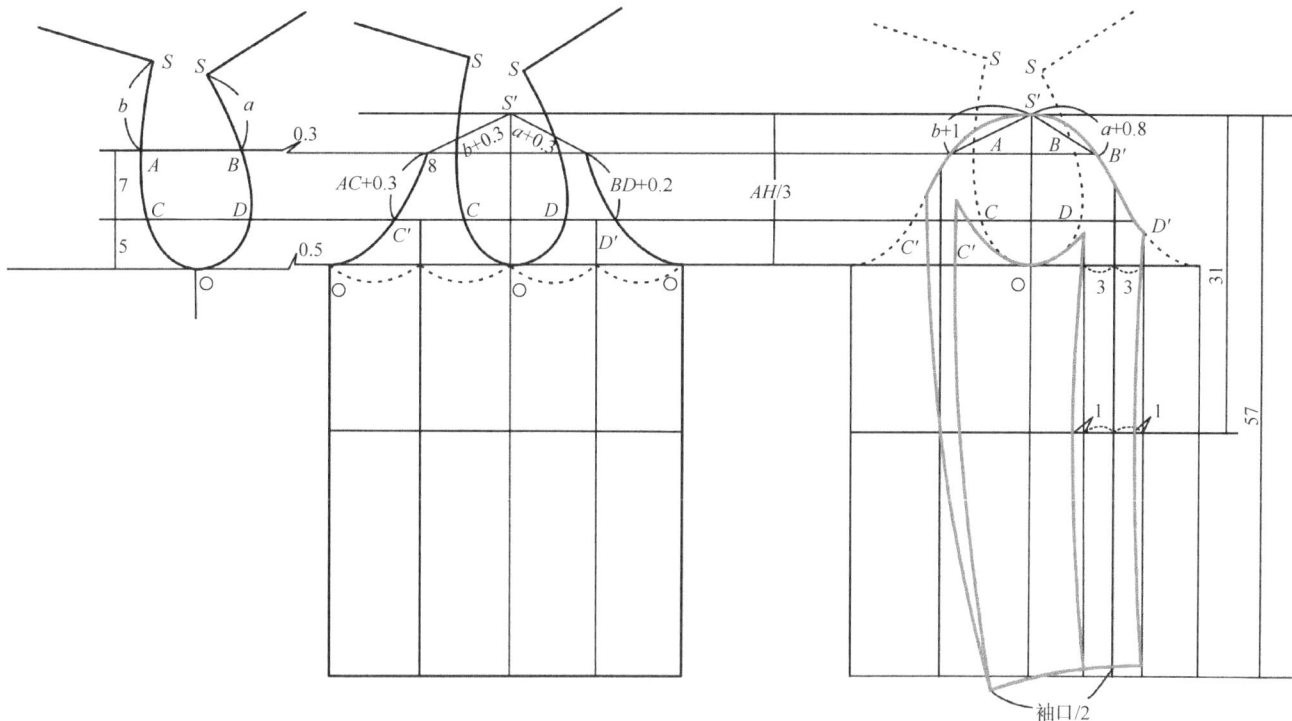

图 5-3-4 女西装袖子结构制图（单位：cm）

（3）袖子绘制

量取前后袖窿弧长，前袖窿弧长为前袖窿，后袖窿弧长为后袖窿。

取袖长=57（cm）。取袖山高为袖窿/3。作袖长线的垂线。

结合前后袖窿值，从袖山顶点向左取后袖窿值与垂线有交点，从袖山顶点向右取前袖窿值与垂线有交点，两个交点之间的距离即为袖子的袖肥。

绘制袖山弧线，女西装袖子的吃势量一般为 2~3cm，各段的吃势大小不是固定的，应根据面料的厚度、性能及服装的款式造型做出选择后，再合理地分配各段。袖子的前后偏袖量也可以根据款式特征和自身喜好做出相应的调整。女西装净样板如图 5-3-5 所示。

2. 样板检验

（1）尺寸复核

1）规格核对：完成女西装所有纸样的设计后，要对各部位的尺寸进行细致核对，尺寸不符合制单和客户标准的应加以修改。

女西装主要测量部位包括衣长、胸围、腰围、臀围、摆围、袖长等，也包括细部尺寸（如袖口、口袋、袋盖、领子）。

2）对线条细部进行校验，仔细查看线条是否圆顺，线条不圆顺的地方需要进行修改。

① 各片侧缝拼合，查看相互拼合的线段之间长度是否匹配，具体如图 5-3-6 所示。

② 拼合后中、后侧片、前侧片、前片的各样板的侧缝线，同时，查看袖窿弧线是否圆顺，不圆顺的地方要适当进行修顺，具体如图 5-3-7 所示。

③ 测量前后袖窿弧线长。查看前后袖窿弧线长是否与袖山弧线数据接近，一般女西装袖子的吃势量为 2~3cm，具体如图 5-3-8 所示。

领面

领底

袋盖

嵌袋嵌条

垫袋布

后中

后侧片

前侧片

前片

嵌袋口袋布

里料前侧

挂面

大袖片

小袖片

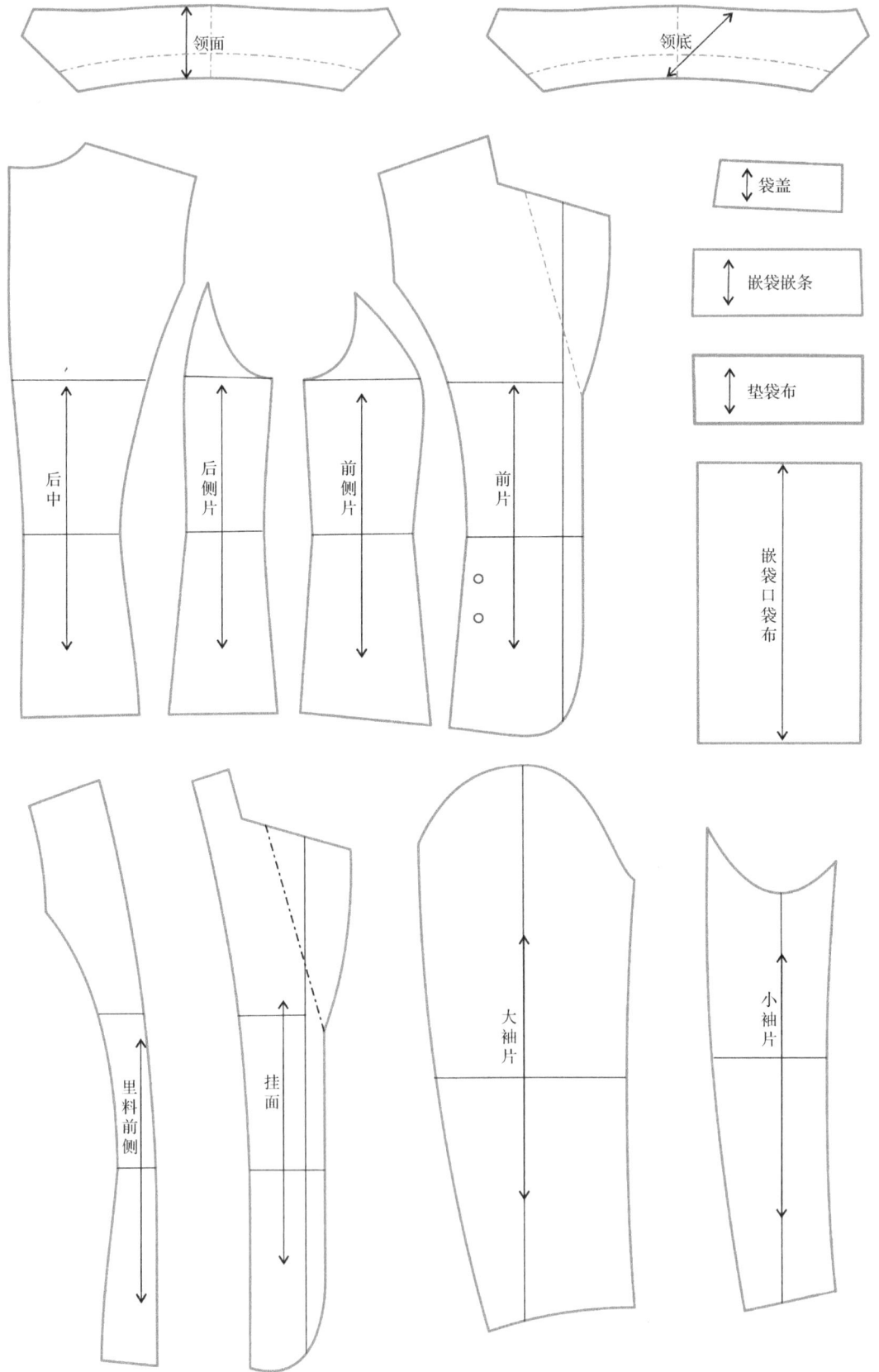

图 5-3-5　女西装净样板

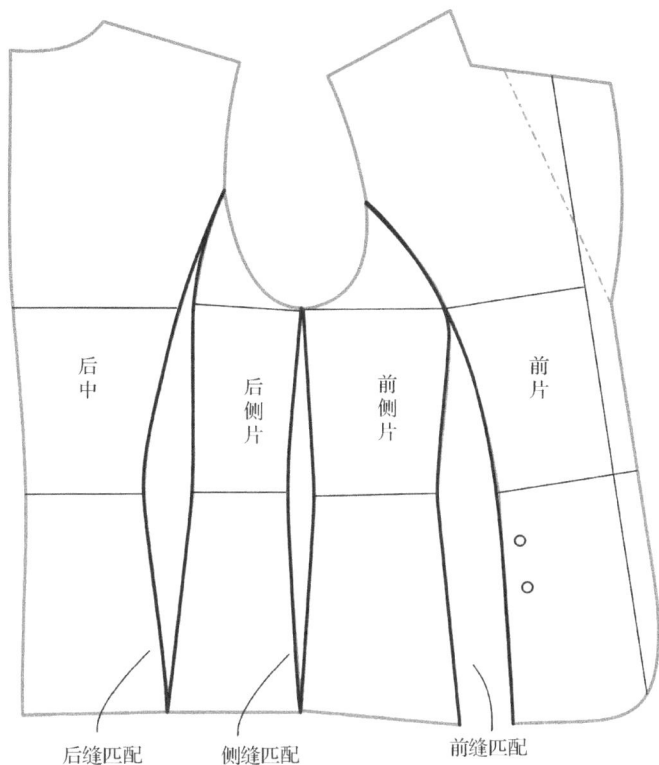

图 5-3-6　女西装样板尺寸复核（1）

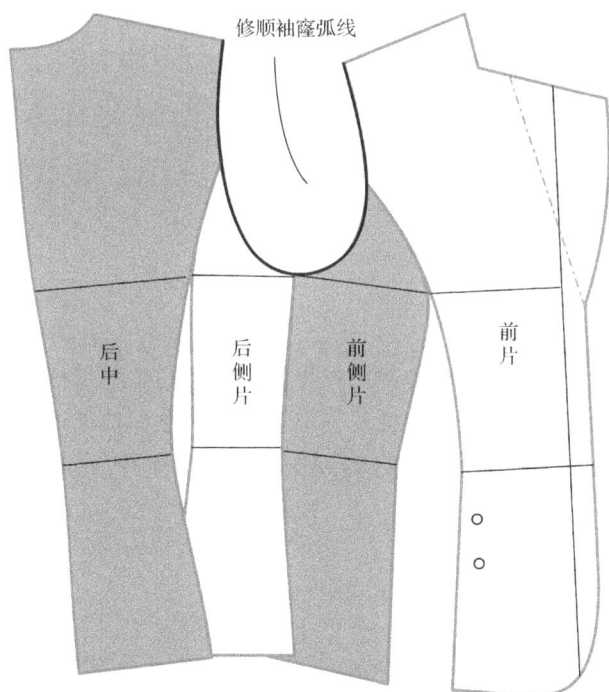

图 5-3-7　女西装样板尺寸复核（2）

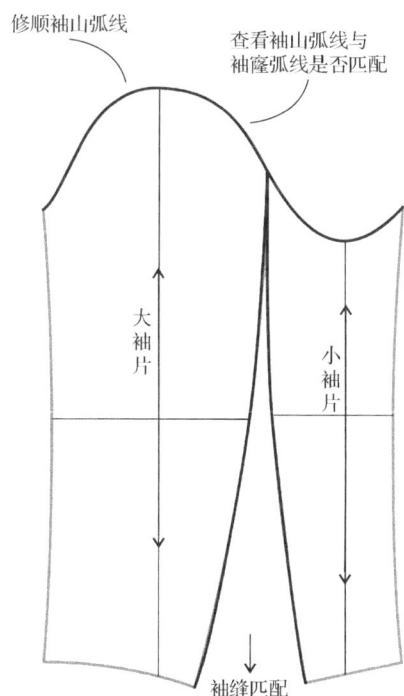

图 5-3-8　女西装样板尺寸复核（3）

　　④ 拼合前后肩缝线，查看前后领弧线是否圆顺，不圆顺的地方要进行修顺。同时，测量前领弧线到前片绱领驳口位，测量后领弧线，查看领弧线是否与绘制的领子拼接缝相等，具体如图 5-3-9 所示。

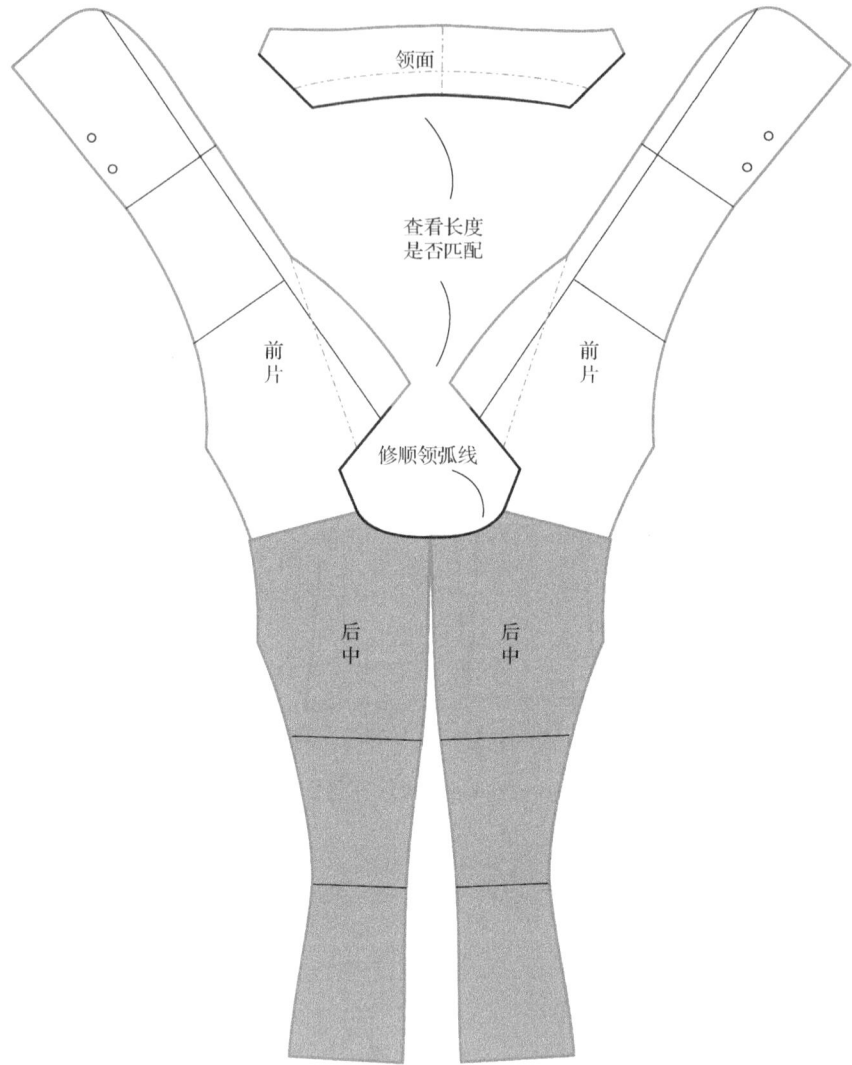

图 5-3-9 女西装样板尺寸复核（4）

（2）对位处理

1）对胸围、腰围线、臀围线、前中线、后中线、袖中线等位置进行对位剪口处理。

2）对领子的后中，后领弧线对位点、双嵌袋、翻折线等位置进行对位剪口处理。

3）对各省道的省尖点进行钻孔处理。钻孔不宜刚好处理在省尖，以免在后期钻孔处理时扎坏面料，影响外观。

3．裁剪样板制作

（1）面料样板

根据企业来样特点和实际面料特征确定样板的放缝，但需要注意相关联（拼合）的部位的放缝量必须一致。

图 5-3-10 所示的底边放缝 4cm，包括后中、后侧、前侧、前片、挂面、大袖片、小袖片等底边，其余部位一般放缝 1cm。

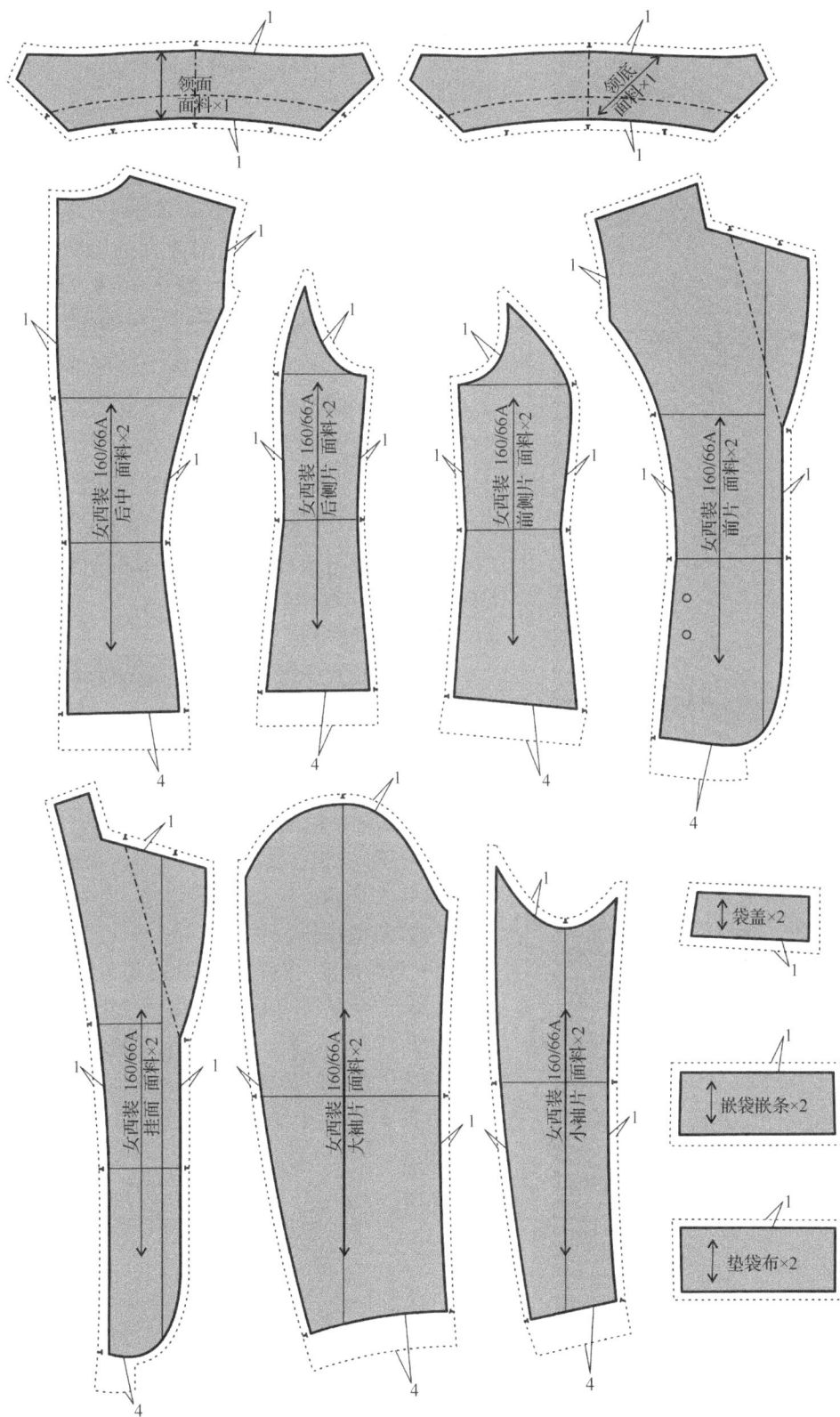

图 5-3-10　女西装面料样板（单位：cm）

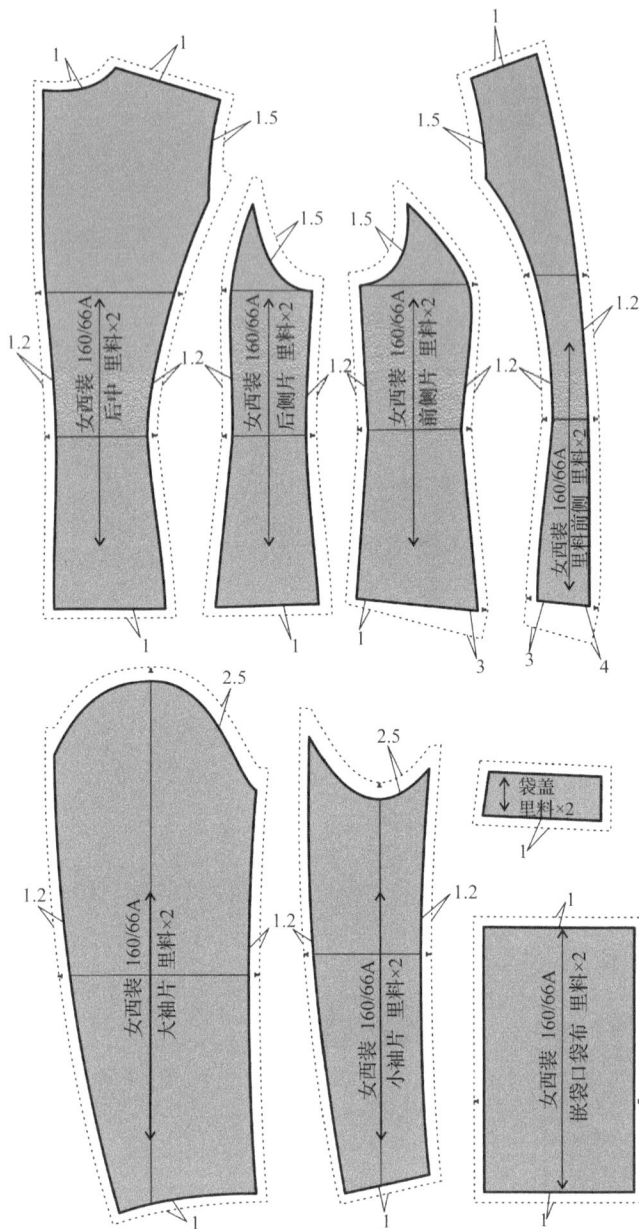

图 5-3-11　女西装里料样板

此外，面料样板还应标明丝缕线，写上款式名称、号型名称、裁片名称、裁片数量等信息，并在必要的部位打上剪口。

（2）里料样板

通常为了防止工艺完成后出现吊里，即里料尺寸比面料尺寸大造成外形不平服的情况，里料样板一般比面料样板大，主要体现在各主要的侧缝放缝 1.2cm，前后片袖窿弧线放缝 1.5cm，领子袖山弧线放缝 2.5cm，其余部分放缝 1cm。女西装里料样板如图 5-3-11 所示。

根据不同的挂面缝制工艺，挂面放缝可以处理为两种方式。第一种做法的前片分割缝处下摆放缝与挂面保持一致，为 4cm，前公主线位置下摆放缝 3cm，前侧片侧缝处放缝为 1cm，如图 5-3-12 所示。第二种做法的前片和前侧片里料的下摆直接放缝 1cm。由于里料样板处理不同，这两种放缝处理的缝合效果也存在明显的差异。

（3）衬料样板

女西装前片一般整片粘衬，前侧片可以考虑整片粘衬，要求衣身具有轻柔的效果时，也可以考虑部分粘衬。后片和后侧片下摆粘衬宽 5cm。挂面、领面、领底、袋盖、嵌条、嵌袋袋位等位置需要整片粘衬。大小袖片的袖口粘衬同后衣片衣身下摆，宽度为 5cm。衬样尺寸可以比毛样尺寸略小一些。女西装衬料样板如图 5-3-13 所示。

（4）裁剪排料

1）面料排料。面料排料时需要考虑面料的材质、图案，如是否有倒顺毛、是否对条对格、是否有光泽等。把面料布幅对折，正面向里对好纱向，然后进行面料排版。排料时应排列紧凑，减小空隙，充分利用各衣片的不同角度、弧势等进行套排。一般先排大片，后排小片。

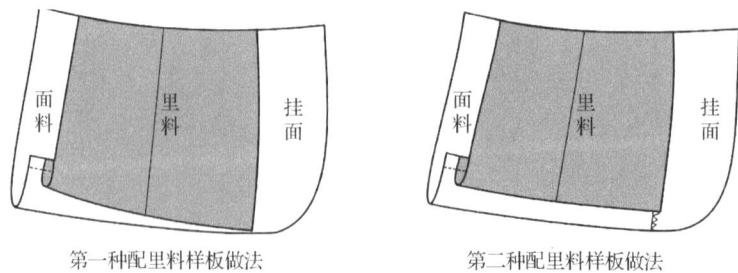

第一种配里料样板做法　　　　第二种配里料样板做法

图 5-3-12　女西装配里料样板的做法（单位：cm）

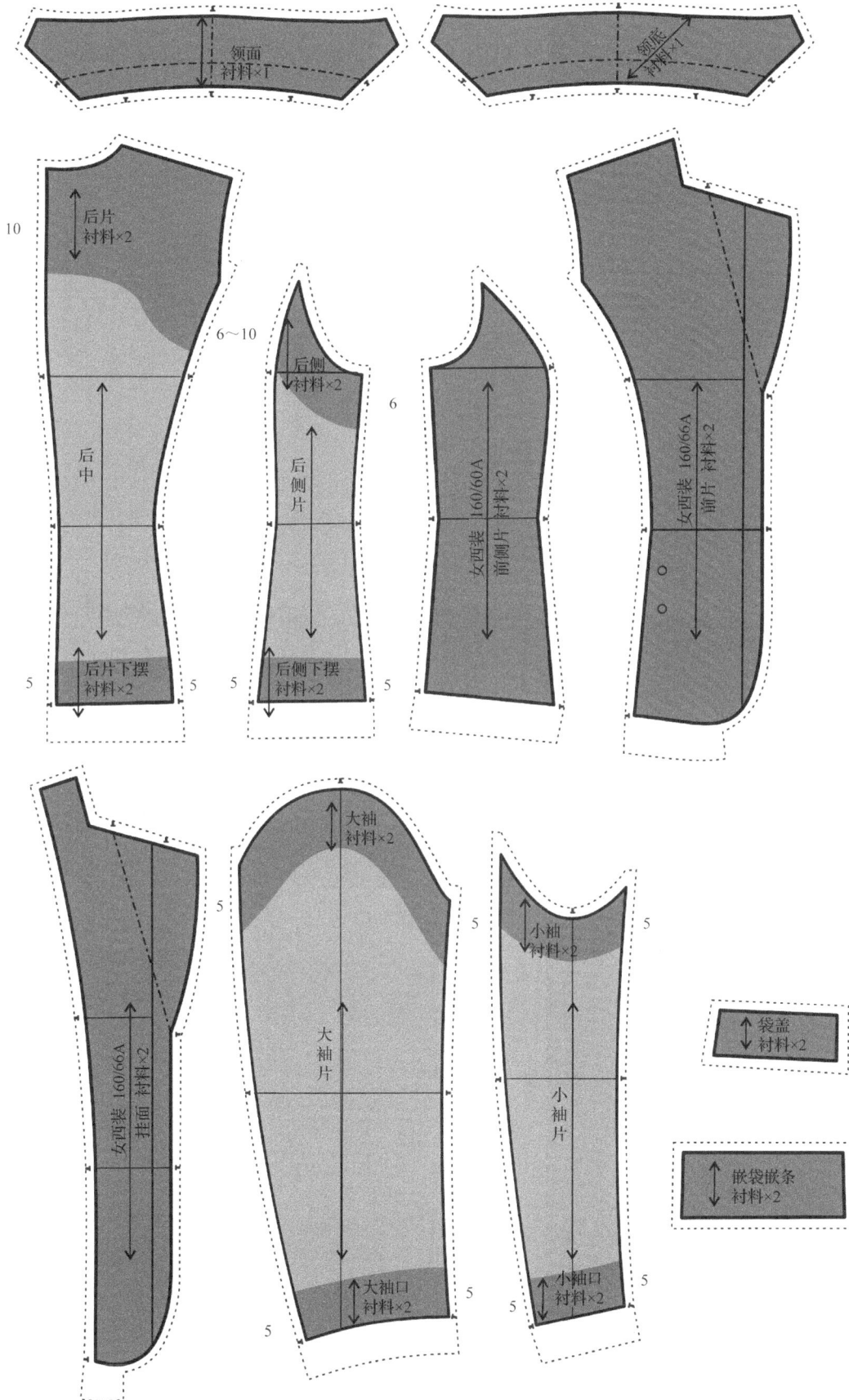

图 5-3-13　女西装衬料样板（单位：cm）

　　排料部件包括前片（2片）、前侧片（2片）、后侧片（2片）、后中（2片）、挂面（2片）、大袖片（2片）、小袖片（2片）、领面（1片）、领底（1片）、袋盖（2片）、嵌袋嵌条（2片）、垫袋布（2片），准备好这些部件后进行纸样画样、裁剪等工作。女西装面料排料如图5-3-14所示。

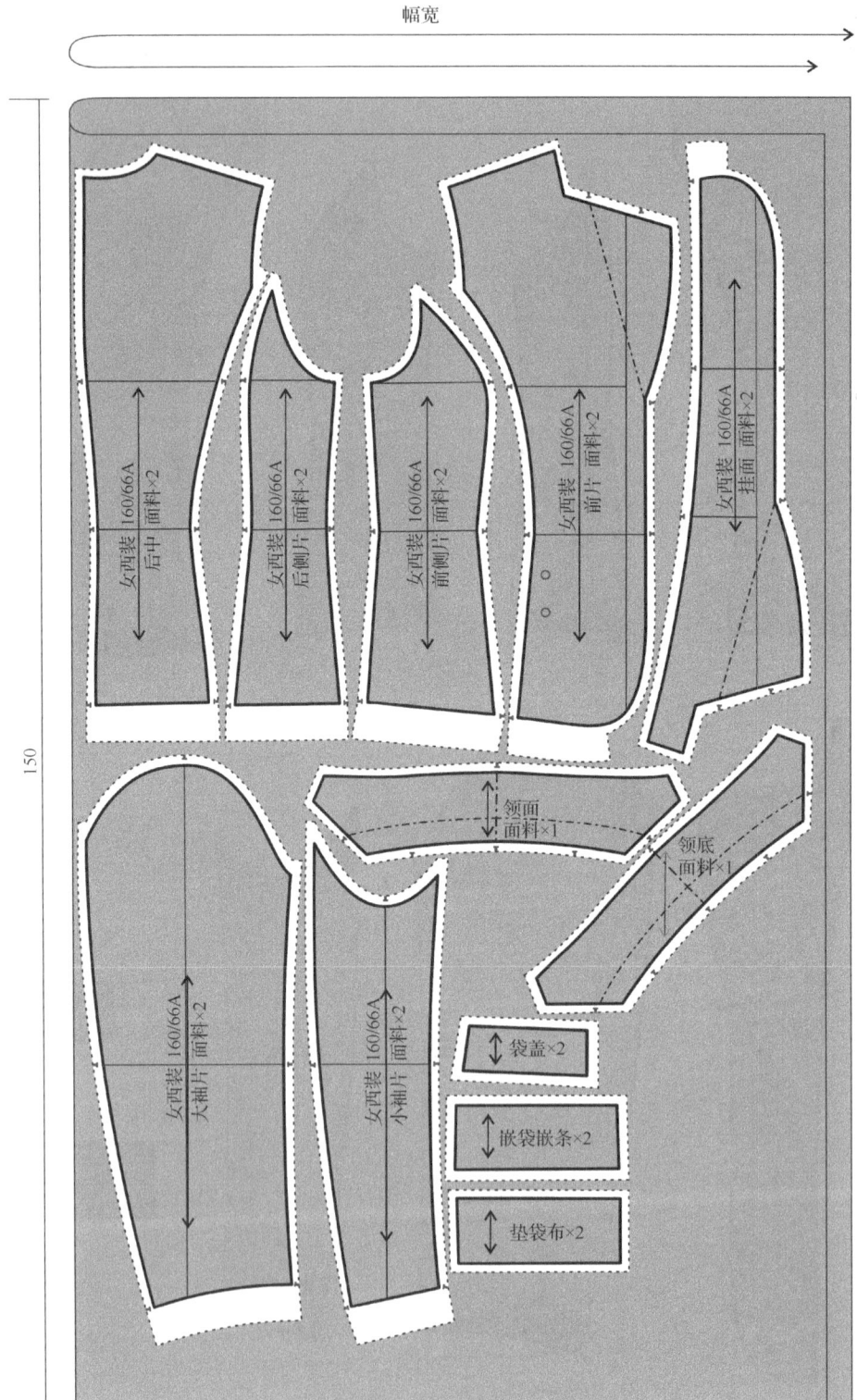

图 5-3-14　女西装面料排料

2）里料排料。把里料布幅对折后进行排料，里料排料时，样板可以颠倒，但要注意有图案的里料方向。

里料样板排料部件包括前片（2 片）、前侧片（2 片）、后侧片（2 片）、后中（2 片）、大袖片（2 片）、小袖片（2 片）、袋盖（2 片）、嵌袋口袋布（2 片）。女西装里料排料如图 5-3-15 所示。

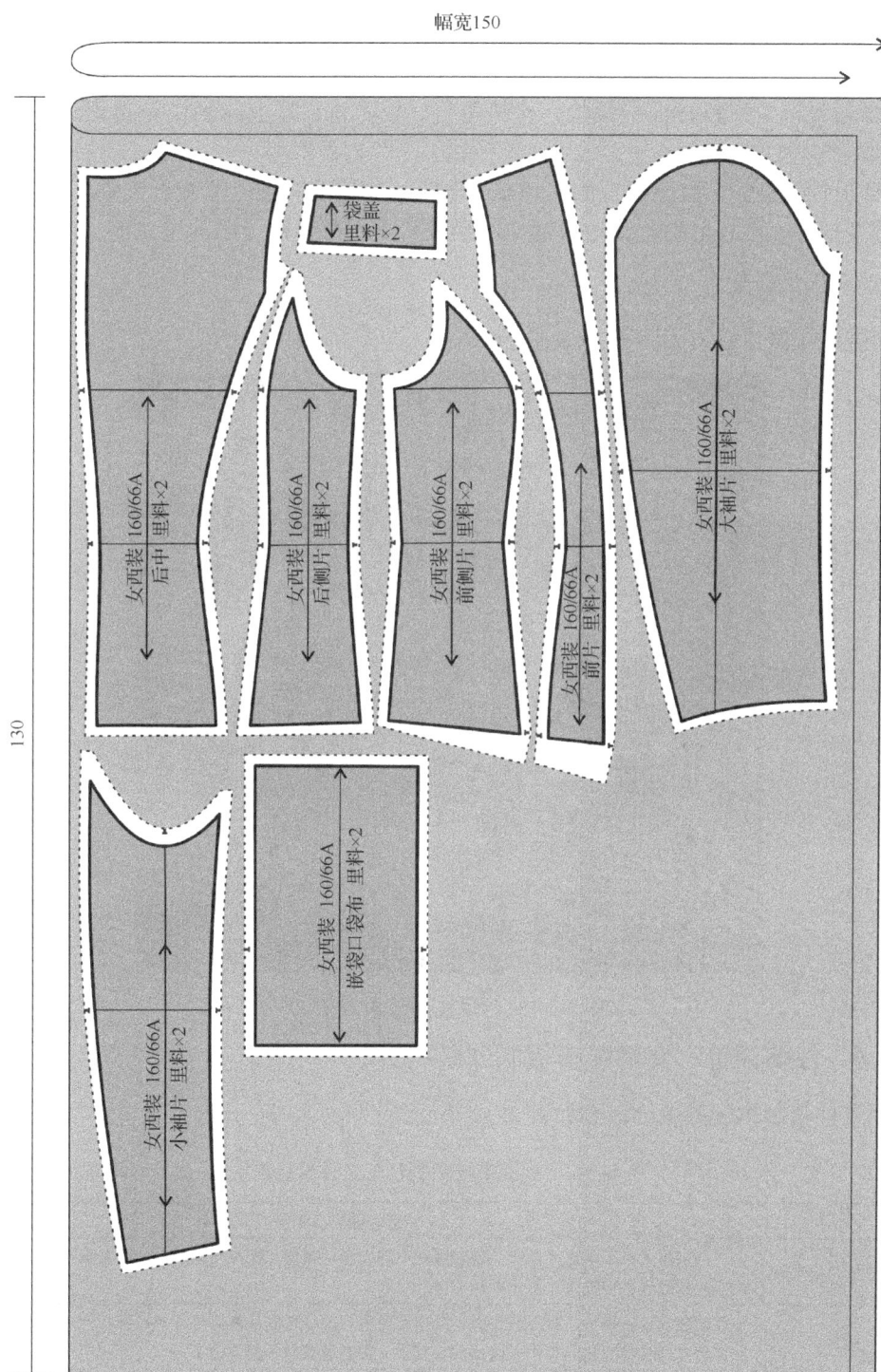

图 5-3-15　女西装里料排料（单位：cm）

4. 剪板及校验复核

1）缝合边的核对。主要核对女西装各拼合侧缝，袖窿弧与袖山弧线，领弧线和领子的长度是否匹配、相等；侧缝、肩缝拼合后对应弧线是否圆顺。

2）样板规格的核对。主要核对胸围、腰围、臀围、领围的维度尺寸和衣长、袖长等长度尺寸。另外，还需要核对门襟扣位、领子、嵌袋、袋盖等小部位的规格设置是否合理。

3）根据样衣或款式图检验。结合客户来样检验样板的制作是否符合款式要求；检验所有样板是否齐全；检验是否根据来样要求处理放缝和细节。

4）里料样板、衬料样板的检验。检验里料样板、衬料样板的制作是否正确，是否符合要求。

5）样板标注检验。检验样板的剪口是否齐全；检验应有的标注是否完整，如款式名称、款号、号型规格、裁片名称、裁片数量、丝缕线等是否在样板上已标注完整。

5. 成衣试穿效果

女西装成衣试穿效果如图 5-3-16 所示。

图 5-3-16　女西装成衣试穿效果

5.3.4　任务评价：女西装样板制作任务评价

女西装样板制作任务评价标准如表 5-3-2 所示。

表 5-3-2　女西装样板制作任务评价标准

评价内容		评价标准	备注
操作规范与职业素养		严格按照项目要求进行操作。遵守劳动纪律，服从安排；保持场地清洁；工具摆放整齐规范；按规程进行操作，工作不超时等	
女西装制版任务成果	尺寸规格	女西装衣长、袖长、胸围、腰围、摆围、肩宽、袖口等成品规格尺寸及局部规格尺寸设计符合女西装制版通知单中的规格尺寸要求，并与款式特征相吻合	
		女西装各样板结构设计合理，各号型纸样各部位尺寸误差符合女西装制版通知单中的误差尺寸要求	

续表

评价内容		检查与评价标准	备注
女西装制版 任务成果	样板吻合	女西装前后肩缝、侧缝线对应部位拼合长度一致，前后袖窿弧线、前后领弧线拼合等部位拼接圆顺	
	缝份加放	女西装前后片肩线、前后侧缝线、袖窿弧线、前后领口弧线、折边量准确，符合工艺要求	
	必要标记	女西装前后贴袋、衣片领口弧与领、底边、袖山弧线与袖窿弧线等对位、剪口标记、纱向、钻孔、纸样名称及裁片数量标注齐全	
	样板推放	号型档差设置正确、推档正确、合理	
		各号型裁剪纸样、工艺纸样齐全，分类储存规范	
	样板修剪	纸样修剪圆顺、齐整、流畅	
	样板管理	对各号型裁剪样板和工艺样板的名称、样板号、数量、规格、使用情况、存放位置等信息详细登记并建卡，做到物卡相吻合	

5.4　任务：男西装工业样板制作

男西装工业样板制作

5.4.1　任务描述

【任务情境】

西装又称西服、洋装，指具有规范形式的男西式套装。西装产生于西欧，清末传入中国。男西装经过历史的演绎、变化，现已形成比较固定的样式与穿着习惯。男西装有两件套（上下装）、三件套（上下装和马甲）、单上装（上下装异料或异色）等多种组合形式。

男西装的结构和缝制工艺设计是非常严谨的，它是以男性人体外形结构和生理感知为基础，建立的一套较科学、规范的立体造型方法。西装款式强调男性体积和形体的最佳状态，表现出完美的造型设计，满足男性成熟风格及艺术性的要求。

作为样板师的你收到公司发送的男西装制版通知单，请你根据该通知单的信息进行制版。

【任务要求】

1）分析公司提供的男西装制版通知单上款式造型、部位之间的结构关系，面辅料特点、缝制工艺等内容。

2）根据生产任务选择中间号型，按照中间号型的规格尺寸选择合理的结构设计方法，绘制中间号型的男西装结构制图，要求体现款式特征、结构准确合理、线条流畅。

3）在中间号型样板结构图基础上，按照企业生产标准进行中间号型的裁剪样板和工艺样板的制作，要求制作规范、片数完整。

4）检查和复核工业样板并剪板。

5.4.2　任务准备：识读制版通知单并解析款式图

男西装制版通知单如图 5-4-1 所示。

1. 解析款式图

图 5-4-2 所示为男西装正背面款式图，该款男西装采用平驳头、两粒扣，圆下摆，左右双嵌线袋（含袋盖），左胸手巾袋 1 个，后中开真衩，原装袖两片袖，袖口处开袖衩（假衩），装配扣 3～4 粒。

××服装公司制版通知单

产品名称	两粒扣平驳领男西装	客户			数量		
订单号		款号			交货日期		

	规格	S	M	L	XL	XXL
	号型	165/88A	170/92A	175/96A	180/100A	185/104A
尺寸/cm	衣长	72	74	76	78	80
	胸围	108	112	116	120	124
	肩宽	45	46	47	48	49
	腰节长	41.3	42.5	43.7	44.9	46.1
	袖长	58.5	60	61.5	63	64.5
	袖口	29	30	31	32	33

质量要求		面料小样
工艺要求	特殊要求	
1. 缝线不起皱，松紧一致。针距3cm 12～14针，密度对称，回针牢固。撬边不暴针	面料采用粘纤52%、棉纶41%、氨纶7%；里料采用涤纶平纹绸；辅料薄粘合衬、直丝粘合牵条、垫肩、纽扣；商标、洗涤标由客户提供	
2. 前衣身大片、挂面、领面领底、后衣身上下、袖片上下等部位需粘衬。压衬注意温度、牢度，粘衬不反胶		
3. 商标缝于后领居中，洗涤标缝于左里侧缝、底边向上20cm		
4. 不允许烫极光，不能有污迹线头，钉纽牢固		
5. 归拔自然，外观平整		
6. 规格正确。套装顺号码10件（条）一捆，配套生产包装		

图 5-4-1　男西装制版通知单

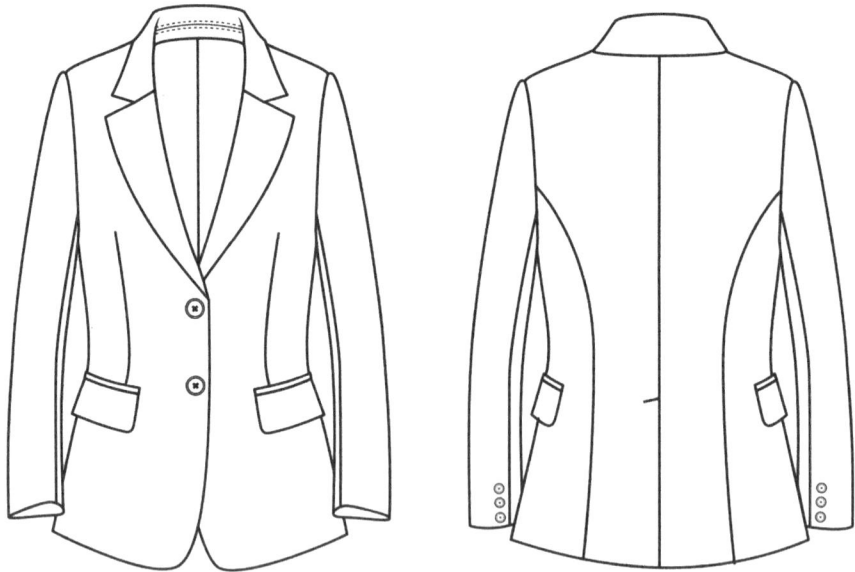

图 5-4-2　男西装正背面款式图

男西装适用的材料有棉、麻、化纤织物、薄型毛料等，根据配套的裙子或裤子进行色彩、花纹的搭配，以获得不同的着装效果。

2. 确定中间号型的规格尺寸

170/92A 男西装规格尺寸如表 5-4-1 所示。

表 5-4-1　170/92A 男西装规格尺寸 单位: cm

部位	衣长	胸围	肩宽	腰节长	袖长	袖口
尺寸	74	112	46	42.5	60	30

5.4.3　实践操作: 完成男西装工业样板

1. 结构设计

（1）衣身绘制

1）取衣长=74（cm）。

2）五线定长，包括上平线、胸围线、腰围线、臀围线、下平线的间距位置的确定。取胸围 $B/2+2.5$（胸围制版损耗量）（cm）作前后片胸围。

3）后衣片结构的设计。

① 确定后横开领=$N/5$，直开领=$N/5/3$。

② 确定后肩斜=15:6，取肩宽=$S/2$=23（cm）。取后背宽=$B^*/6+5.5$（cm）。

绘制后片公主线与后片腰省。绘制后中背衩。衩宽 3.5cm，衩长 22cm。

4）侧片结构的设计。

取侧片宽=$B^*/6+1$（cm），延长胸围线、腰围线、臀围线和下平线，处理侧缝位置。

5）前衣片结构的设计。

延长胸围线、腰围线、臀围线和下平线。

① 确定前腰节=后腰节+1（cm）。绘制前横开领=$N/5$。

② 确定前肩斜=15:5.5，前肩长=后肩长-0.7（cm）。入肩量 5cm，确定前胸宽。

③ 确定手巾袋大小和位置，绘制前胸省和前片双嵌袋。绘制前中门襟，圆下摆。

（2）袖子绘制

量取前后袖窿弧长，前袖窿弧长为前袖窿，后袖窿弧长为后袖窿。

取袖长=60（cm）。取袖山高为 y。参照结构图，作袖长线的垂线。

结合前后袖窿值，袖肥设置为 $B^*/6×1.1$。绘制两片袖和袖衩。

男西装结构制图如图 5-4-3 所示。

（3）绘制领子

量取前后领弧长。

在领子的制图中，先在翻折线的左侧做出如图 5-4-4 所示的领子造型，然后以翻折线为对称轴对折，再做出领子的后半部分。男西装领底结构处理如图 5-4-5 所示。

男西服领底使用领底呢，塑造领子的立体造型，在绘制完领子之后，需要对领子结构进行处理。领面结构分为翻领部分和座领部分。沿着翻折线下落 0.8~1cm 确定这两部分的分割线。同时，将该分割线缩短 1.2~1.5cm，形成新的翻领部分和座领部分的结构。领底呢需要在原领子后中去掉 0.7cm，在驳口串口线增加 0.6cm，进而得到领底呢的裁剪结构。男西装结构净样板如图 5-4-6 所示。

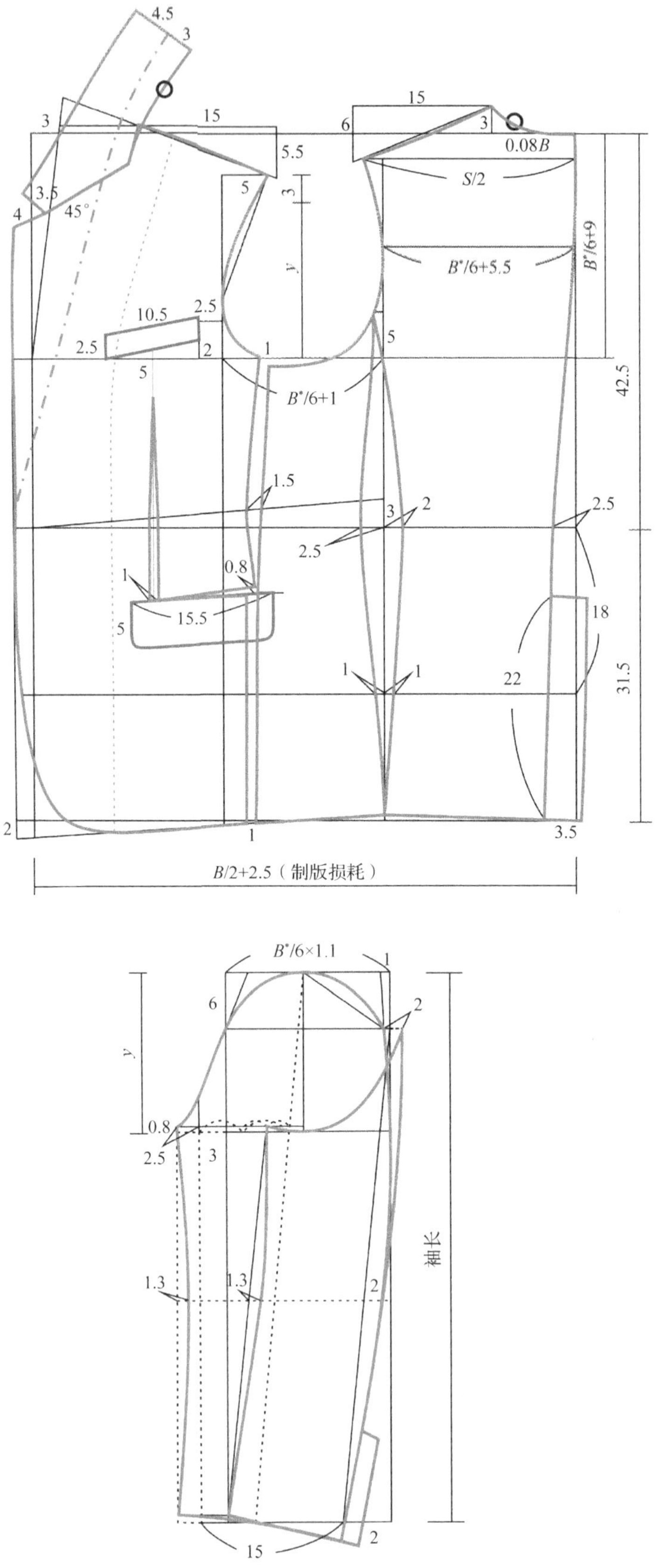

图 5-4-3　男西装结构制图（单位：cm）

原领子结构

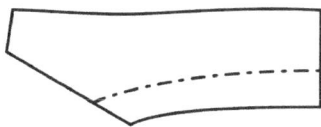

领面结构处理

0.8～1cm

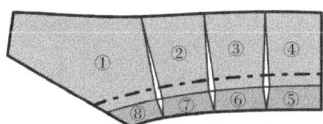

总共收1.2～1.5cm

翻领部分　　　　合并

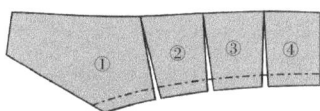
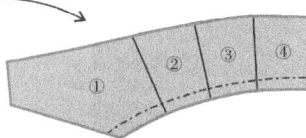

座领部分　　　　合并

图 5-4-4　男西装领面结构处理

原领子结构

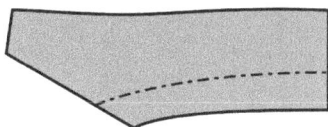

领底呢结构处理

去掉0.7cm

增加0.6cm

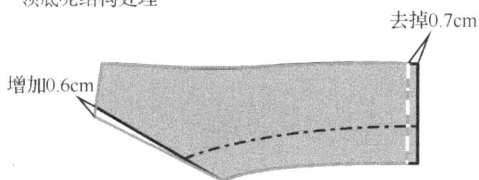

领底呢结构

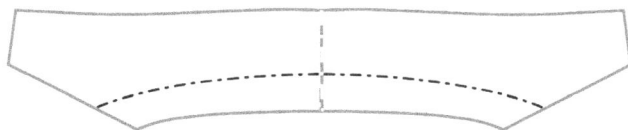

图 5-4-5　男西装领底结构处理

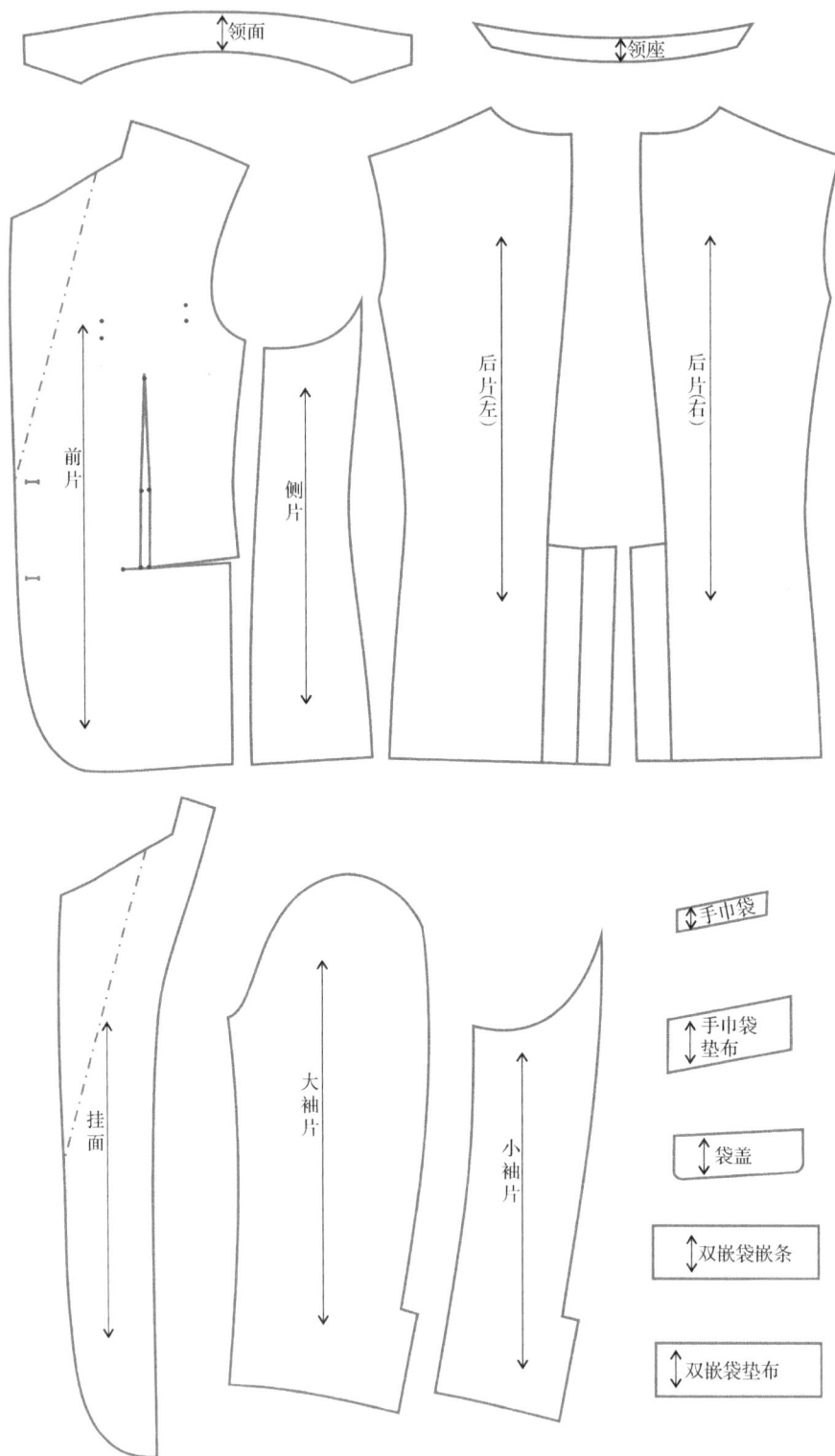

图 5-4-6　男西装结构净样板

2. 样板检验

（1）尺寸复核

1）规格核对：完成男西装所有纸样的设计后，要对各部位的尺寸进行细致核对，尺寸不符合制单和客户标准的应加以修改。

男西装主要测量部位包括衣长、胸围、摆围、袖长、袖口等，也包括细部尺寸（如手巾袋、双嵌袋、袋盖、领子、背衩、袖衩）。

2）对线条细部进行校验，仔细查看线条是否圆顺，不圆顺的地方需要进行修改。

① 各片侧缝拼合，查看相互拼合的线段之间的长度是否匹配，具体如图5-4-7所示。

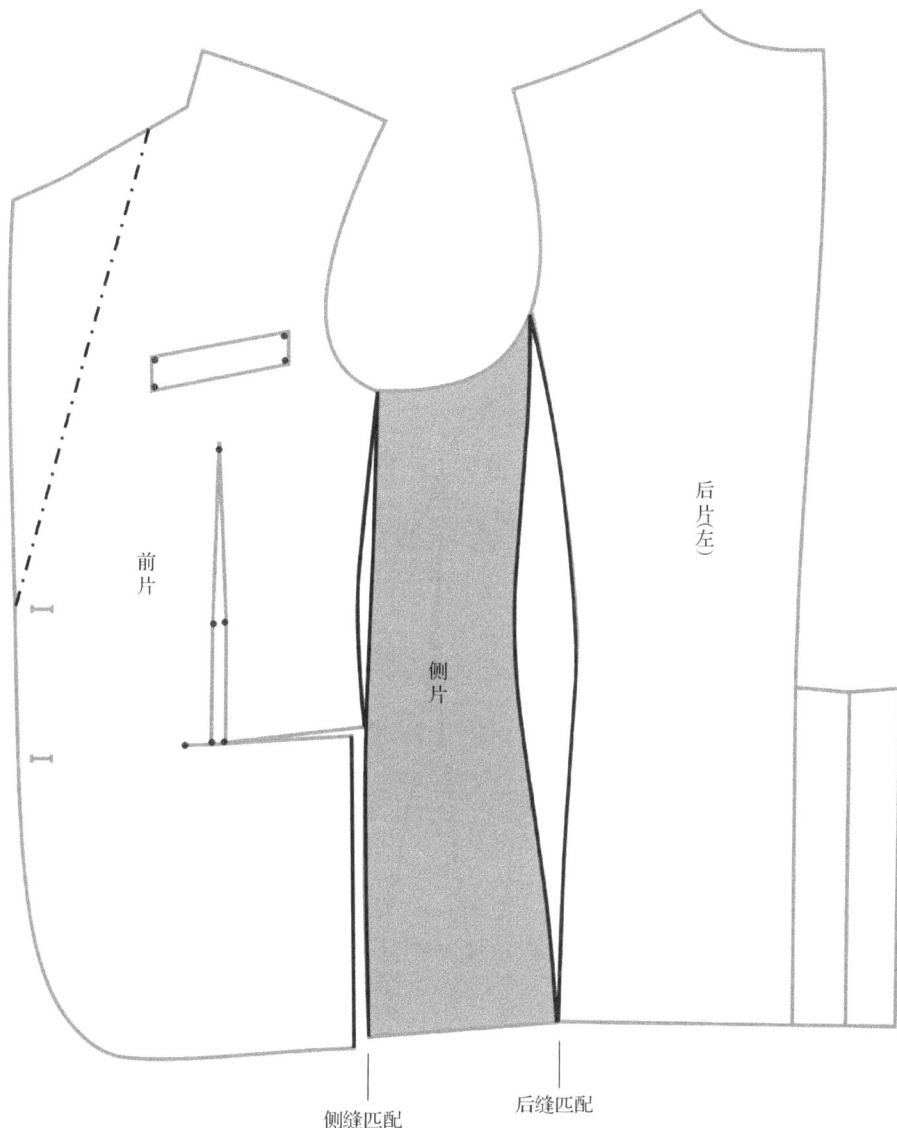

前片

后片左）

侧片

侧缝匹配　　　　后缝匹配

图5-4-7　男西装样板尺寸复核（1）

② 拼合后中、后侧片、前侧片、前片的各样板的侧缝线，同时，查看袖窿弧线是否圆顺，不圆顺的地方要进行修顺，具体如图5-4-8所示。

③ 测量前后袖窿弧线长。查看前后袖窿弧线长是否与袖山弧线数据接近，一般男西装袖子的吃势量为2～3cm，根据面料的薄厚进行适当调整，具体如图5-4-9所示。

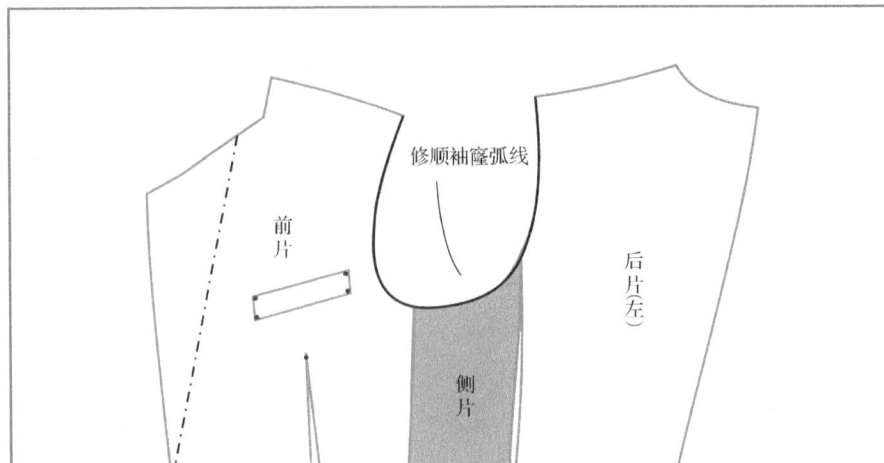

图 5-4-8　男西装样板尺寸复核（2）

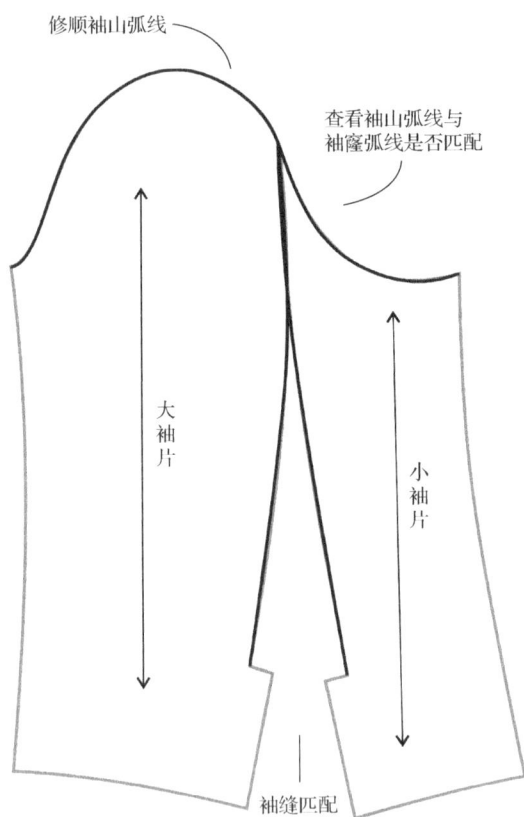

图 5-4-9　男西装样板尺寸复核（3）

④ 拼合前后肩缝线，查看前后领弧线是否圆顺，不圆顺的地方要进行修顺。同时，测量前领弧线到前片绱领驳口位，测量后领弧线，查看领弧线是否与绘制的领子拼接缝相等，具体如图 5-4-10 所示。

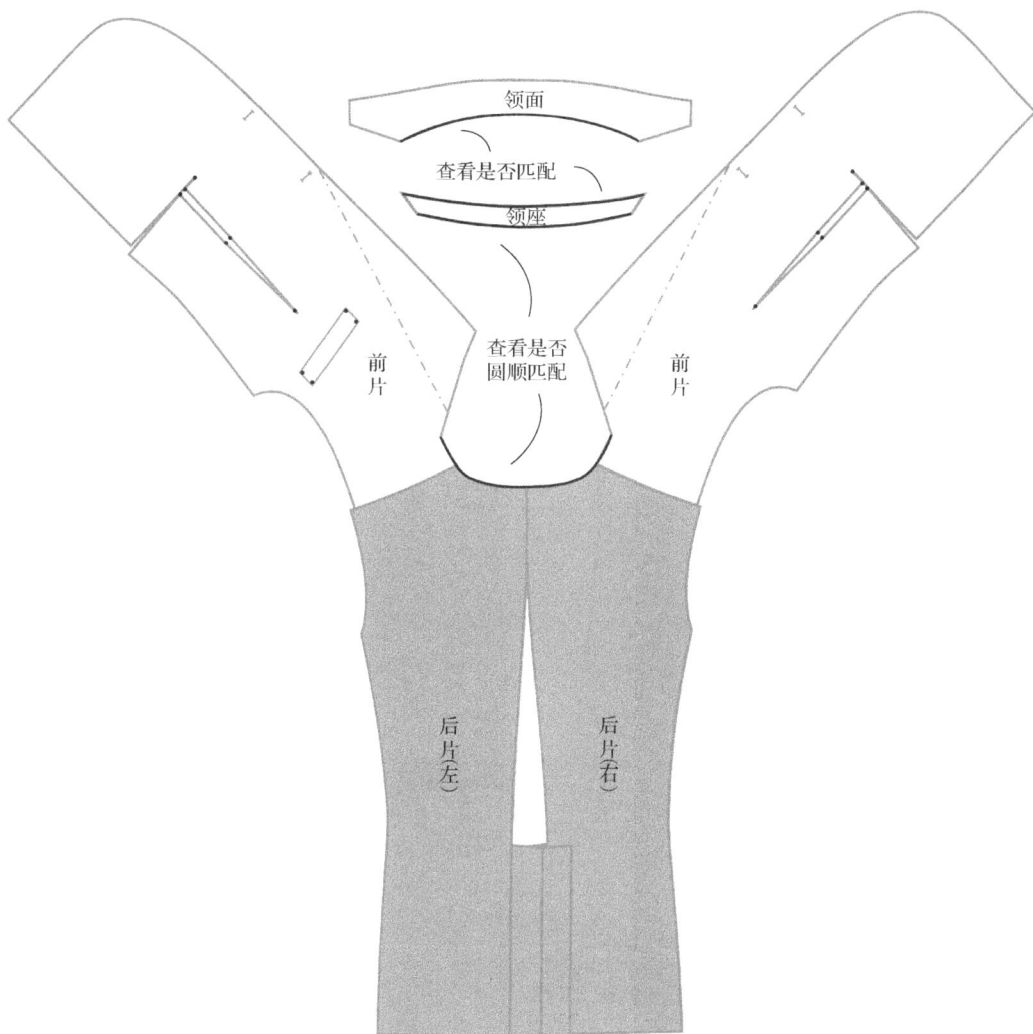

图 5-4-10　男西装样板尺寸复核（4）

（2）对位处理

1）对胸围、腰围线、臀围线、前中线、后中线、袖中线等位置进行对位剪口处理。

2）对领子的后中，后领弧线对位点、手巾袋、双嵌袋、翻折线等位置进行对位剪口处理。

3）对各省道的省尖点进行钻孔处理。钻孔不宜刚好处理在省尖，以免在后期钻孔处理时扎坏面料，影响外观。

3．裁剪样板制作

（1）面料样板

根据企业来样特点和实际面料特征确定样板的放缝，但需要注意相关联（拼合）的部位的放缝量必须一致。

图 5-4-11 所示的底边放缝 4cm，包括后中、后侧、前侧、前片、挂面、大袖片、小袖片等底边。为增加后中承力，后中放缝 1.5cm，袋盖袋口位放缝 2cm，其余部位一般放缝 1cm。

此外，面料样板还应标明丝缕线，写上款式名称、号型名称、裁片名称、裁片数量等信息，并在必要的部位打上剪口。

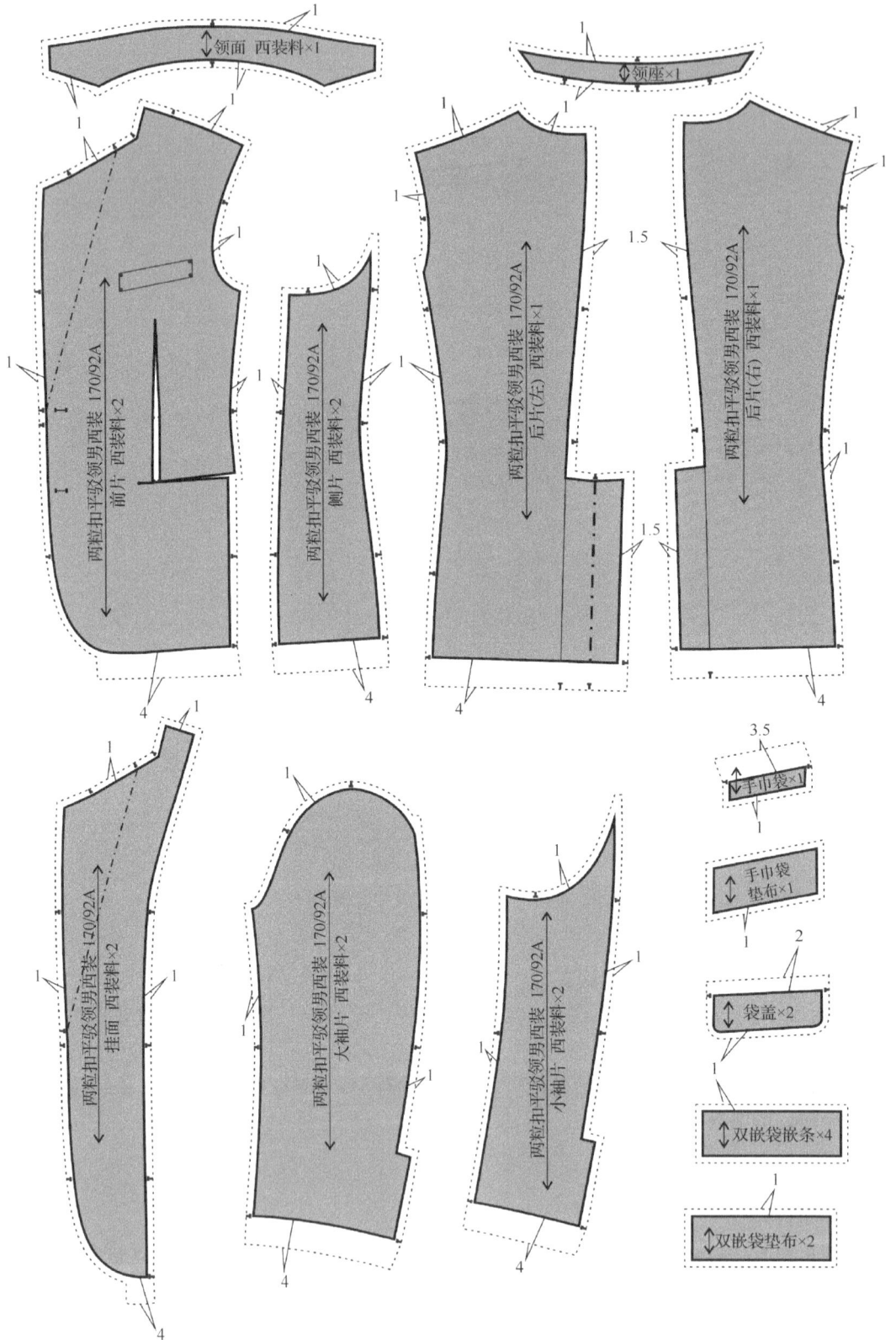

图 5-4-11　男西装面料样板（单位：cm）

（2）里料样板

通常情况下，为了防止工艺完成后出现吊里，即里料尺寸比面料尺寸大造成外形不平服的情况，里料样板尺寸一般比面料样板尺寸大，这主要体现在里料样板各主要的侧缝放缝 1.2cm，前后片袖窿弧线放缝 1.5cm，领子袖山弧线放缝 2.5cm，袋盖里料袋口位放缝 2cm，其余部分放缝 1cm。男西装里料样板如图 5-4-12 所示。

　　根据不同的挂面缝制工艺，男西装挂面放缝同女西装挂面放缝，也有两种方式。

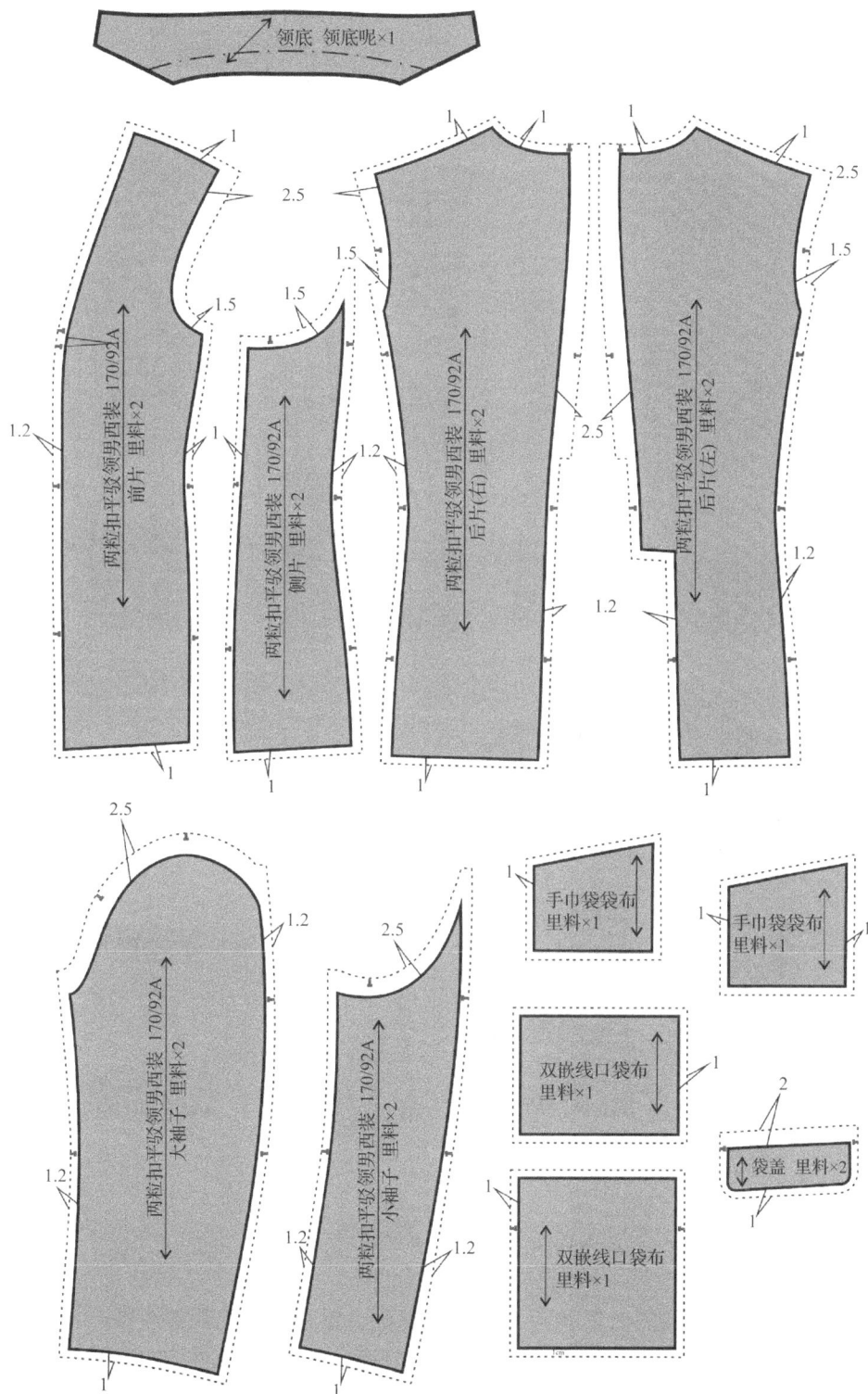

图 5-4-12　男西装里料样板（单位：cm）

（3）衬料样板

男西装前片一般整片粘衬，前侧片可以考虑整片粘衬，要求衣身具有轻柔的效果时，也可以考虑部分粘衬。挂面、领面、领底、袋盖、手巾袋、嵌条、手巾袋袋位、嵌袋袋位等位置需要整片粘衬。后片、后侧片下摆和后衩需粘衬，宽6cm。大小袖片的袖口和袖衩粘衬同后衣片衣身下摆，宽6cm。衬样尺寸可以比毛样尺寸略小一些。男西装衬料样板如图5-4-13所示。

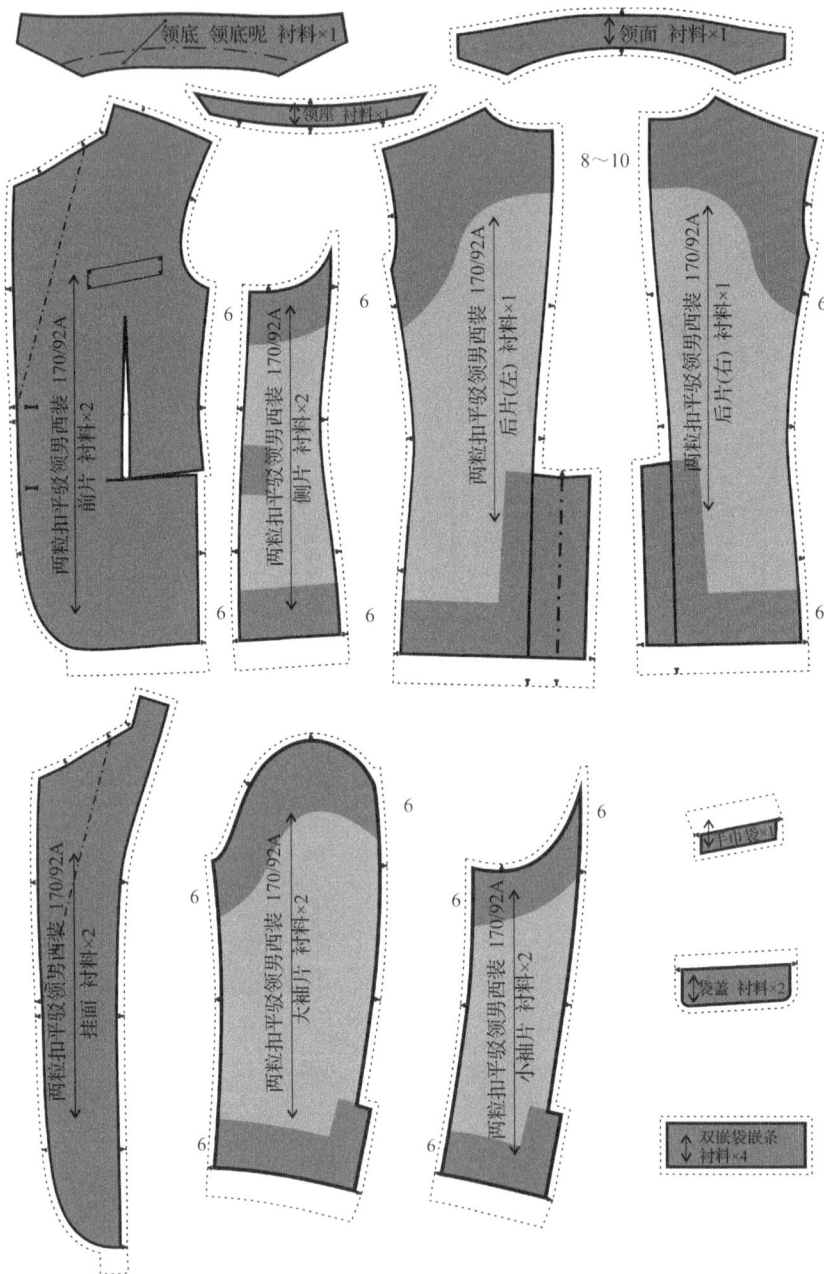

图 5-4-13　男西装衬料样板（单位：cm）

（4）裁剪排料

1）面料排料。面料排料时需要考虑面料的材质、图案，如是否有倒顺毛、是否对条对格、是否有光泽等。把面料布幅对折，正面向里对好纱向，然后进行面料排版。排料时应排列紧凑，减小空隙，充分利用各衣片的不同角度、弧势等进行套排。一般先排大片，后排小片。

面料排料部件包括前片（2片）、侧片（2片）、后片（1片）、挂面（2片）、大袖片（2

片）、小袖片（2 片）、领面（1 片）、领座（1 片）、袋盖（2 片）、双嵌袋嵌条（4 片）、双嵌袋垫布（2 片）、手巾袋（1 片）、手巾袋垫布（1 片），准备好这些部件后进行纸样画样、裁剪等工作。这里尤其要注意后中背衩部位的裁剪。男西装面料排料如图 5-4-14 所示。

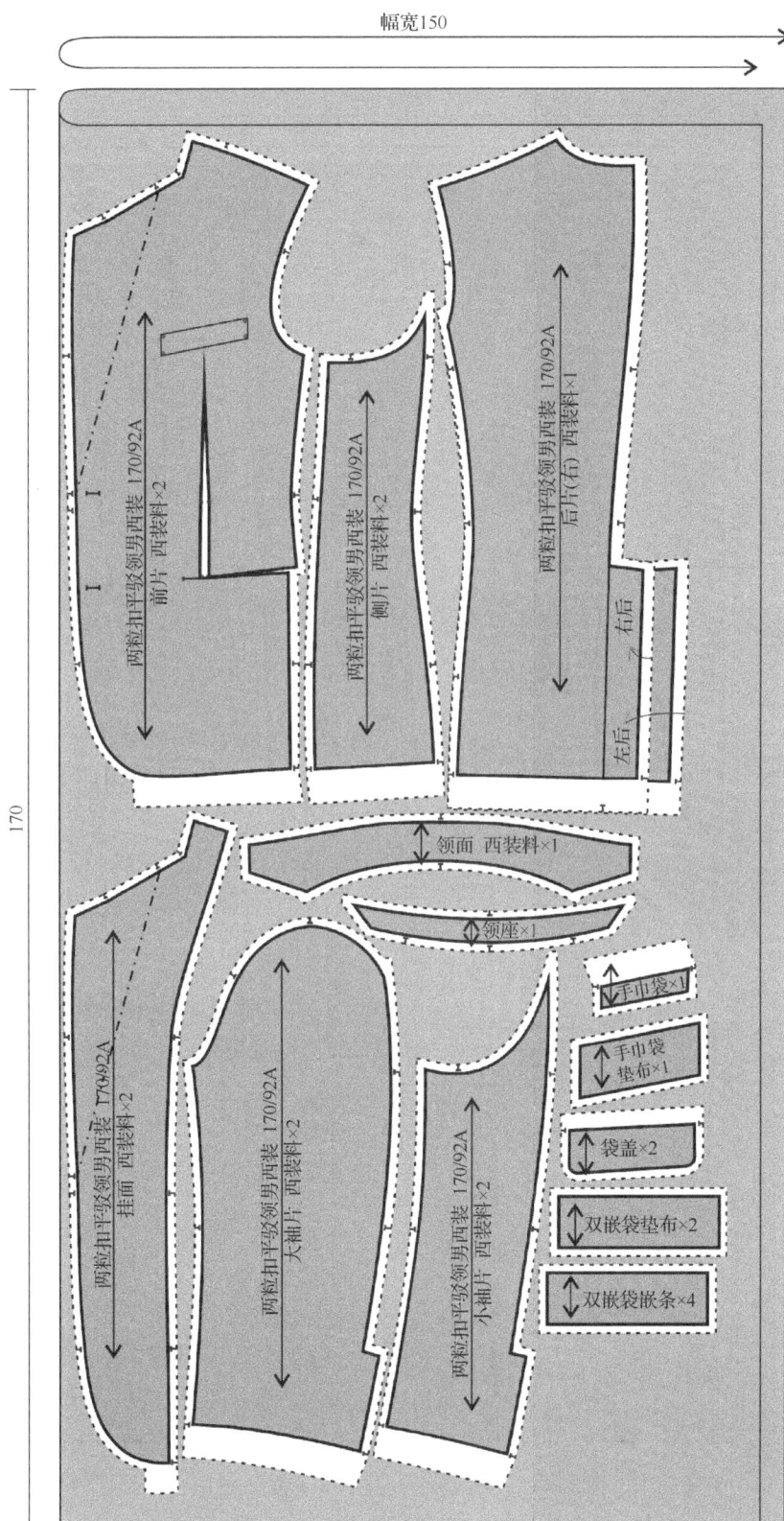

图 5-4-14　男西装面料排料（单位：cm）

2）里料排料。把里料布幅对折后进行排料，里料排料时，样板可以颠倒，但要注意有图案的里料方向。

里料排料部件包括前片（2 片）、侧片（2 片）、后片（2 片）、大袖片（2 片）、小袖片（2 片）、袋盖（2 片）、双嵌线口袋布（1 片）、双嵌线口袋布（1 片）、手巾袋袋布（1 片）、手巾袋袋布（1 片）。这里尤其要注意后中背衩部位的裁剪。男西装里料排料如图 5-4-15 所示。

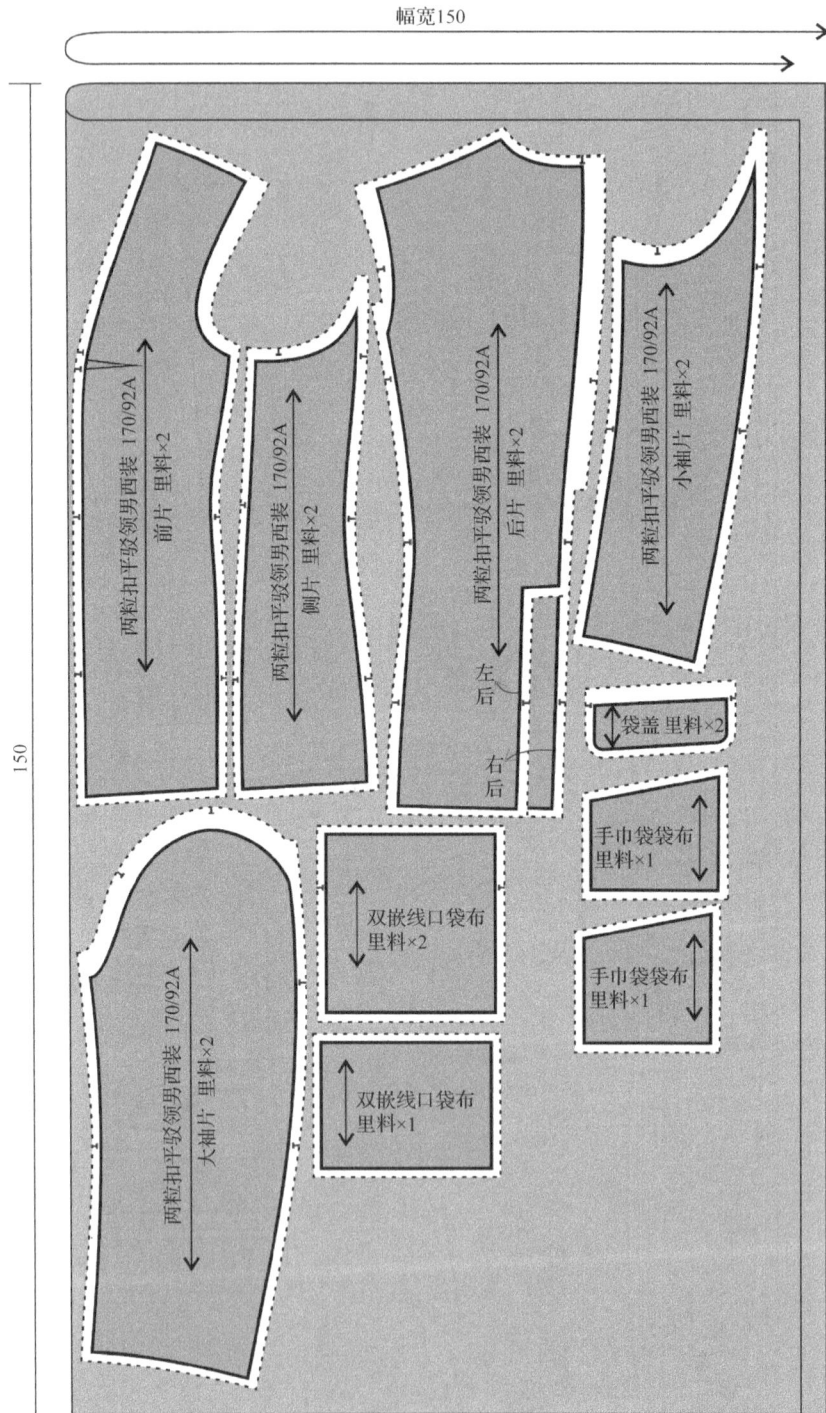

图 5-4-15　男西装里料排料（单位：cm）

4. 剪板及校验复核

1）缝合边的核对。主要核对男西装各侧缝，袖窿弧线与袖山弧线，领弧线和领子的长度是否匹配、相等；肩缝拼合后对应弧线是否圆顺。

2）样板规格的核对。主要核对胸围、摆围、袖口、领围的维度尺寸和衣长、肩宽、袖长等长度尺寸。另外，还需要核对领子、手巾袋、双嵌袋、背衩、袖衩等小部位的规格设置是否合理。

3）根据样衣或款式图检验。结合客户来样检验样板的制作是否符合款式要求；检验所有样板是否齐全；检验是否根据来样要求处理放缝和细节。

4）里料样板、衬料样板的检验。检验里料样板、衬料样板的制作是否正确，是否符合要求。

5）样板标注检验。检验样板的剪口是否齐全；检验应有的标注是否完整，如款式名称、款号、号型规格、裁片名称、裁片数量、丝缕线等是否在样板上已标注完整。

5. 成衣试穿效果

男西装成衣试穿效果如图 5-4-16 所示。

图 5-4-16　男西装成衣试穿效果

5.4.4　任务评价：男西装样板制作任务评价

男西装样板制作任务评价标准如表 5-4-2 所示。

表 5-4-2　男西装样板制作任务评价标准

评价内容		评价标准	备注
操作规范与职业素养		严格按照项目要求进行操作。遵守劳动纪律，服从安排；保持场地清洁；工具摆放整齐规范；按规程进行操作，工作不超时等	
男西装制版任务成果	尺寸规格	男西装衣长、袖长、胸围、摆围、肩宽、袖口等成品规格尺寸及局部规格尺寸设计符合男西装制版通知单中的规格尺寸要求，并与款式特征相吻合	
		男西装各样板结构设计合理，各号型纸样各部位尺寸误差符合男西装制版通知单中的误差尺寸要求	
	样板吻合	男西装前后肩缝、侧缝线对应部位拼合长度一致，前后袖窿弧线、前后领弧线拼接等部位拼接圆顺	
	缝份加放	男西装前后片肩线、前后侧缝线、袖窿弧线、前后领口弧线、折边量准确，符合工艺要求	
	必要标记	男西装衣片领口弧与领、背衩、袖衩、底边、袖山弧线与袖窿弧线等对位、剪口标记、纱向、钻孔、纸样名称及裁片数量标注齐全	
	样板推放	号型档差设置正确，推档正确、合理	
		各号型裁剪纸样、工艺纸样齐全，分类储存规范	
	样板修剪	纸样修剪圆顺、齐整、流畅	
	样板管理	对各号型裁剪样板和工艺样板的名称、样板号、数量、规格、使用情况、存放位置等信息详细登记并建卡，做到物卡相吻合	

拓展训练 5.2：夹克工业样板实训练习

【任务情境】

夹克是一种衣长较短、胸围宽松、紧袖口克夫、紧下摆克夫式样的上衣，是人们现代生活中常见的一种服装。夹克造型轻便、活泼、富有朝气，因而深受广大消费者喜爱。夹克多为拉链开襟的外套，也有很多人把一些衣长较短、款式较厚，可以当作外套来穿的纽扣开襟的衬衫称作夹克。夹克款式多种多样，不同的时代、经济环境、场合、人物、年龄、职业等，都会对夹克的造型设计有一定的影响。

作为样板师的你收到公司发送的女士皮夹克制版通知单，请你根据该通知单的信息进行制版。

【任务要求】

1）分析公司提供的女士皮夹克制版通知单上款式造型、部位之间的结构关系，面辅料特点、缝制工艺等内容。

2）根据生产任务选择中间号型，按照中间号型的规格尺寸选择合理的结构设计方法，绘制中间号型的女士皮夹克结构制图，要求体现款式特征、结构准确合理、线条流畅。

3）在中间号型样板结构图基础上，按照企业生产标准进行中间号型的裁剪样板和工艺样板的制作，要求制作规范、片数完整。

4）检查和复核工业样板并剪板。

【任务制单】

女士皮夹克制版通知单如训练图 5-2-1 所示。

××服装公司制版通知单

产品名称	女士皮夹克	客户			数量		
订单号		款号			交货日期		

		规格	XS	S	M	L	XL
		号型	150/58A	155/62A	160/66A	165/70A	170/74A
		衣长	48	49.5	51	52.5	54
		胸围	84	88	92	96	100
		腰围	75	79	83	87	91
尺寸/		肩宽	36	37	38	39	40
cm		腰节长	35.1	36.3	37.5	38.7	39.9
		领围	38	39	40	41	42
		袖长	58.5	60	61.5	63	64.5
		袖口	23	24	25	26	27

质量要求		面料小样
工艺要求	特殊要求	
1. 缝线不起皱，松紧一致。针距 3cm 12～14 针，密度对称，回针牢固。撬边不暴针 2. 粘衬部位压衬注意温度、牢度，粘衬不反胶 3. 腰间装饰带位于后中从底边向上 7cm 4. 商标缝于后领居中，洗涤标缝于左里侧缝、底边向上 15cm 5. 不允许烫极光，不能有污迹线头，钉纽牢固 6. 归拔自然，外观平整 7. 规格正确。套装顺码号码 10 件（条）一捆，配套生产包装	面料采用人造 PU 革；里料采用涤纶平纹绸；辅料薄粘合衬、直丝粘合牵条、垫肩、纽扣；商标、洗涤标由客户提供	

注：PU 是 poly urethane 的缩写，意为聚氨酯。

训练图 5-2-1　女士皮夹克制版通知单

【成衣试穿效果】

女士皮夹克成衣试穿效果如训练图 5-2-2 所示。

训练图 5-2-2　女士皮夹克成衣试穿效果

【任务评价】

女士皮夹克样板制作任务评价标准如训练表 5-2-1 所示。

训练表 5-2-1　女士皮夹克样板制作任务评价标准

评价内容		评价标准	备注
操作规范与职业素养		严格按照项目要求进行操作。遵守劳动纪律，服从安排；保持场地清洁；工具摆放整齐规范；按规程进行操作，工作不超时等	
女士皮夹克制版任务成果	尺寸规格	女士皮夹克衣长、胸围、腰围、肩宽、袖长、袖口等成品规格尺寸及局部规格尺寸设计符合女士皮夹克制版通知单中的规格尺寸要求，并与款式特征相吻合	
		女士皮夹克各样板结构设计合理，各号型纸样各部位尺寸误差符合女士皮夹克制版通知单中的误差尺寸要求	
	样板吻合	女士皮夹克前后片侧缝线对应部位拼合长度一致，前后袖窿弧线、前后领口弧线等部位拼接圆顺	
	缝份加放	女士皮夹克前后肩线、侧缝线、袖窿弧线、前后领口弧线等各部位缝份、折边量准确，符合工艺要求	
	必要标记	女士皮夹克前片嵌袋位、衣片领口弧与立领、底边等局部结构的对位、剪口标记、纱向、钻孔、纸样名称及裁片数量标注齐全	
	样板推放	号型档差设置正确，推档正确、合理	
		各号型裁剪纸样、工艺纸样齐全，分类储存规范	
	样板修剪	纸样修剪圆顺、齐整、流畅	
	样板管理	对各号型裁剪样板和工艺样板的名称、样板号、数量、规格、使用情况、存放位置等信息详细登记并建卡，做到物卡相吻合	

拓展训练 5.3：大衣工业样板实训练习

【任务情境】

大衣通常指穿在一般衣服外层衣服的总称，衣裾至腰部及以下，一般设计防寒、防雨、防尘等功能，可以搭配礼服。大衣一般为长袖，前方可以打开，并且可以用纽扣、拉链、魔鬼毡或腰带束起。大衣比较强调其功能性，其所使用的衣料与套装并无严格区别，通常使用比套装更厚重、高档的面料，以保证具备耐用、保型等特点，也可以使用一些特殊加工的涂层、镀膜等功能性服装材料。

作为样板师的你收到公司发送的插肩袖女大衣制版通知单，请你根据该通知单的信息进行制版。

【任务要求】

1）分析公司提供的插肩袖女大衣制版通知单上款式造型、部位之间的结构关系，面辅料特点、缝制工艺等内容。

2）根据生产任务选择中间号型，按照中间号型的规格尺寸选择合理的结构设计方法，绘制中间号型的插肩袖女大衣结构制图，要求体现款式特征、结构准确合理、线条流畅。

3）在中间号型样板结构图的基础上，按照企业生产标准进行中间号型的裁剪样板和工艺样板的制作，要求制作规范、片数完整。

4）检查和复核工业样板并剪板。

【任务制单】

插肩袖女大衣制版通知单如训练图 5-3-1 所示。

××服装公司制版通知单

产品名称	插肩袖女大衣	客户			数量		
订单号		款号			交货日期		

	规格	XS	S	M	L	XL
	号型	150/58A	155/62A	160/66A	165/70A	170/74A
尺寸/cm	衣长	53	55	76	59	61
	胸围	88	92	108	100	104
	肩宽	42	43	44	45	46
	腰节长	35.6	36.8	38	39.2	40.4
	领围	40	41	42	43	44
	袖长	54	55.5	57	58.5	60
	袖口	23	24	25	26	27

质量要求		面料小样
工艺要求	特殊要求	
1. 缝线不起皱，松紧一致。针距3cm 12～14针，密度对称，回针牢固。撬边不暴针 2. 前衣身大片、挂面、领面领底、后衣身上下、袖片上下等部位需粘衬。压衬注意温度、牢度，粘衬不反胶 3. 商标缝于后领居中，洗涤标缝于左里侧缝、底边向上20cm 4. 不允许烫极光，不能有污迹线头，钉钮牢固 5. 归拔自然，外观平整 6. 规格正确。套装顺号码10件（条）一捆，配套生产包装	面料采用双面羊毛%；里料采用涤纶平纹绸；辅料薄粘合衬、直丝粘合牵条、垫肩、纽扣；商标、洗涤标由客户提供	

训练图 5-3-1　插肩袖女大衣制版通知单

【成衣试穿效果】

插肩袖女大衣成衣试穿效果如训练图 5-3-2 所示。

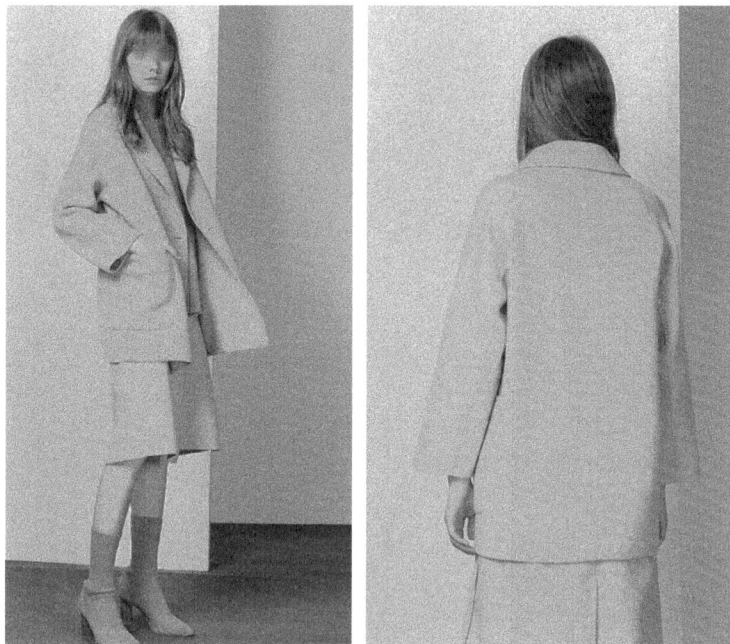

训练图 5-3-2　插肩袖女大衣成衣试穿效果

【任务评价】

插肩袖女大衣样板制作任务评价标准如训练表 5-3-1 所示。

训练表 5-3-1　插肩袖女大衣样板制作任务评价标准

评价内容		评价标准	备注
操作规范与职业素养		严格按照项目要求进行操作。遵守劳动纪律，服从安排；保持场地清洁；工具摆放整齐规范；按规程进行操作，工作不超时等	
插肩袖女大衣制版任务成果	尺寸规格	插肩袖女大衣衣长、胸围、肩宽、袖长、袖口等成品规格尺寸及局部规格尺寸设计符合插肩袖女大衣制版通知单中的规格尺寸要求，并与款式特征相吻合	
		插肩袖女大衣各样板结构设计合理，各号型纸样各部位尺寸误差符合插肩袖女大衣制版通知单中的误差尺寸要求	
	样板吻合	插肩袖女大衣前后片侧缝线对应部位拼合长度一致，前后袖窿弧线、前后领口弧线等部位拼接圆顺	
	缝份加放	插肩袖女大衣前后肩线、侧缝线、袖窿弧线、前后领口弧线等各部位缝份、折边量准确，符合工艺要求	
	必要标记	插肩袖女大衣前片贴袋位、领子驳口、衣片领口弧与领、底边等局部结构的对位、剪口标记、纱向、钻孔、纸样名称及裁片数量标注齐全	
	样板推放	号型档差设置正确，推档正确、合理	
		各号型裁剪纸样、工艺纸样齐全，分类储存规范	
	样板修剪	纸样修剪圆顺、齐整、流畅	
	样板管理	对各号型裁剪样板和工艺样板的名称、样板号、数量、规格、使用情况、存放位置等信息详细登记并建卡，做到物卡相吻合	

模块 ❸
服装号型规格与样板推档

【学习目标】

通过本模块的学习，了解服装工业样板中号型系列的概念和成衣规格制定之间的关系，知晓号型系列的划分方法，掌握现代化企业生产工艺和技术。

【模块导读】

根据成衣生产批量化的要求，同一款式的服装要适应不同体型的人穿着，因此必须进行号型规格的放缩（也称样板推档、推板、放码等）处理，以使服装的款式适应不同体型的消费人群。这一过程也是服装系列样板设计与制作的过程。

服装系列样板设计的操作过程并不是简单的位移，而是样板师根据各相关因素进行系统处理，以得到合体舒适的服装系列样板。

项目 *6*

服装号型系列设置与成衣规格

知识目标

1）了解人体体型的分类及其作用。
2）了解号型系列的划分方法，以及号型规格与成衣规格之间的相互关系。
3）掌握划分号型的档差计算方法。

能力目标

1）能正确进行工业样板推档操作。
2）能结合现代化企业生产工艺和技术，为不同的成衣款式设置合理的成衣规格。

素养目标

1）树立顾客至上的服务意识，服务社会，奉献社会。
2）树立质量意识和精益管理意识，践行高质量发展、绿色发展理念。

6.1 知识准备：服装号型系列设置

人体体型分类

6.1.1 人体体型

1. 体型的形式及体型分类的作用

人的体型有很多种不同的形式，主要有以下 3 种。

1）围度差。人体主要的围度包括胸围、腰围及臀围，这些围度的变化不一定是同步的。例如，有些人腰围相同，但是胸围不同，也就是说，这些人的体型不同。因此，通常服装行业将不同围度的差值作为区分体型的依据。根据围度差划分体型比较简单，易于操作，测量的部位比较明确，特别是测量三围，数据比较精确，便于记忆，以此来制定国家标准也比较容易操作。目前，一些国家的体型划分依据基本上都是围度差。例如，日本的工业标准中规定，成年男子划分体型的依据是胸腰差，成年女子划分体型的依据是胸臀落差。我国就是采用围度差作为划伤发体型的依据的。

2）前后腰节差。前后腰节差也指前后颈腰长的差，这个差值能够体现正常体与特体的差别，如正常体与挺胸凸肚或有曲背的人的体型的差别。该差值本身也是服装设计、制作中需要考虑的数值。用前后腰节长的差作为划分体型的依据的优点是，能正确反映某种体型的差别，特别是上体差别；缺点是对于下体差别不甚敏感，且测量误差较大。

3）各种有关人体尺寸的指数，如丰满指数（体重与身高的比）、某种围度与身高的比、不同围度的比等。将有关人体尺寸的指数作为划分体型的依据在实际中应用较少，这是因为这些指数不太稳定，使用起来也不太方便。

根据人体的体型和服装穿着时的要求，对上下装分别选用最有代表性的两个基本部位作为制定号型的基础，即上装以身高的厘米数及胸围的厘米数为号型，下装以身高的厘米数及腰围的厘米数为号型。这种划分方法既实用又方便，同时也满足了当时社会的基本需要。但随着社会的发展，人们对服装的要求不断增加，这种划分出现了以下两个问题。

第一个问题是，采用两个基本部位作为基础来划分号型显得不够全面。因为就本质来说，上装的身高和胸围及下装的身高和腰围仅仅反映人体在长度与围度上的大小，而对于成年人来说，身高几乎不再变化，但围度随着年龄的增长会有很大的变化。

第二个问题是，为上、下装分别制定号型，不利于全身服装的制作与配套，往往会出现上装合适下装不合适，或下装合适上装不合适的情况。

为解决以上问题，国家质量监督检验检疫总局和中国国家标准化管理委员会发布《服装号型 男子》（GB/T 1335.1—2008）、《服装号型 女子》（GB/T 1335.2—2008），将人体划分为 Y、A、B、C 共 4 种体型。

2. 体型划分的基本部位选择

为了使服装满足人们的穿着需要和对美的需求，需要有针对性地划分不同的体型。划分体型需要根据人体确定细致的服装大小规格。

选择基本部位需要遵循以下几种原则。

1）符合人体体型变化的客观规律及服装生产的实际经验。

2）使尽可能多的人被新的号型系列覆盖，而且重要尺寸指标误差应在允许范围之内。

3）尽可能与国际标准靠拢。

4）便于实际使用与推广。

基本部位选择越多，号型数量越多，这样就越难以在实际中推广使用，因而一般选择 3 个人体部位作为基本部位是最适宜、合理的。作为制定号型的人体的 3 个基本部位是身高、胸围和腰围，其中胸围与腰围的落差值是划分体型的依据。

3. 体型划分

只用身高和胸围还不能够很好地反映人体形态差异，因为具有相同身高和胸围的人，其胖瘦形态可能会有较大差异。一般规律是，体型较胖的人的腹部一般较饱满，胸腰的落差较小。不同身材体型示例如图 6-1-1 所示。我国新的号型标准增加了胸腰差这一指标，并根据胸腰差的大小把人体体型分为 4 种类型，分别标记为 Y、A、B、C。体型分类如表 6-1-1 所示。

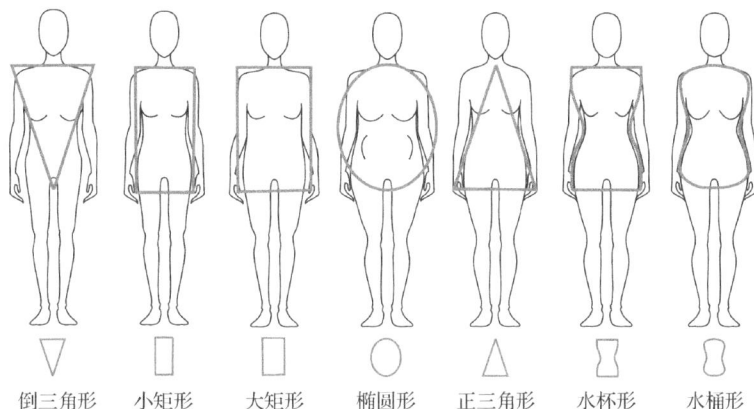

图 6-1-1 不同身材体型示例

表 6-1-1 体型分类
单位：cm

体型分类代号	Y	A	B	C
女子	19～24	14～18	9～13	4～8
男子	17～22	12～16	7～11	2～6

其中，A 型是人数最多的体型，属于普遍的体型，也称标准体型；Y 型是偏瘦体型，这种体型的人往往中腰较小；至于 B 型、C 型表示稍胖和相当胖的人的体型，腰围尺寸较大，对于尚未充分发育的青少年，由于胸围不大，体型也有很多属于 B 型甚至 C 型。

Y、A、B、C 这 4 种体型是根据以下原则来确定的。

1）应使 A 型的覆盖面最大，Y、B 型次之，C 型比例可低一些，但需要有一定的比例。

2）号型与号型之间的间隔最好是等距的，这既有利于上下装的配套与衔接，又有利于记忆和推广。

6.1.2 号型系列

1. 号型的定义

服装号型是根据我国人体体型规律和服装使用的需要，选出最有代表性的部位，经合理归并设置的，以 cm 为单位表示。号型标准提供了科学的人体结构部位参考尺寸及规格系列设置，是服装设计和生产的重要技术依据，既方便了服装生产和经营，又有助于使消费者接

号型系列与成衣规格

受。为此，新标准将身高的数值称为"号"，人体胸围或腰围的数值称为"型"。

"号"指人体身高，是确定服装长度部位尺寸的依据。人体长度方向的部位尺寸包括颈椎点高、坐姿颈椎点高、腰围高、背长、臂长等，均与身高密切相关，随着身高的变化而变化。例如，根据《服装号型 女子》（GB/T 1335.2—2008），身高为160cm的女性，对应的颈椎点高为136cm，坐姿颈椎点高为62.5cm，腰围高为98cm，背长为38cm，臂长为50.5cm，这组人体长度部位对应的尺寸数据应组合使用。

"型"指人体净胸围或净腰围，是确定服装围度和宽度部位尺寸的依据。人体围度、宽度方向的部位尺寸，如臀围、颈围、肩宽等，都与人体净腰围或净臀围有关，如《服装号型 女子》（GB/T 1335.2—2008）中净胸围84cm的女性，对应的颈围为33.6cm，总肩宽为39.4cm，与净腰围为66cm、68cm、70cm相对应的净臀围分别为88.2cm、90cm、91.8cm。这组数据也是密不可分的，应该组合使用。

国家标准规定，服装上必须标明号型，套装中的上下装分别标明号型。号型采用如下表示方法：

号与型之间用斜线分开，后面接体型代码：号/型·人体分类。具体实例如下。

上装：160/84·A

下装：160/66·A

此上装号型标志160/84·A的含义是，该尺码服装适合身高为158～162cm、胸围为82～86cm、体型为A（胸腰差为14～18cm）的人穿着。服装为下装时，号型标志中的型表示人体腰围尺寸，如160/66·A表示该尺码服装适合身高为158～162cm、腰围为65～67cm、体型为A的人穿着。

2. 号型系列的使用范围

《服装号型 男子》（GB/T 1335.1—2008）、《服装号型 女子》（GB/T 1335.2—2008）根据服装生产、销售、消费的要求，提供了以我国人体为依据的数据模型。这两种标准适合我国绝大多数人体，代表人体各部位发育正常的体型特征的人群。极少数非正常体（或称特体），如特别矮小和特别高大的、特别瘦和特别胖的及体型有缺陷的人，都不归属于该标准所指人体范围。号型系列的使用范围如表6-1-2所示。

表6-1-2 号型系列的使用范围　　　　　单位：cm

适应人群	身高	胸围	腰围
女子	145～180	68～112	50～106
男子	150～190	72～116	56～112

服装款式不同，宽松量也会不同，这都是针对人体来设计的。上述两种标准提供的各种人体的数据就是设计各种服装规格的重要依据。在确定服装款式、宽松量及各部位规格之后，必须遵循该标准所规定的相关要求，再组成系列，进而帮助成批生产，以确保服装的适体性。

3. 中间体

中间体反映了我国男女成人各类体型的身高、胸围、腰围等部位的平均水平，具有一定的代表性，它是根据大量实际测量的人体数据计算出的平均值。在设计服装规格时应该以中间体为中心，按照一定的分档数据，向上、下、左、右推档，组成规格系列。中心号型是指在人体测量的总数中占有最大比例的体型。国家设置的中间号型是基于全国的，各地区的情况一般不同，因此对中间号型的设置应根据各地区的具体情况而定，通常不能照搬，并且规定的系列不能改变。人体基本部位中间体确定值如表6-1-3所示。

表 6-1-3 人体基本部位中间体确定值　　　　　　　　　　　单位：cm

适应人群	部位	体型分类代号			
		Y	A	B	C
女子	身高	160	160	160	160
	胸围	84	84	88	88
	腰围	64	68	78	82
男子	身高	170	170	170	170
	胸围	88	88	92	96
	腰围	70	74	84	92

6.1.3 服装号型系列

1. 服装号型系列的划分

服装号型的建立是为了指导成衣生产，同时也是为了最大限度地满足消费者的穿着适体性的要求。为了方便使用，国家标准对服装号型系列进行了细致的体型划分。服装不同体型划分示例如图 6-1-2 所示。

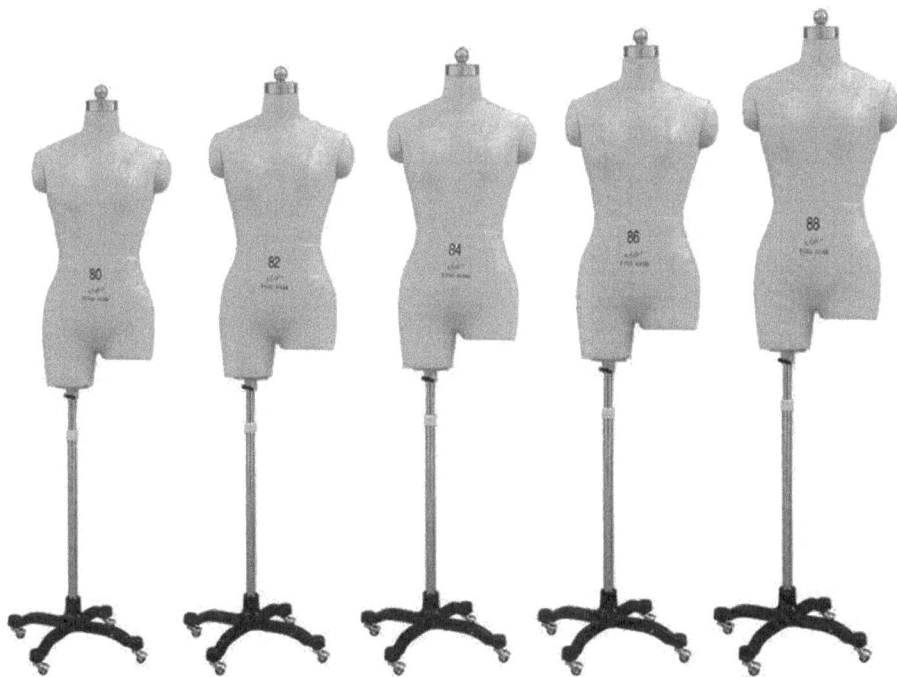

图 6-1-2 服装不同体型划分示例

（1）我国女装号型系列

1）5·4 系列：按身高 5cm 跳档，胸围或腰围按 4cm 跳档。

2）5·2 系列：按身高 5cm 跳档，腰围按 2cm 跳档。5·2 系列一般只适用于下装。

3）档差：档差又称跳档数值。以中间体为中心，向两边按照档差依次递增或递减，从而形成不同的号和型，号和型进行合理的组合与搭配形成不同的号型，号型标准给出了可以采用的号型系列。

表 6-1-4～表 6-1-7 是女装常用的号型系列。例如，在表 6-1-4 中，取胸围 84cm，对应的腰围尺寸为 62cm 和 64cm，胸腰差为 22cm 和 20cm，根据表 6-1-1，这里选取的体型属于 Y 体型。在表 6-1-4 中，身高从 145 至 180cm，胸围从 72 至 100cm，各分 8 档，身高相邻两档

之差是 5cm，胸围相邻两档之差为 4cm，两数搭配成 5·4 系列。并且，除了空格，同一个身高和同一个胸围对应的腰围有两个数值，两者之差为 2cm，它与身高之差搭配成 5·2 系列，即一个身高一个胸围对应两个腰围，也可以理解为一件上装可以有两件不同腰围的下装搭配。由此可见，号型系列的划分可以拓宽号型系列的内容，也可以更好地满足更多人群的穿着要求。

表 6-1-4　5·4/5·2 Y 号型系列　　　　　　　　　　单位：cm

| 胸围 | 腰围 | | | | | | | | | | | | | | | |
| | 身高 | | | | | | | | | | | | | | | |
	145		150		155		160		165		170		175		180	
72	50	52	50	52	50	52	50	52								
76	54	56	54	56	54	56	54	56	54	56						
80	58	60	58	60	58	60	58	60	58	60	58	60				
84	62	64	62	64	62	64	62	64	62	64	62	64	62	64		
88	66	68	66	68	66	68	66	68	66	68	66	68	66	68	66	68
92			70	72	70	72	70	72	70	72	70	72	70	72	70	72
96			74	76	74	76	74	76	74	76	74	76	74	76	74	76
100							78	80	78	80	78	80	78	80	78	80

表 6-1-5　5·4/5·2 A 号型系列　　　　　　　　　　单位：cm

| 胸围 | 腰围 | | | | | | | | | | | | | | | | | | | | | | | |
| | 身高 | | | | | | | | | | | | | | | | | | | | | | | |
	145			150			155			160			165			170			175			180		
72				54	56	58	54	56	58	54	56	58												
76	58	60	62	58	60	62	58	60	62	58	60	62	58	60	62									
80	62	64	66	62	64	66	62	64	66	62	64	66	62	64	66	62	64	66						
84	66	68	70	66	68	70	66	68	70	66	68	70	66	68	70	66	68	70	66	68	70			
88	70	72	74	70	72	74	70	72	74	70	72	74	70	72	74	70	72	74	70	72	74	70	72	74
92				74	76	78	74	76	78	74	76	78	74	76	78	74	76	78	74	76	78	74	76	78
96				78	80	82	78	80	82	78	80	82	78	80	82	78	80	82	78	80	82	78	80	82
100							82	84	86	82	84	86	82	84	86	82	84	86	82	84	86	82	84	86

表 6-1-6　5·4/5·2 B 号型系列　　　　　　　　　　单位：cm

| 胸围 | 腰围 | | | | | | | | | | | | | | | |
| | 身高 | | | | | | | | | | | | | | | |
	145		150		155		160		165		170		175		180	
68			56	58	56	58	56	58								
72	60	62	60	62	60	62	60	62	60	62						
76	64	66	64	66	64	66	64	66	64	66						
80	68	70	68	70	68	70	68	70	68	70	68	70				
84	72	74	72	74	72	74	72	74	72	74	72	74	72	74		
88	76	78	76	78	76	78	76	78	76	78	76	78	76	78	76	78
92	80	82	80	82	80	82	80	82	80	82	80	82	80	82	80	82
96			84	86	84	86	84	86	84	86	84	86	84	86	84	86
100					88	90	88	90	88	90	88	90	88	90	88	90
104							92	94	92	94	92	94	92	94	92	94
108									96	98	96	98	96	98	96	98

表 6-1-7　5·4/5·2 C 号型系列　　　　　　　　　　单位：cm

胸围	腰围 身高 145		150		155		160		165		170		175		180	
68	60	62	60	62	60	62										
72	64	66	64	66	64	66	64	66								
76	68	70	68	70	68	70	68	70								
80	72	74	72	74	72	74	72	74	72	74						
84	76	78	76	78	76	78	76	78	76	78	76	78				
88	80	82	80	82	80	82	80	82	80	82	80	82				
92			84	86	84	86	84	86	84	86	84	86	84	86		
96			88	90	88	90	88	90	88	90	88	90	88	90	88	90
100			92	94	92	94	92	94	92	94	92	94	92	94	92	94
104					96	98	96	98	96	98	96	98	96	98	96	98
108							100	102	100	102	100	102	100	102	100	102
112									104	106	104	106	104	106	104	106

（2）我国男装号型系列

同女装号型系列，国家标准也推出了男装的 4 个系列规格，具体如表 6-1-8～表 6-1-11 所示。

表 6-1-8　5·4/5·2 Y 号型系列　　　　　　　　　　单位：cm

胸围	腰围 身高 155		160		165		170		175		180		185		190	
76			56	58	56	58	56	58								
80	60	62	60	62	60	62	60	62	60	62						
84	64	66	64	66	64	66	64	66	64	66	64	66				
88	68	70	68	70	68	70	68	70	68	70	68	70	68	70		
92			72	74	72	74	72	74	72	74	72	74	72	74	72	74
96			76	78	76	78	76	78	76	78	76	78	76	78	76	78
100							80	82	80	82	80	82	80	82	80	82
104									84	86	84	86	84	86	84	86

表 6-1-9　5·4/5·2 A 号型系列　　　　　　　　　　单位：cm

胸围	腰围 身高 155			160			165			170			175			180			185			190		
72				56	58	60	56	58	60															
76	60	62	64	60	62	64	60	62	64	60	62	64												
80	64	66	68	64	66	68	64	66	68	64	66	68												
84	68	70	72	68	70	72	68	70	72	68	70	72	68	70	72									
88	72	74	76	72	74	76	72	74	76	72	74	76	72	74	76	72	74	76						
92				76	78	80	76	78	80	76	78	80	76	78	80	76	78	80	76	78	80			
96				80	82	84	80	82	84	80	82	84	80	82	84	80	82	84	80	82	84			
100							84	86	88	84	86	88	84	86	88	84	86	88	84	86	88			
104										88	90	92	88	90	92	88	90	92	88	90	92			

表 6-1-10　5·4/5·2 B 号型系列　　　　　　　　　　　　　单位：cm

胸围	腰围															
	身高															
	155		160		165		170		175		180		185		190	
72	62	64	62	64												
76	66	68	66	68	66	68										
80	70	72	70	72	70	72	70	72								
84	74	76	74	76	74	76	74	76	74	76						
88			78	80	78	80	78	80	78	80	78	80				
92			82	84	82	84	82	84	82	84	82	84	82	84		
96					86	88	86	88	86	88	86	88	86	88	86	88
100					90	92	90	92	90	92	90	92	90	92	90	92
104							94	96	94	96	94	96	94	96	94	96
108									98	100	98	100	98	100	98	100
112											102	104	102	104	102	104

表 6-1-11　5·4/5·2 C 号型系列　　　　　　　　　　　　　单位：cm

胸围	腰围															
	身高															
	155		160		165		170		175		180		185		190	
76	70	72	70	72	70	72										
80	74	76	74	76	74	76	74	76								
84	78	80	78	80	78	80	78	80	78	80						
88	82	84	82	84	82	84	82	84	82	84	82	84				
92	86	88	86	88	86	88	86	88	86	88	86	88	86	88		
96			90	92	90	92	90	92	90	92	90	92	90	92	90	92
100					94	96	94	96	94	96	94	96	94	96	94	96
104					98	100	98	100	98	100	98	100	98	100	98	100
108							102	104	102	104	102	104	102	104	102	104
112									106	108	106	108	106	108	106	108
116											110	112	110	112	110	112

2. 号型覆盖率

《服装号型 男子》（GB/T 1335.1—2008）、《服装号型 女子》（GB/T 1335.2—2008）提供了服装号型的覆盖率，它显示出全国成年男子、女子各种体型人体占总数的比例。从表 6-1-12 和表 6-1-13 中可以看出，A 体型的覆盖率是最大的，C 体型最小。男子各体型的覆盖率相加的总数为 96.58%，女子各体型的覆盖率相加的总数为 99.12%，它们各自的总和都达不到100%，这是因为国家标准中的体型不包括特殊体型，这些特殊体型在国家标准中没有被列出。从各自的总和中可以看出，女子体型的分布要比男子的更加合理，覆盖面更加广。

表 6-1-12　我国成年男子各体型在总量中的比例（全国平均）

体型分类代号	Y	A	B	C
占总量比例/%	20.8	39.21	28.65	7.92

表 6-1-13　我国成年女子各体型在总量中的比例（全国平均）

体型分类代号	Y	A	B	C
占总量比例/%	14.82	44.13	33.72	6.45

3. 号型配置

国家标准中的号型规格基本上可以满足某类体型 90%以上的人群的需求，但在服装企业实际生产和销售中，由于受到服装品种类别、投产数量等的限制，往往不完成规格表中全部号型的生产，而是选用其中一部分号型或热销号型来生产。这既能以满足大部分消费者的需要为基准，又能够避免生产过量，造成产品积压。

在选择号型时，以国家标准中的号型规格表为基准，并结合目标顾客体型特点及产品的特征进行号与型的搭配，制定生产所需的号型规格表。这一过程为号型配置。常用的号型配置方式有如下几种。

1）一号一型配置，又称号型同步配置，即一个号与一个型搭配组合而成的号型系列，如 155/80、160/84、165/88。

2）一号多型配置，即一个号与多个型搭配组合而成的号型系列，如 160/80、160/84、160/88。

3）多号一型配置，即多个号与一个型搭配组合而成的号型系列，如 155/84、160/84、165/88。

4. 号型应用

国家标准中号型规格的设置增强了服装行业和各企业标准的统一性，极大地消除了各地区、企业之间的沟通壁垒，降低了沟通成本。

（1）作为服装设计人员与生产人员

作为服装设计人员与生产人员，必须了解服装号型标准的有关规定。号型标准为服装设计人员提供有关我国人体体型、人体尺寸方面的详细资料和数据。在设定服装号型系列与规格尺寸时，服装号型标准作为基本依据，可以提供极大的帮助。

在号型实际应用中，服装生产企业应首先确定穿着者的体型分类，然后根据身高、净胸围或净腰围选择与号型系列中一致的号型。对服装生产企业来说，在选择和应用号型系列时应注意以下几点。

1）必须从国家标准规定的号型系列中选用适合本地区的号型作为中间体，并建立相应的号型规格表。

2）根据本地区的人口比例和市场需求情况安排生产数量，对一些号型覆盖率较少及特殊体型的号型应根据情况安排少量生产，以满足不同消费者的需求。

3）对于国家标准中没有规定的号型，也可以适当扩大号型覆盖范围，但应根据号型系列规定的分档数进行设置。这一过程既要考虑满足消费者需求，又要以少增加生产的复杂性为总则。

（2）作为服装消费者

作为服装消费者，可以根据服装上标明的服装号型（示明规格）来选购服装。服装上标明的号型应该接近消费者的身高和胸围或腰围，标明的体型代号应该与消费者的体型类别一致。例如，身高为 162cm，胸围为 83cm，腰围为 65cm，这样体型的消费者胸腰差是 83−65=18（cm），体型代码应为 A 型。选购服装时就可以选择示明规格为 160/84A 的上衣和 160/66A 的裙装。

6.1.4 服装系列号型成衣规格制定

在成衣的纸样设计和工业样板中，成品规格通常要比净体测量的尺寸大，只有这样才能满足人体的穿着需要。因此，标准的参考尺寸和规格是非常重要的，它决定了中间号型样板制作完成纸样后的推板放缩的准确度，以及相应品质管理的科学性。

服装规格尺寸是净尺寸加放宽松量后得到的，也是服装的实际成品尺寸。

净尺寸是通过直接测量人体得到的，人体净尺寸是进行服装裁剪制版时基本的依据。在此基础上只有根据具体的服装款式加放一定的宽松量，其后得到的数据，才能用来进行服装裁剪制版。其中，加放的松量叫作宽松量，也就是服装与人体之间的空隙量。宽松量越小，服装越紧身，宽松量越大，服装越宽松。在进行服装裁剪制版时，宽松量的精准确定对服装造型的准确程度有决定性的影响。要想使宽松量合适，不仅需要对服装款式进行仔细的观察研究，而且需要有一定的实际制版经验。成衣规格设计示例如图 6-1-3 所示。

图 6-1-3 成衣规格设计示例

例如，所测量的人体胸围尺寸为 84cm，而裁制的服装胸围为 100cm，那么 84cm 就是人体净尺寸，100cm 就是服装的规格尺寸，100cm 与 84cm 的差值 16cm 就是服装宽松量。

（1）规格表示

成品服装规格总是选择具有代表性的一个或几个关键部位尺寸来表示。这种部位尺寸又称示明规格。常用的表示方法有以下几种。

1）号型表示法。号型表示法以身高、胸围或腰围为代表部位来表示服装的规格，是常用的服装规格表示方法。1992 年，我国开始实行号型表示法，以人体身高为号、胸围或腰围为型，并标明体型代码，如 160/84A 等。

2）领围制表示法。领围制表示法以领围尺寸为代表来表示服装的规格，男衬衫的规格常用此方法表示。例如，39、40、41 号分别代表衬衫的领大为 39cm、40cm、41cm 等。

3）代号制表示法。代号制表示法按照服装规格大小分类，用代号表示，是服装规格较简单的表示方法，适用于合体性要求较低的一些服装。代号制表示法如 XS、S、M、L、XL、XXL 等。

4）胸围制表示法。胸围制表示法以胸围为关键部位尺寸代表表示服装的规格，适用于贴身内衣、运动衣、羊毛衫等针织类服装。胸围制表示法如 90cm、100cm 等，分别表示服装的成衣胸围尺寸。

（2）规格设计

服装号型标准是服装规格设计的可靠依据，根据号型标准中提供的人体净体尺寸，综合服装款式因素加放不同的宽松量进行服装规格设计，以适合绝大部分目标顾客的需求，这是实行服装号型标准的最终目的。实际生产中的服装规格设计不同于传统的"量体裁衣"，必须考虑能够适应多数地区及多数人群的体型要求，而个别人群的体型特征只能作为一种参考，而不能作为成衣规格设计的依据。在进行规格设计时，必须遵循以下原则：号型系列和分档数值不能随意改变，即国家标准中所规定的服装号型系列上装为 5·4 系列，下装为 5·4 或 5·2 系列，不能自行更改。宽松量可以自行改变，即根据服装品类、款式、面料、穿着季节、地区、穿着习惯及流行趋势的变化，宽松量可以随之变化。服装号型标准只是统一号型，而不是统一规格。

1）人体参考尺寸。服装号型标准中给出了人体 10 个控制部位的尺寸及这 10 个控制部位的档差，它是服装裁剪制版推板的重要技术依据。

对于服装裁剪制版，仅此 10 个部位尺寸有时仍不能满足技术上的需要，只有增加一些其他部位的尺寸，才能更好地把握人体的结构形态和变化规律，准确地进行纸样设计。这些数据的获取有两种方法：一种方法是人体测量和数据处理；另一种方法是结合人体测量数据与经验数据加以确定。表 6-1-14 给出了中国女性人体参考尺寸。

表 6-1-14　中国女性（女子 5·4 系列 A 体型）人体参考尺寸　　　　单位：cm

号型		150/76A	155/80A	160/84A	165/88A	170/92A
尺寸	胸围	76	80	84	88	92
	腰围	60	64	68	72	76
	臀围	82.8	86.4	90	93.6	97.2
	颈围	32/35	32.8/36	33.6/37	34.4/38	35.2/39
	上臂围	25	27	29	31	33
	腕围	15	15.5	16	16.5	17
	掌围	19	19.5	20	20.5	21
	头围	54	55	56	57	58
	肘围	27	28	29	30	31
	腋围（臂根围）	36	37	38	39	40
	身高	150	155	160	165	170
	颈椎点高	128	132	136	140	144
	前长	38	39	40	41	42
	背长	36	37	38	39	40
	全臂长	47.5	49	50.5	52	53.5

续表

号型		150/76A	155/80A	160/84A	165/88A	170/92A
尺寸	肩至肘	28	28.5	29	29.5	30
	腰至臀（腰长）	16.8	17.4	18	18.6	19.2
	腰至膝	55.2	57	58.8	60.6	62.4
	腰围高	92	95	98	101	104
	股上长	25	26	27	28	29
	肩宽（总肩宽）	37.4	38.4	39.4	40.4	41.4
	胸宽	31.6	32.8	34	35.2	36.4
	背宽	32.6	33.6	35	36.2	37.4
	乳间距	17	17.8	18.6	19.4	20.2
	袖窿长	41	41	43	45	47

注：① 袖窿长不是人体尺寸，是服装结构尺寸。

② 颈围 32/35，32 指的是净围度，35 指的是实际领围尺寸。

2）成衣规格设计。服装规格的确定是服装裁剪制版关键的步骤，是在人体测量的基础上，根据服装的具体款式，以及正确地将测得的净尺寸加宽松量，来确定服装成品尺寸的，包括衣长、袖长、肩宽、胸围、领围、裤长、腰围、臀围等。

服装规格尺寸的确定，首先需要对所选定的服装款式进行认真分析，包括对服装的轮廓造型、细部造型等进行仔细观察，分析确定其各自的属性。例如，服装是短款还是长款，是宽松的还是紧身的，领子是什么样式的，袖子是什么款式的，等等。这些分析不仅必须是定性的，还必须是定量的。规格尺寸设计人员一定要将服装款式进行详尽的分析，将图样式中的服装款式转化为数据式的服装款式。必须始终遵循服装款式图，不要随意地修改设计，记住服装裁剪制版是服装设计的后续工作——服装裁剪工作，而不是服装设计工作。这是每个服装裁剪制版人员需要具备的基本素质之一，这不仅是对服装设计师的尊重，也是正确裁制服装的根本保障。

成衣规格是在服装号型系列基础之上，按照服装的部位与号型标准中与之对应的控制部位尺寸加减定数来确定的。加减定数的大小取决于服装款式和功能，这是留给服装设计人员的设计空间。例如，中间号的人体实际胸围为 84cm，但根据所设计服装款式的不同，成衣实际胸围尺寸既可以在人体实际胸围 84cm 的基础上加上 10～30cm，也可以不加甚至减小（如用弹力面料制作的紧身内衣）。

成衣尺寸规格一般先按照成衣的种类和款式效果确定中间号型的成衣尺寸，再按号型系列的档差确定各号型的成衣尺寸。由于号型标准是成系列的，因此成衣规格是与号型标准系列相对应的规格系列。但需注意的是，成衣规格部位并不是与号型标准中规定的完全一致的，而是可以根据成衣品种款式的不同存在差异的。有些成衣品种只需较少的部位就可以控制成衣的尺寸规格，如披风、圆裙、斗篷；而有些成衣品种则需要较多的部位才能控制成衣的尺寸规格，如西装、旗袍、各种合体的时装。

此外，服装规格尺寸还可以按人体基本部位的回归关系式设计。相关人员在对大量人体测量数据进行分析的基础上，建立了人体基本部位（身高、净胸围/净腰围）与其他细部尺寸之间的回归关系式，为方便实际应用，对回归关系式加以简化，并根据实践经验进行修正。由于这种方法既体现出人体与服装之间的关系，又包含实践经验值，因此所确定的服装规格尺寸比较准确，应用广泛。

以裙装为例，其各部位规格设计关系式为

$$腰围\ W=W^*+(0\sim2cm)$$

$$臀围\ H=H^*+内裤+4\sim6cm(贴体)[或\ 6\sim12cm(较贴体)或\ 12\sim18cm(较宽松)或>18cm(宽松)]$$

$$上裆长=0.1TL+0.1H+(8\sim10cm)$$

$$或=0.25H+(3\sim5cm)(含腰宽\ 3cm)$$

$$裙长\ SL=0.4h\pm a$$

式中，a 为常数，视裙装款式而定。

6.2　知识巩固：服装号型系列知识巩固练习

【填空题】

1. 成批生产的产品通常由_____提供数据编制_____。
2. 服装成品的构成包括_____、_____、_____三要素。
3. 上装类的_____和下装类的_____是服装长度的主要规格。上装类的_____和下装_____是服装围度规格的主要部位。
4. _____是设计服装成品规格的来源和依据。
5. "号"指_____，以 cm 表示_____，是设计_____的依据。"型"指_____，以 cm 表示_____，是设计_____的依据。
6. A 体型男子的胸腰差是_____，B 体型女子的胸腰差是_____。
7. 服装企业在扩大号型范围时，应按各系列所规定的_____、_____进行。
8. 号型系列设置以_____为中心，向两边依次_____或_____。
9. 一位顾客的身高为 167 cm，体型属于 B 型，其服装号型标志为_____。
10. 服装成品规格是以_____数值加放不同的_____来设计的。
11. 一般服装成品规格测量是指_____规格测量，_____不测量。测量方法及要求也可根据_____而定。

【名词解释】

1. 号：

2. 型：

【判断题】

1. 服装号型系列中规定的号型不够用时，可扩大号型设置范围。　　　　（　　）
2. 在服装裁剪中，有必不可少的几个部位尺寸，其部位称为控制部位。　（　　）
3. 某儿童身高 120cm、胸围 52cm，由于体型较胖，因此选购 120/52C 的衣服为宜。

　　　　（　　）

4. 非控制部位是指服装裁剪中较次要的部位，如上裆长、脚口等。　　　　　（　　）

5. 服装工业企业在选用号型系列时，必须考虑每个号型适应本地区的人口比例和市场需求情况。　　　　　　　　　　　　　　　　　　　　　　　　　　　　（　　）

6. 服装工业企业在扩大号型范围时，可以按照需要随意调整。　　　　　　（　　）

7. 服装成品规格是指服装成品各相关部位的实际尺寸。　　　　　　　　　（　　）

【选择题】

1. 某女生身高 162 cm、胸围 79 cm、腰围 64 cm，应分别选购（　　）的上衣和裤子。

A. 162/79A　162/64A
B. 160/80A　160/64A
C. 160/80A　160/66A
D. 160/80B　160/64B

2. 某男生身高 167 cm、胸围 80 cm、腰围 62 cm，应分别选购（　　）的上衣和裤子。

A. 165/80A　165/62A
B. 165/84A　165/60A
C. 167/80B　167/62B
D. 165/80Y　165/62Y

3. 上装的衣长与（　　）无关。

A. 身高
B. 胸围
C. 颈椎点高
D. 坐姿颈椎点高

4. 下装的裤长与（　　）有关。

A. 腰围高
B. 胸围
C. 腰围
D. 臀围

5. 某女生胸围 90cm、腰围 76 cm，她的体型属于（　　）型。

A. Y
B. A
C. B
D. C

6. 下列上装号型中，服装厂一般不生产（　　）。

A. 170/80A
B. 165/84A
C. 160/80A
D. 155/104A

【简答题】

1. 服装成品规格的来源有哪些？

2. 为什么要有控制部位数值？

3. 试述体型划分的基本部位选择的原则。

服装工业样板推档

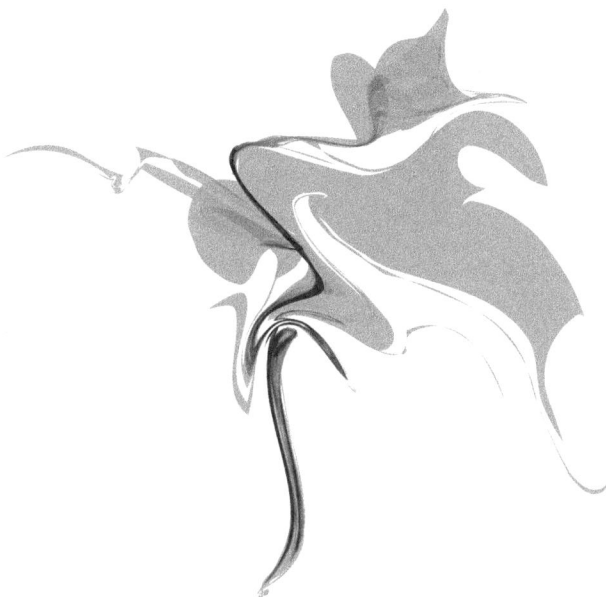

知识目标

1）了解服装工业生产的特点和推档的重要作用。
2）掌握裙装、裤装、上衣等基础款式的推档方法。

能力目标

1）能进行服装基础样板档差推算和样板推画。
2）能结合款式和客户的具体要求，进行合理的推档操作。

素养目标

1）树立人文意识、美学意识、培养发现美、欣赏美、感受美的能力。
2）养成认真细致的工作态度，发扬一丝不苟、精益求精和工匠精神。

7.1 知识准备：推档的理论与方法

现代服装的批量化工业生产，要求同一款式的服装按照多种规格和号型系列的要求进行批量处理。因此，服装企业需要按照国家技术标准规定的成套规格系列标准或客户要求的规格系列，推放出各号型规格的全套裁剪样板，这一过程称为服装工业样板推档。

服装工业样板推档也称放码、推板、缩放，一般是以中间规格（也可以是最大或最小规格）作为基准样板或标准母板，兼顾各规格和号型之间的关系，进而绘制出各规格或号型系列的裁剪样板。服装工业样板计算机推档如图 7-1-1 所示。

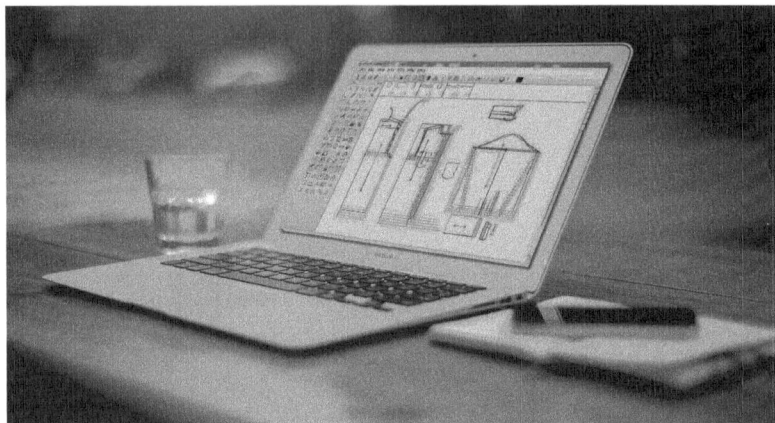

图 7-1-1 服装工业样板计算机推档

因为样板推档是一项技术性较强的工作，并且是服装工业样板进入生产环节（裁床裁剪）前的最后一项工作，面料一旦完成裁剪，将无法补救，因此要求科学、严谨、细致地计算、推导及准确无误地量度、画线。样板推档是整个生产工序过程中重要的技术环节之一，也是服装生产企业基本的技术要求。

7.1.1 推档的基本原理

服装推档利用是数学中平面图形的相似性原理，即相同的平面图形，在量的取值上不同，而在形状上保持相对一致。

根据基本原理，服装推档的具体操作方式有多种，大致有以下几类。

1）总图等分法。总图等分法先绘出最小和最大的规格系列，然后把对应点相连，按照号型规格的要求分成相应的几个系列，最后分离出来。

2）切开线推板法。切开线推板法一般在服装 CAD 系统中应用较多，其原理是将某些部位剪开，依照档差拉开衣片，分离出相对应的号型系列。

3）点放码。点放码一般以中间样板为基准，将各部位的档差按照一定的比例关系分配在中间样板的各放码点上，放码点参照基准原点和设立的公共坐标线进行上下左右的推移，把推移后的放码点进行连接，即可形成新的规格样板，通过复制，分离对应的号型系列，从而完成推档过程。点放码的优点是便于理解和操作。本项目主要通过点放码的方式介绍部分服装结构的推档。

准确推档的关键在于对放码点位移规律的把握与运用，其实质是对理想人体不同号型体型之间结构变化规律的把握。下面以线段、块面的放缩为例，介绍基础的推板原理。

推档的基本原理

1. 线段放缩

这里以 8cm 线段推出 10cm 线段为例进行说明。已知线段档差为 10-8=2（cm），放缩思路为：确定 2cm 的档差分配方法，得出 8cm 的线段转化为 10cm 线段的过程。线段放缩有以下几种具体方法。

1）确定 A 点为原点，向右边推档，即将 2cm 的档差全部分配在轴的右边，因此只要从 B 点将线段延长 2cm 就可以得到 10cm 的线段。具体如图 7-1-2 所示。

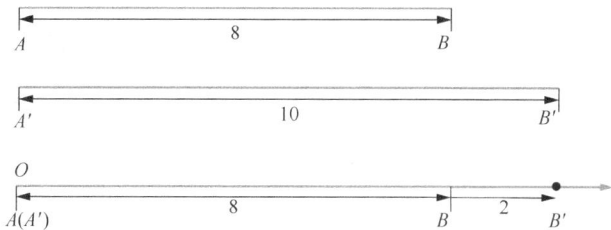

图 7-1-2　线段放缩方法（1）

2）确定 B 点为原点，向左边推档，即将 2cm 的档差全部分配在轴的左边，因此只要从 A 点将线段延长 2cm 就可以得到 10cm 的线段。具体如图 7-1-3 所示。

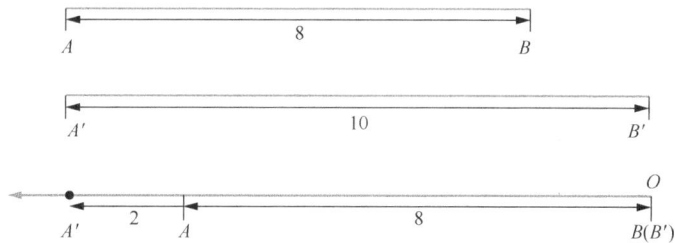

图 7-1-3　线段放缩方法（2）

3）确定以 AB 线段中点为原点，向两边推档，即将 2cm 的档差平均分配在轴中心的两边，两边的档差分配量分别为 2/2=1（cm）。因此，只要分别从 A 点和 B 点将线段延长 1cm 就可以得到 10cm 的线段。具体如图 7-1-4 所示。

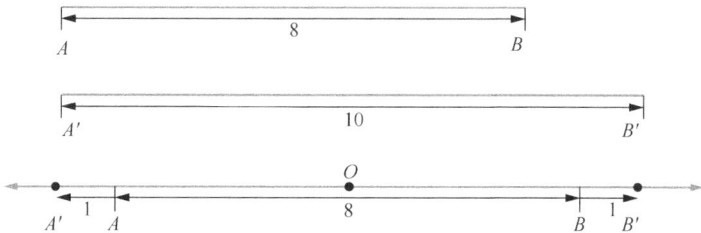

图 7-1-4　线段放缩方法（3）

4）确定以 AB 线段 3/8 处为原点，向两边推档，即将 2cm 的档差分配在原点的两边，左边的档差分配量为 2×3/8=0.75（cm），右边的档差分配量为 2×5/8=1.25（cm）。因此，只要分别从 A 点向左延长 0.75cm，B 点向右延长 1.25cm，就可以得到 10cm 的线段。具体如图 7-1-5 所示。

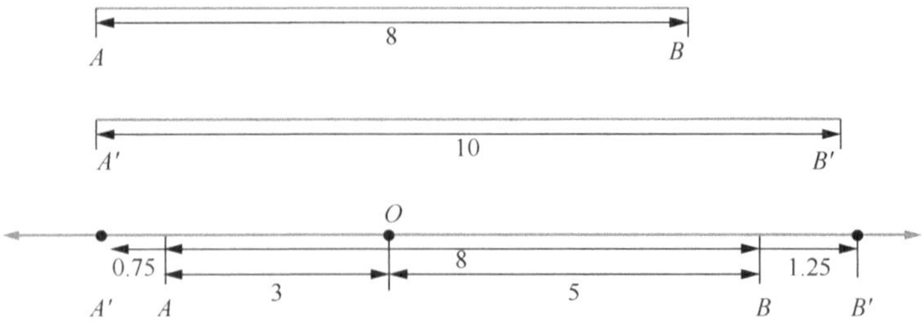

图 7-1-5 线段放缩方法（4）

从线段放缩中可以看出，放码原点可以放在轴的任何地方，比原线长或比原线短的线都可以推出来，比原线长的线由原线向线段外延长放大，比原线短的线由原线向线段内回缩。

2. 块面放缩

这里以边长为 3cm 的正方形推出边长为 4cm 的正方形为例进行说明。

已知该正方形的档差为边长差=4-3=1（cm）。

以边长 3cm 的正方形 *ABCD* 的 *D* 点为原点，建立公共坐标轴，推出边长 4cm 的正方形 *AB'C'D'* 的 *A'B'C'* 点。其中，*A'*、*C'* 点的位置可以利用线段放缩方法推导出来。*B'* 点可以从 *B* 点向上移动 1cm，再往右移动 1cm 得到，也可以从 *B* 点先向右移动 1cm，再向上移动 1cm 得到。具体如图 7-1-6 所示。

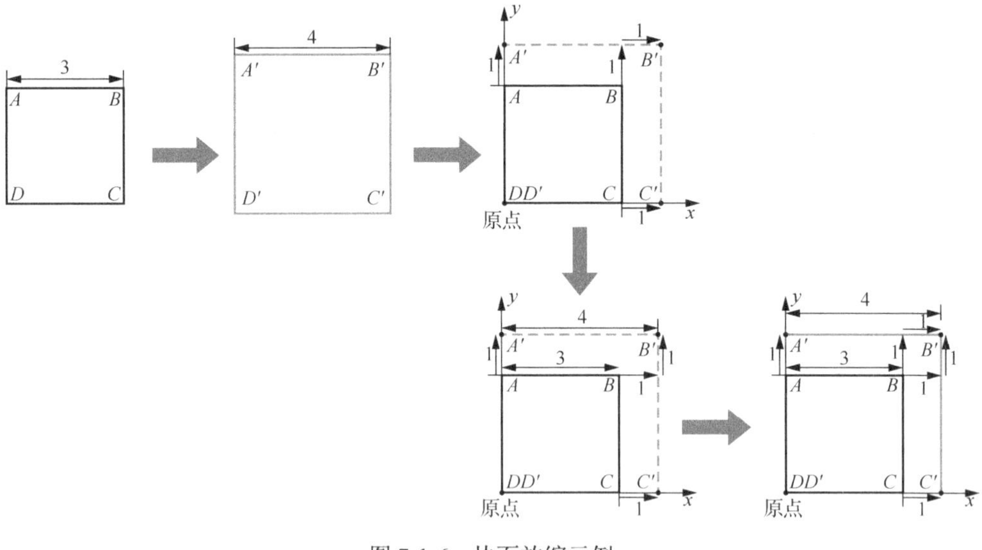

图 7-1-6 块面放缩示例

原点、坐标轴的位置选取不是唯一的，可以在不同的位置设置坐标轴和原点。除了以 *D* 点为原点，也可以选择 *A* 点、*B* 点、*C* 点、*AD* 线中点、正方形中心等位置作为原点，推出边长为 4cm 的正方形。不同的原点，使原正方形和推档正方形形成不同的位置关系，但其实质基本相同。具体如图 7-1-7 和图 7-1-8 所示。

①

②

③

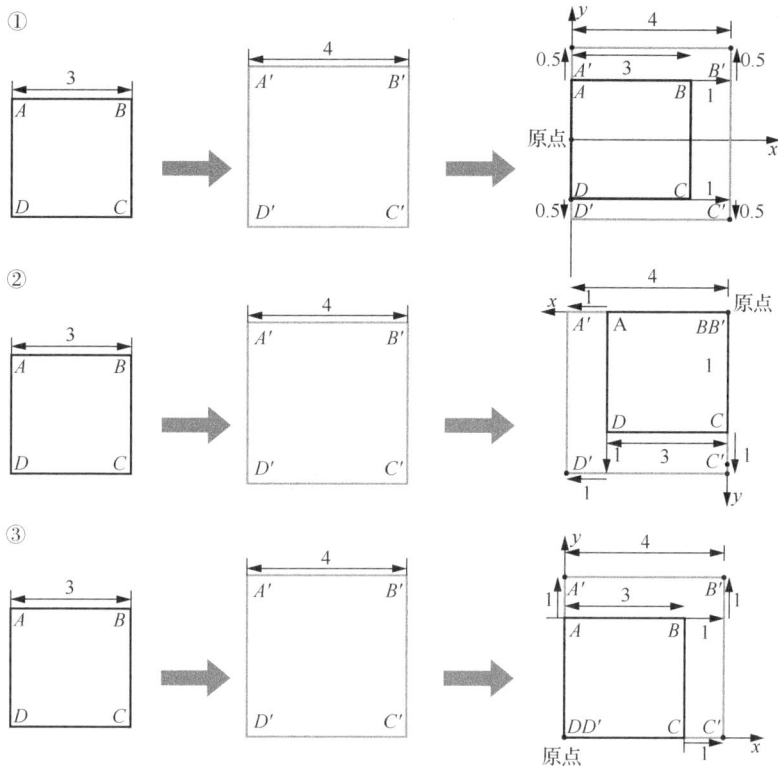

图 7-1-7　块面放缩的不同方法（1）

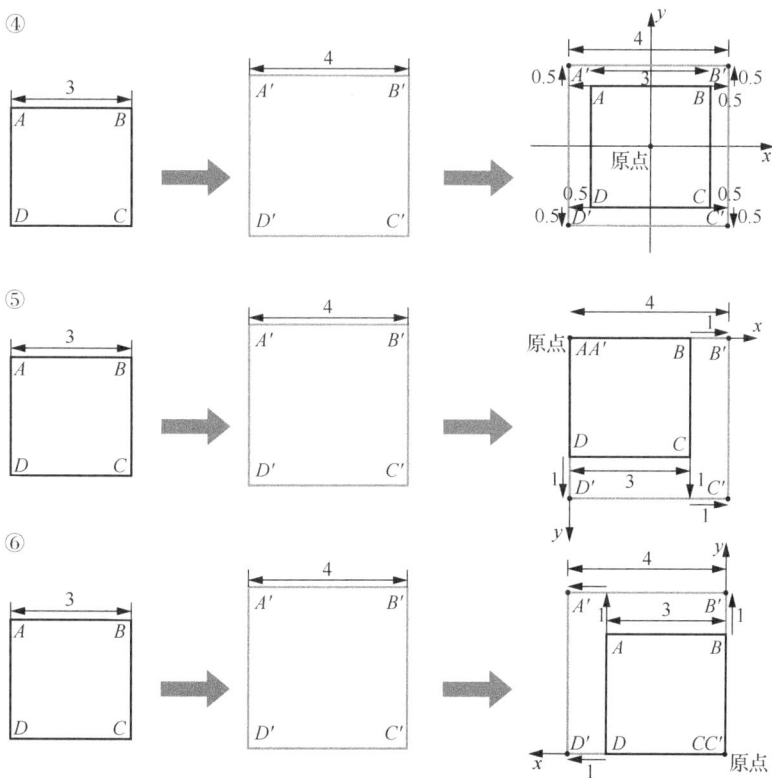

④

⑤

⑥

图 7-1-8　块面放缩的不同方法（2）

7.1.2 推档的方法

按照所用工具不同，推档方法可以分为手工推档、计算机辅助推档等。在同一款辅助推档过程中，可以运用其中的一种方法，也可以综合运用多种方法，力求达到"快、准、好"的目的。

1. 人工推档

人工推档属于传统的手工技艺方法，在实践应用过程中又产生了几种不同的放码方法，主要有推画法、推剪法和等分法。以下主要介绍推画法。

推画法又称制图法、点放码，具体操作为：以中间规格样板作为基础母板，用样板软纸先把基码拓画出来，然后按照国家标准规格系列或客户提供规格系列的档差、档距进行计算、推导及档差分配，由基码各特征点进行放缩推移，得到各号型规格，并在同一张纸上叠层显现全套样板，经检验核对无误后，再依次拓画并复制出各规格的号型样板，做好标记，一并复制齐全，即得整套纸样。

2. 计算机辅助推档

计算机辅助推档即服装 CAD 技术，20 世纪 60 年代末就已出现并得到实际应用，是计算机技术在服装设计领域应用的重要成果。

计算机辅助推档具体操作为：将打板系统生成的样片或由数字化仪输入的样片，根据一定的放缩规则的档差，自动进行样片放缩。有些公司直接在计算机上打板再推档，一般采用点放码和切开线方式。常见的服装 CAD 系统有法国的 Lectra 系统，美国的 Gerber 系统，西班牙的 Investranic 系统，我国的 CAD 系统、NAC 系统和 ECHO 系统等。

7.1.3 系列化工业样板推档知识

服装工业样板推档是服装工业化生产过程中重要的一项工作，有很强的技术性和科学性，推档过程中的计算、推导要求细致、科学、严谨。在推档过程中要掌握一定的规律和方法，并应按流程正确操作。

1. 选择和确定中间基准样板

无论采用什么方法进行工业样板推档，都要先选择和确定中间基准样板，即制版人员根据号型系列或订单上提供的规格尺寸表，选择具有代表性且能上下兼顾的规格作为中间基准，以此规格进行制版。通常的规格有 S、M、L、XL 等码数。由于在推档过程中或多或少会产生误差，因此在这 4 个规格中，一般会选择 M 码作为中间规格来制作中间基准样板，S 码以 M 码为基准进行样板缩小，L 码以 M 码为基准进行样板放大。

选择中间规格的样板进行推档除了能减小误差，其覆盖面较其他码都大。

2. 检查样板

在进行样板推档之前，先要对基准样板进行全面、细致的检查。如果基准样板不准确，无论推档方法运用得多熟练都没有意义。样板检查的内容主要有以下几点。

1）造型与来样（效果图或样衣）是否一致。

2）规格、尺寸是否到位，缩率有无加放。

3）结构是否准确，领子和领圈、袖山弧线和袖窿弧线是否吻合。

推档的方法

系列化工业样板
推档知识

4）缝份大小、折边大小是否符合工艺要求。

5）全套纸样是否齐全。

6）刀眼是否对齐。

3. 确定推档原点和公共坐标线

公共坐标线也常称为基准线，是样板推放的基准线，包括纵向坐标线和横向坐标线。公共坐标线中，纵向坐标线和横向坐标线的交点即推档原点。在推档过程中，公共坐标线有很多种选择，但坐标位置的确定直接影响操作的繁简程度，坐标线的合理制定能方便计算，并能保证各规格样板的造型和结构相同。具体如图 7-1-9 所示。

选择公共坐标线时应遵循以下原则。

1）坐标轴一般采用直线或曲率很小的弧线。

2）坐标轴一般为直角坐标系，选取纵横方向相互垂直的线条，让尽可能多的放码点落在坐标轴上。

3）坐标轴的选取应尽可能使档差计算方便，纸样放缩快捷。

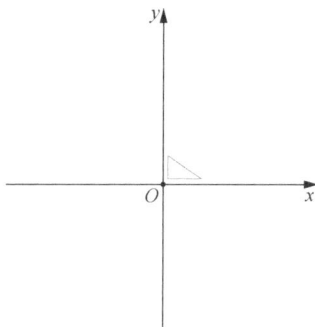

图 7-1-9 原点与公共坐标线

4）线条避免交叉，基准放码原点尽量选择在衣片中间。

5）尽量统一。

常用基准线如表 7-1-1 所示。

表 7-1-1 常用基准线

服装类型	服装部件	坐标线方向	基准线选择
上装	衣身	纵向	前后中心线、胸宽线、背宽线
		横向	上平线、胸围线、腰围线
	袖子	纵向	袖中线、袖缝线
		横向	袖肥线、上平线
	领子	纵向	领中线
		横向	领宽线
下装	裤片	纵向	前后挺缝线
		横向	横裆线、上平线、膝盖线
	裙片	纵向	前后中心线
		横向	上平线、臀围线

4. 确定号型尺码档差

档差是指某一款式同一部位相邻规格之间的差值，不同的服装企业有不同的规格来源。从事外贸服装生产的服装企业，其服装规格一般由客户提供。客户在生产订单上会对服装各部位、各规格的尺寸有详细的规定，通过计算，就可以求出各部位的档差数据。

档差有 3 种形式：第一种是规则档差，也就是每个部位的档差都是均匀的；第二种是不规则档差；第三种是并档或者通码（规格不变）。

例如，女西裤制单中，M 码腰围尺寸为 66cm，S 码腰围尺寸为 62cm，L 码腰围尺寸为 70cm，则该款式腰围档差为 4cm。该款式中 M 码、S 码、L 码的腰头宽都为 4cm，则该款式的腰头宽通码，档差为 0。

内销服装企业的服装规格有两种来源：一种是根据国家标准制定规格；另一种是企业根

据自身的情况自主制定规格。

不同企业的推档方法也有所不同。一般来说，外贸企业注重规格的准确和到位，即根据客户所提供的产品规格进行推档，每个部位的尺寸都要符合订单的要求，不可随意更改。与外贸企业所不同的是，内销企业在推档中往往更注重结构，在对基准样板进行放大和缩小时，尽量不改变服装的造型。

5. 确定衣片放码关键点

确定衣片放码关键点，并根据各部位档差进行合理分配来确定其纵向、横向的偏移量。

放码关键点一般选用衣片外轮廓线中的点，这些关键点一般与服装规格尺寸中的规定部位相关，如衣片中前中线、后中线、胸围线、腰围线、臀围线等与外轮廓线相交的点，或者轮廓线转折点等。另外，对于衣片中的部分局部结构也应把握好关键点，如衣片中的省道、褶裥等。

6. 确定衣片所有放码关键点的位移方向和位移大小

确定衣片所有放码关键点的位移方向，即确定放码关键点相对于原点的位置。落在 x 轴原点两边的放码点向左右偏移，落在 y 轴原点两边的放码点向上下偏移。其他落在非坐标轴上的点需要在 x 方向和 y 方向同时偏移，具体偏移方向如图 7-1-10 所示。注意，本书所述的位移方向是指中间号型的样板向大一号型的样板推档的位移方向，同一放码点向小一号型的样板推画方向与向大一号型的样板推画方向相反，在坐标轴上偏移的数值正负性也相反。

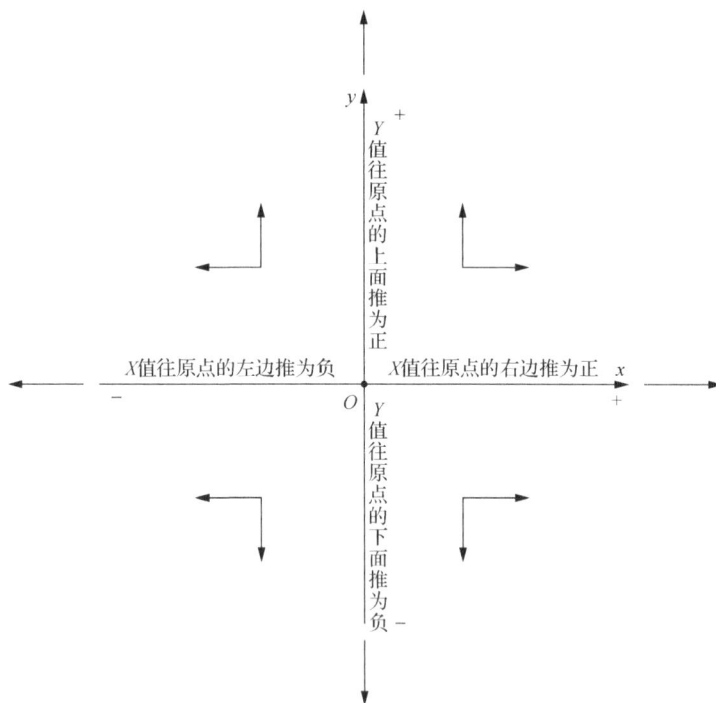

图 7-1-10　公共坐标系中各放码关键点的位移方向

衣片所有放码关键点的位移数据要根据该放码点与放码原点的相对位置，以及其所占衣片的档差数据确定。

7. 运用放码方法进行尺码放缩操作

根据衣片各放码点的位移方向和位移大小，进行放码关键点的推画。同时，顺着中间基准样板的线条，连接推画的放码点，形成各号型推画的放码网状图。

8. 复核推画结果

在推档结束之后，需要把推画出来的不同号型的所有样板拓印出来，并仔细核对尺寸、缝份、对位、剪口、标记、纱向线、钻孔、款式名称、纸样名称及裁片数量等内容是否正确、合理、齐备。

不管采用什么方式进行推档处理，都需要满足以下评价标准。

1）规格一致。系列样板要符合目标成衣规格，即从大码到小码的服装各控制部位尺寸都符合尺寸表的要求，这是推档的主要目的和检验标准。

2）造型一致。大小码的造型性要好，即大码服装与小码服装必须具备与基准样板同样的造型，不能变形、移动样。这是推档的先决条件。如果推档结果与基准样板不再是同一型或同一款，那么无论规格尺寸多么一致，都是一个失败的推档结果。

3）效率兼速度。在服装行业，效率就是效益，但追求速度必须以保证规格与造型为前提，否则会陷入"欲速则不达"的怪圈。

7.2　实践操作：服装款式工业样板推档

7.2.1　裙装工业样板推档

裙装推档制版通知单如图 7-2-1 所示。

裙装工业样板推档

××服装公司制版通知单

产品名称	西服裙	客户			数量		
订单号		款号			交货日期		

	规格	XS	S	M	L	XL
	号型	150/58A	155/62A	160/66A	165/70A	170/74A
尺寸/cm	裙长	54	56	58	60	62
	腰围	58	62	66	70	74
	臀围	80	84	88	92	96
	腰宽	3	3	3	3	3
	拉链	18	18.5	19	19.5	20

质量要求		面料小样
工艺要求	特殊要求	
1. 缝线不起皱，松紧一致。针距 3cm 12～14 针，密度对称，回针牢固。撬边不暴针 2. 裙摆锁边再双层折边。商标缝于腰头后中下，洗涤标缝于左侧缝向前 2cm，腰下口平缝 3. 压衬注意温度、牢度，粘衬不反胶 4. 不允许烫极光，不能有污迹线头，钉纽牢固 5. 拉链先预缩，封口扎实 6. 规格正确。套装顺号码 10 件（条）一捆，配套生产包装	面料采用涤棉混纺；锁边线采用涤弹丝；商标、洗涤标由客户提供，拉链采用 YKK 等	

图 7-2-1　裙装推档制版通知单

1. 选择和确定中间基准样板

根据制版通知单,选择 M 码(160/66A)为中间尺码,根据其号型规格设计绘制相应的中间基准样板,具体如图 7-2-2 所示。

2. 检查样板

检查中间基准样板的规格尺寸和各细节是否符合制作要求和来样要求,完成基础样板的相应检查。

3. 确定推档原点和公共坐标线

西服裙的中间基准样板共 3 个样片,分别是前裙片、后裙片、腰头。西服裙推档原点与公共坐标线如图 7-2-3 所示。

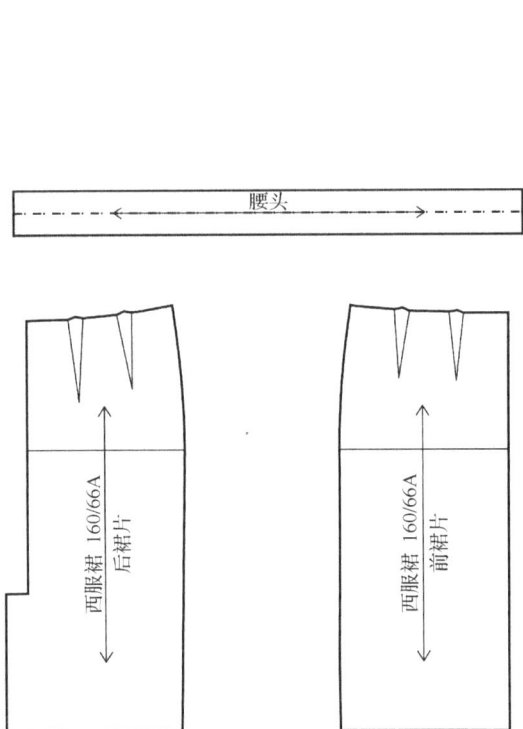

图 7-2-2 西服裙中间基准样板　　　图 7-2-3 西服裙推档原点与公共坐标线

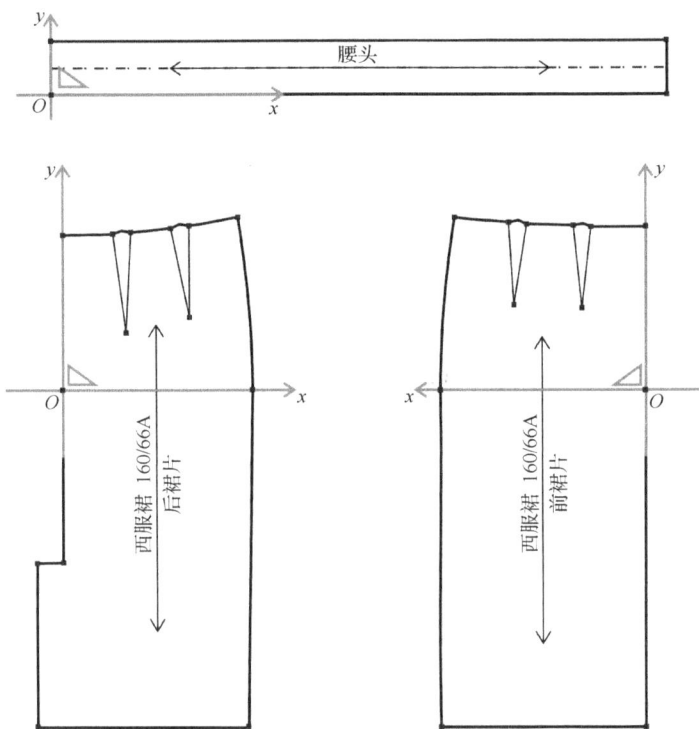

1)前裙片,以臀围线为 x 轴,以前中线为 y 轴,其交点为原点 O 点。
2)后裙片,以臀围线为 x 轴,以后中线为 y 轴,其交点为原点 O 点。
3)腰头,以腰长线为 x 轴,以腰宽线为 y 轴,其交点为原点 O 点。

4. 确定号型尺码档差

160/66A 西服裙档差如表 7-2-1 所示。

表 7-2-1　160/66A 西服裙档差　　　　单位:cm

部位	裙长	腰围	臀围	臀高	腰宽
档差	2	4	4	0.5	0

5. 确定衣片放码关键点

西服裙的放码关键点主要为西服裙结构轮廓线的拐点、落在档差所处部位与轮廓线的交点及细部结构，如省道、裙衩等部位，具体如图 7-2-4～图 7-2-6 所示。

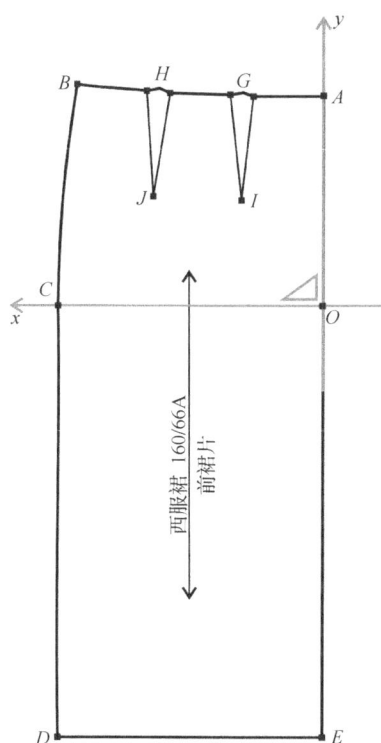

图 7-2-4　西服裙前裙片放码关键点选择

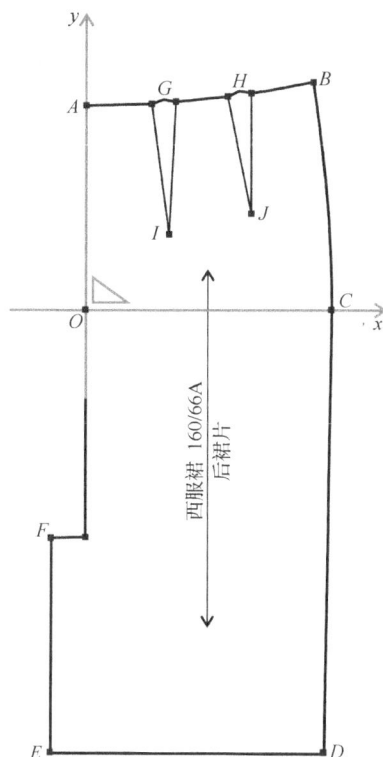

图 7-2-5　西服裙后裙片放码关键点选择

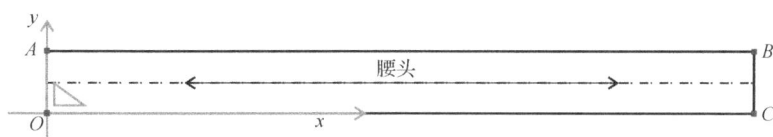

图 7-2-6　西服裙腰头放码关键点选择

6. 确定衣片放码关键点的位移方向和位移大小

依据选择的推档原点和放码公共坐标轴，明确各放码关键点位于原点和坐标轴的相对位置，确定位移方向。西服裙放码关键点位移方向如图 7-2-7 所示。

根据西服裙各部位的档差，计算相应的放码关键点在 x 轴和 y 轴的档差偏移数据。在计算时注意把握两条规律：一是落在档差部位基础线上的放码关键点，如腰围线、臀围线的放码点偏移量可以代入该衣片部位的计算公式；二是落在非档差部位基础线上的放码关键点，如省道等放码点，可以在档差部位数据的基础上，计算其落在 x 轴与 y 轴的相对应比例大小。

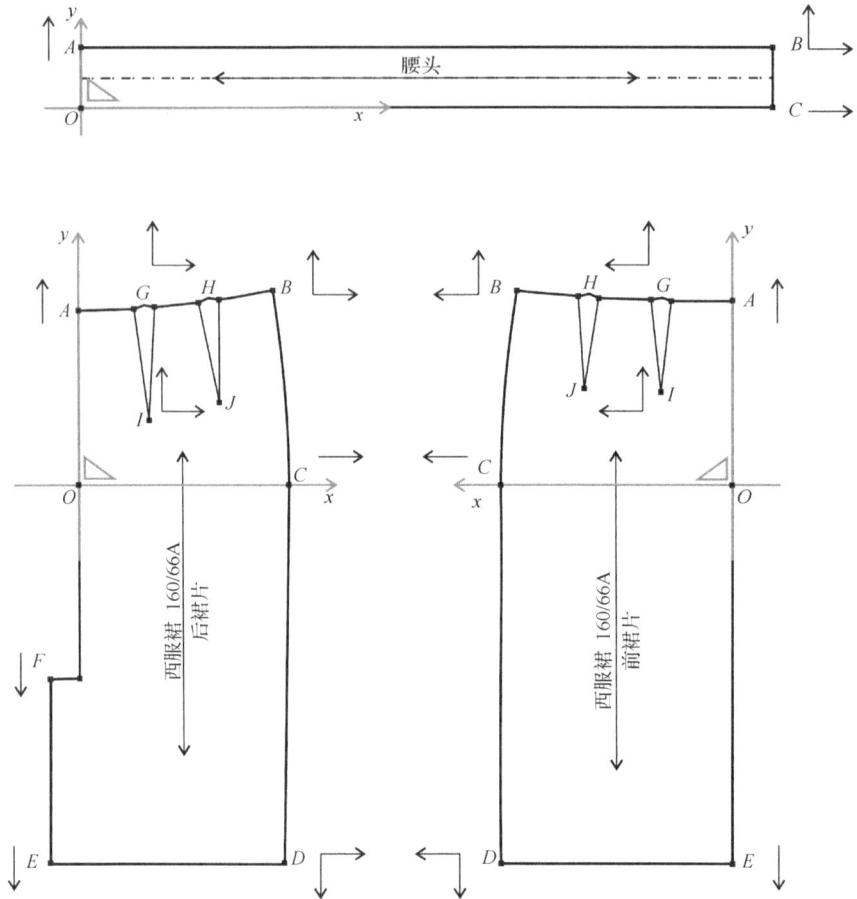

图 7-2-7　西服裙放码关键点位移方向

计算出各西服裙衣片放码数据如下。

（1）西服裙前片样板放缩数据

160/66A 西服裙前片样板放缩数据如表 7-2-2 所示。

表 7-2-2　160/66A 西服裙前片样板放缩数据　　　　　单位：cm

放码关键点	横纵向放缩值计算方法			
	横向放缩	计算值	纵向放缩	计算值
A	落在 y 轴时横向不偏移	0	臀高档差	0.5
B	腰围档差/4	1	臀高档差	0.5
C	臀围档差/4	1	落在 x 轴时纵向不偏移	0
D	臀围档差/4	1	裙长档差-臀高档差	1.5
E	落在 y 轴时横向不偏移	0	裙长档差-臀高档差	1.5
G	根据省道在结构设计中的绘制方法进行推档，采用 B 点移动量的 1/3	0.33	臀高档差	0.5
H	根据省道在结构设计中的绘制方法进行推档，采用 B 点移动量的 2/3	0.66	臀高档差	0.5
I	同 G 点偏移量	0.33	臀高档差-省道长度档差	0.25
J	同 H 点偏移量	0.66	臀高档差-省道长度档差	0.25

注：① 部位计算值采用四舍五入的方法。

② 省道的推画：省道大小不改变，位置的移动随着其在结构设计中的绘制方法来推画，长度的推画根据省道长度档差来确定。

③ 横向基准线上的点纵向不推画，纵向基准线上的点横向不推画。

前裙片放码位移数据如图 7-2-8 所示。

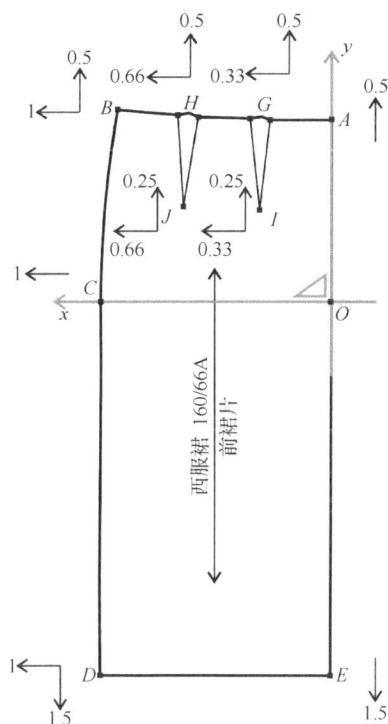

图 7-2-8　前裙片放码位移数据

（2）西服裙后片样板放缩数据

160/66A 西服裙后片样板放缩数据如表 7-2-3 所示。

表 7-2-3　160/66A 西服裙后片样板放缩数据

单位：cm

放码关键点	横纵向放缩值计算方法				
	横向放缩	计算值	纵向放缩	计算值	
A	落在 y 轴时横向不偏移	0	臀高档差	0.5	
B	腰围档差/4	1	臀高档差	0.5	
C	臀围档差/4	1	落在 x 轴时纵向不偏移	0	
D	臀围档差/4	1	裙长档差−臀高档差	1.5	
E	落在 y 轴时横向不偏移	0	裙长档差−臀高档差	1.5	
F	裙衩定宽，不偏移	0	裙衩长定长，取裙长档差−臀高档差	1.5	
G	根据省道在结构设计中的绘制方法进行推档，采用 B 点移动量的 1/3	0.33	臀高档差	0.5	
H	根据省道在结构设计中的绘制方法进行推档，采用 B 点移动量的 2/3	0.66	臀高档差	0.5	
I	同 G 点偏移量	0.33	臀高档差−省道长度档差	0.25	
J	同 H 点偏移量	0.66	臀高档差−省道长度档差	0.25	

注：① 部位计算值采用四舍五入的方法。

　　② 省道的推画：省道大小不改变，位置的移动随着其在结构设计中的绘制方法来推画，长度的推画根据省道长度档差来确定。

　　③ 横向基准线上的点纵向不推画，纵向基准线上的点横向不推画。

后裙片放码位移数据如图 7-2-9 所示。

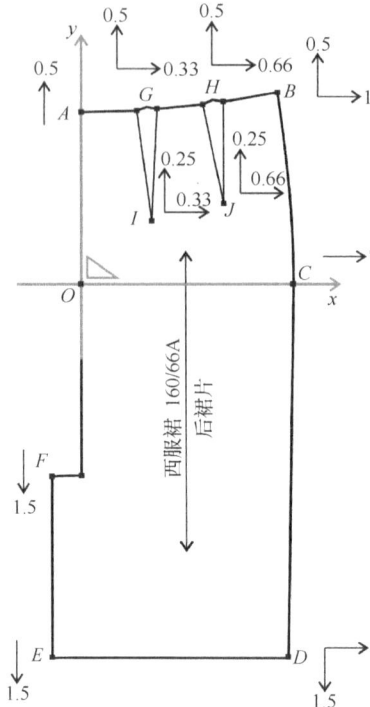

图 7-2-9　后裙片放码位移数据

（3）西服裙腰头样板放缩数据

160/66A 西服裙腰头样板放缩数据如表 7-2-4 所示。

表 7-2-4　160/66A 西服裙腰头样板放缩数据　　　　　　　　　　　单位：cm

放码关键点	横纵向放缩值计算方法			
	横向放缩	计算值	纵向放缩	计算值
A	落在 y 轴时横向不偏移	0	腰头定宽	0
B	腰围档差	4	腰头定宽	0
C	腰围档差	4	腰头定宽	0

注：① 部位计算值采用四舍五入的方法。

　② 省道的推画：省道大小不改变，位置的移动随着其在结构设计中的绘制方法来推画，长度的推画根据省道长度档差来确定。

　③ 横向基准线上的点纵向不推画，纵向基准线上的点横向不推画。

腰头放码位移数据如图 7-2-10 所示。

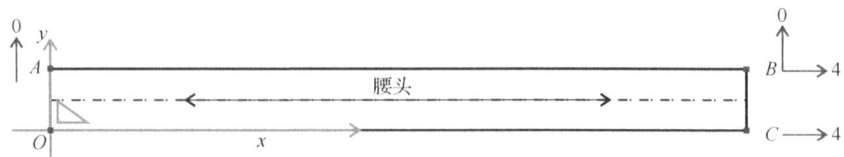

图 7-2-10　腰头放码位移数据

7. 运用放码方法进行尺码放缩操作

连接推放的放码关键点，形成新的系列号型。西服裙放码网状图如图 7-2-11 所示。

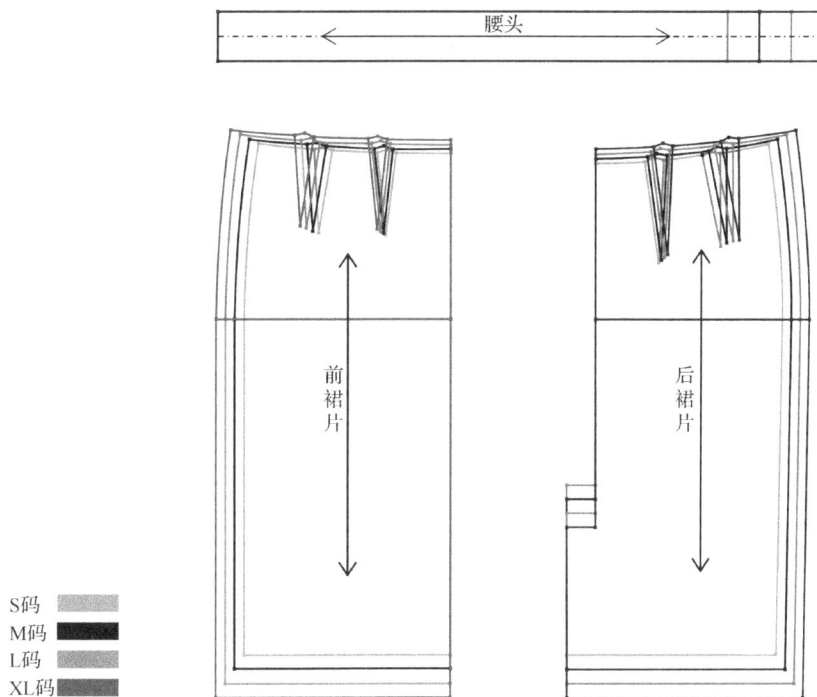

图 7-2-11　西服裙放码网状图

8. 复核推画结果

按照推画放码图，把不同号型的所有样板拓印出来，并仔细核对尺寸、缝份、对位、剪口标记、纱向线、钻孔、款式名称、号型名称、纸样名称和裁片数量等内容是否正确、合理、齐全。

7.2.2　裤装工业样板推档

裤装推档制版通知单如图 7-2-12 所示。

1. 选择和确定中间基准样板

根据制版通知单，选择 M 码（170/80A）为中间尺码，根据其号型规格设计绘制相应的中间基准样板（图 7-2-13）。

2. 样板检查

检查男西裤中间基准样板的规格尺寸和各细节是否符合制作要求及来样要求，完成基础样板的相应检查。

3. 确定推档原点和公共坐标线

男西裤的中间基准样板共 12 个样片，分别是前片、后片、左腰头、右腰头、串带、后袋嵌条、后袋垫布、斜插袋垫布、斜插口袋布、门襟、里襟（2 片）。

其中，关键衣片具体推档原点和公共坐标线如图 7-2-14 所示。

裤装工业样板推档

××服装公司制版通知单

产品名称	男西裤	客户			数量		
订单号		款号			交货日期		

	规格	S	M	L	XL	XXL
	号型	165/76A	170/80A	175/84A	180/88A	185/92A
尺寸/cm	裤长	103	105	107	109	111
	腰围	78	82	86	90	94
	臀围	96.6	99.4	102.2	105	107.8
	上档长	27.5	28	28.5	29	29.5
	裤口宽	20.5	21.2	21.9	22.6	23.3
	腰头宽	3.3	3.5	3.7	3.9	4

质量要求		面料小样
工艺要求	特殊要求	
1. 符合成品规格, 外观美观, 内外无线头 2. 绱省: 绱线顺直、绱尖, 左右对称, 丝缕顺直 3. 侧缝斜插袋: 袋布和袋口平服, 高低一致, 后袋四角方正, 袋角无裥、无毛出 4. 门、里襟: 绱线顺直, 长短一致, 封口无起吊 5. 做、装腰头: 腰头顺直, 明绱线宽窄一致, 面里平服, 不起绺、不皱、不反吐	1. 裁剪要求: 裁剪时, 丝缕按样板上标注 2. 用衬要求: 腰头衬×1, 门里襟衬×1, 斜插袋口、后裤袋口及后袋嵌线粘条牵衬 3. 缝线要求: 缝线针距 3cm 14~15 针 4. 整烫要求: 熨烫温度为 160~170℃, 整烫符合人体体型, 归拔熨烫侧缝、下档缝及挺缝线, 整烫平挺、无焦、无黄、无极光、无污渍	

图 7-2-12　裤装推档制版通知单

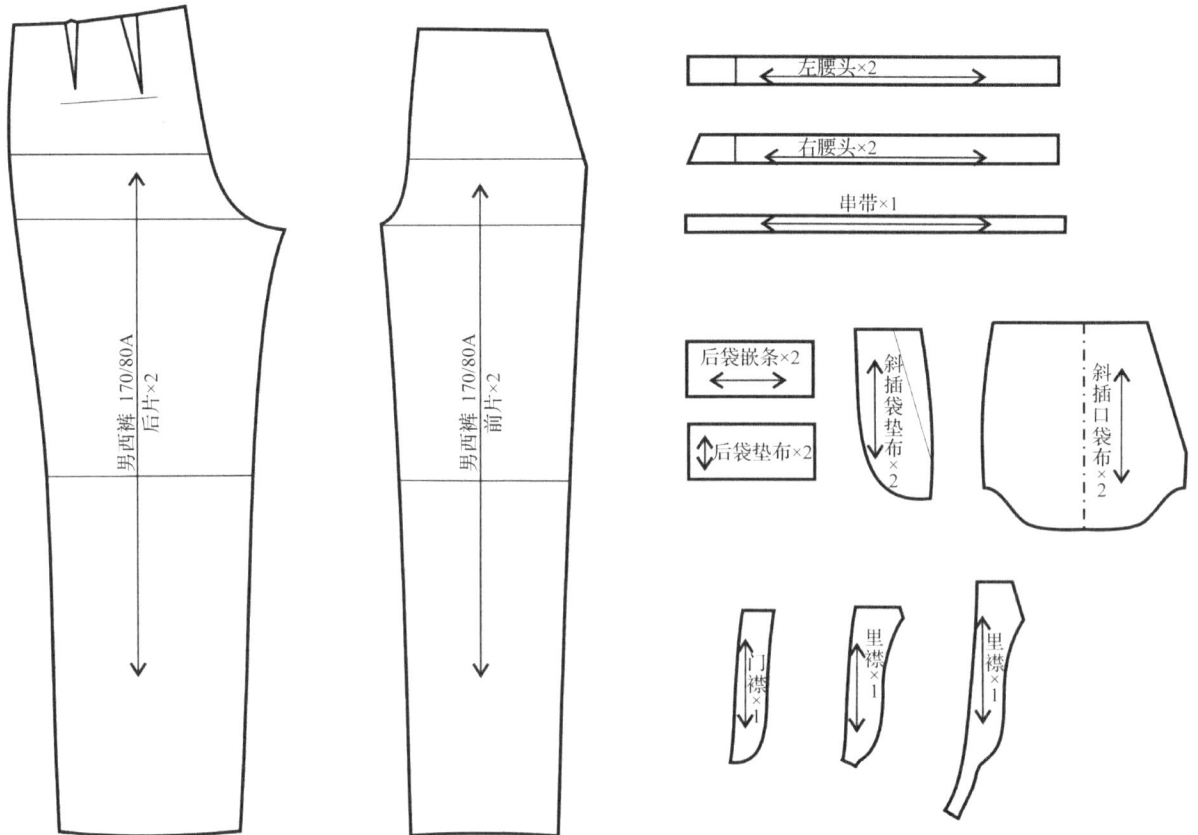

图 7-2-13　男西裤中间基准样板

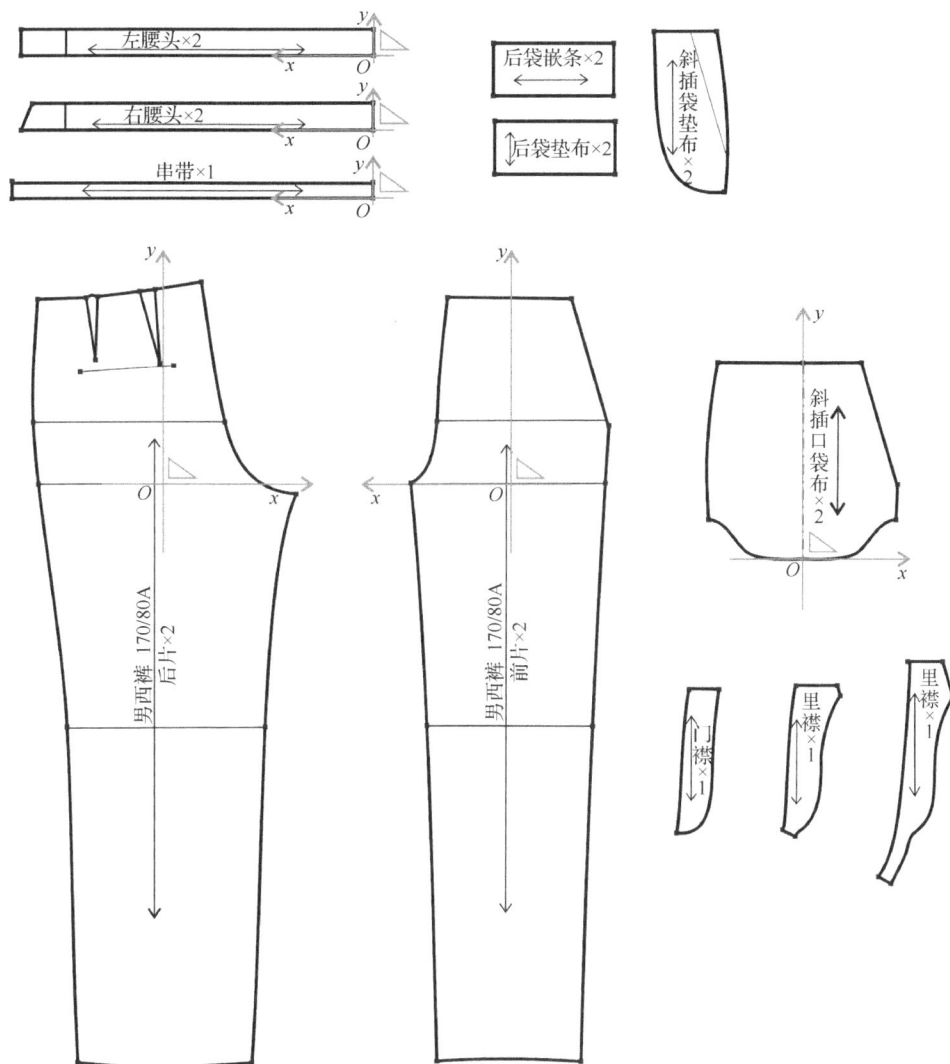

图 7-2-14　男西裤各样板推档原点和公共坐标线

1）前片，以横档线为 x 轴，以前挺缝线为 y 轴，其交点为原点 O 点。

2）后片，以横档线为 x 轴，以后挺缝线为 y 轴，其交点为原点 O 点。

3）腰头，以腰长线为 x 轴，以腰宽线为 y 轴，其交点为原点 O 点。

4. 确定号型尺码档差

170/80A 男西裤档差如表 7-2-5 所示。

表 7-2-5　170/80A 男西裤档差　　　　　　　　　　　　单位：cm

部位	裤长	腰围	臀围	上档长	裤口宽	腰头宽
档差	2	4	2.8	0.5	0.7	0.2

5. 确定衣片放码关键点

男西裤的放码关键点主要为男西裤结构轮廓线的拐点、落在档差所处部位与轮廓线的交点及细部结构，如省道、后嵌袋、斜插袋等部位。前片及相关部件放码关键点、后片及相关部件放码关键点、左右腰头及串带放码关键点分别如图 7-2-15～图 7-2-17 所示。

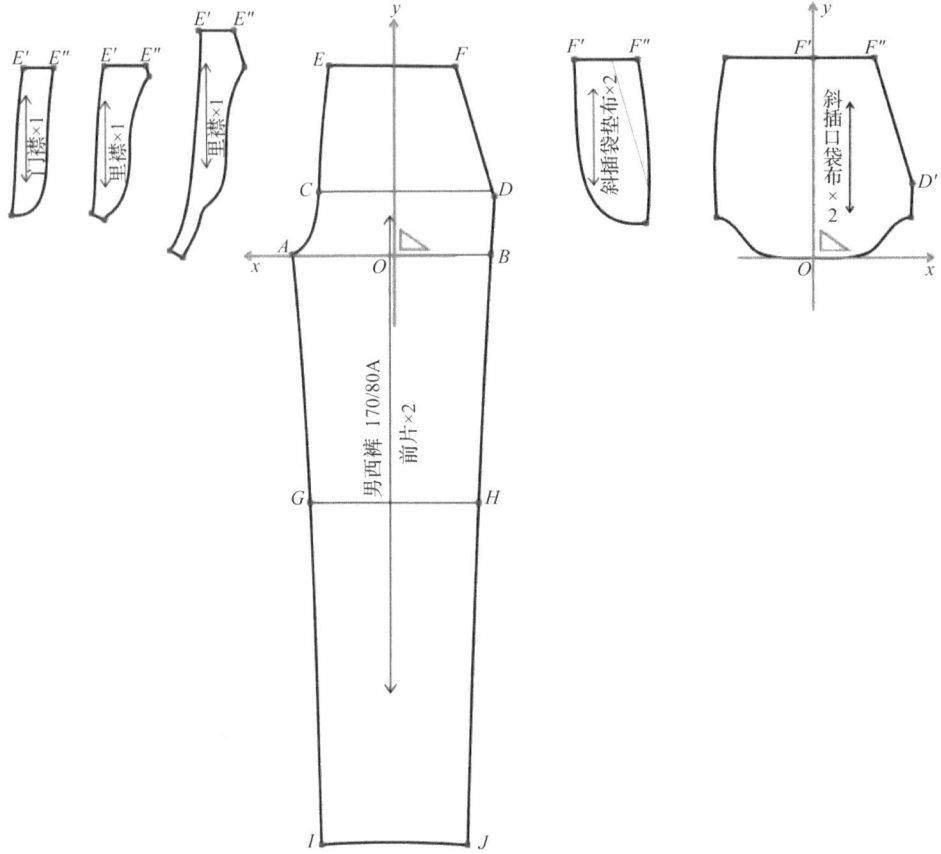

图 7-2-15　前片及相关部件放码关键点

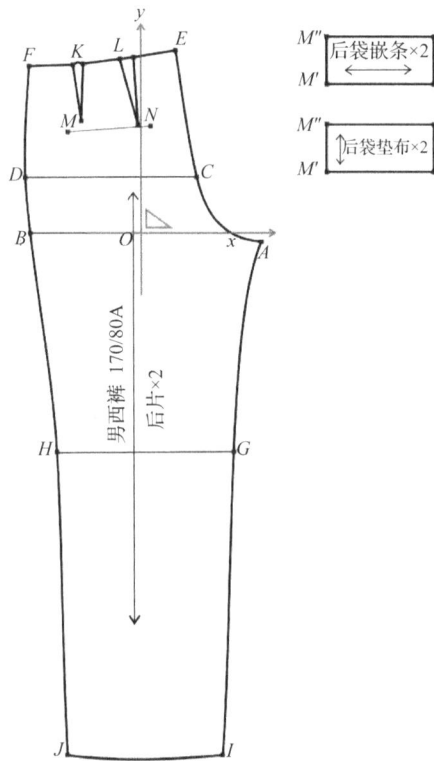

图 7-2-16　后片及相关部件放码关键点

6. 确定衣片放码关键点的位移方向和位移大小

依据选择的推档原点和放码公共坐标轴，明确各放码关键点位于原点和坐标轴的相对位置，确定位移方向，如图 7-2-18～图 7-2-20 所示。

根据男西裤各部位的档差，计算相应的放码关键点在 x 轴和 y 轴的档差偏移数据。在计算时注意把握两条规律：一是落在档差部位基础线上的放码关键点，如腰围线、臀围线、横裆线、中裆线的放码点偏移量可以代入该衣片部位的计算公式；二是落在非档差部位基础线上的放码关键点，如省道、嵌袋、斜插袋、裤口等放码点，可以在档差部位数据的基础上，计算其落在 x 轴与 y 轴的相对应比例大小。

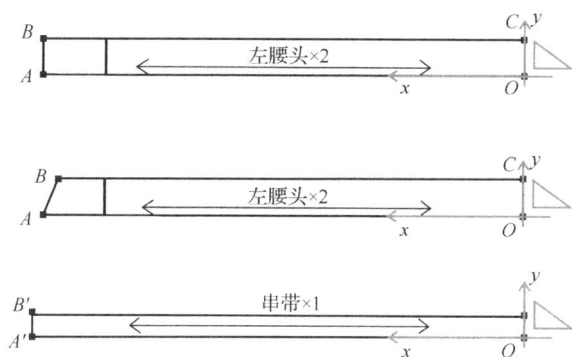

图 7-2-17　左右腰头及串带放码关键点

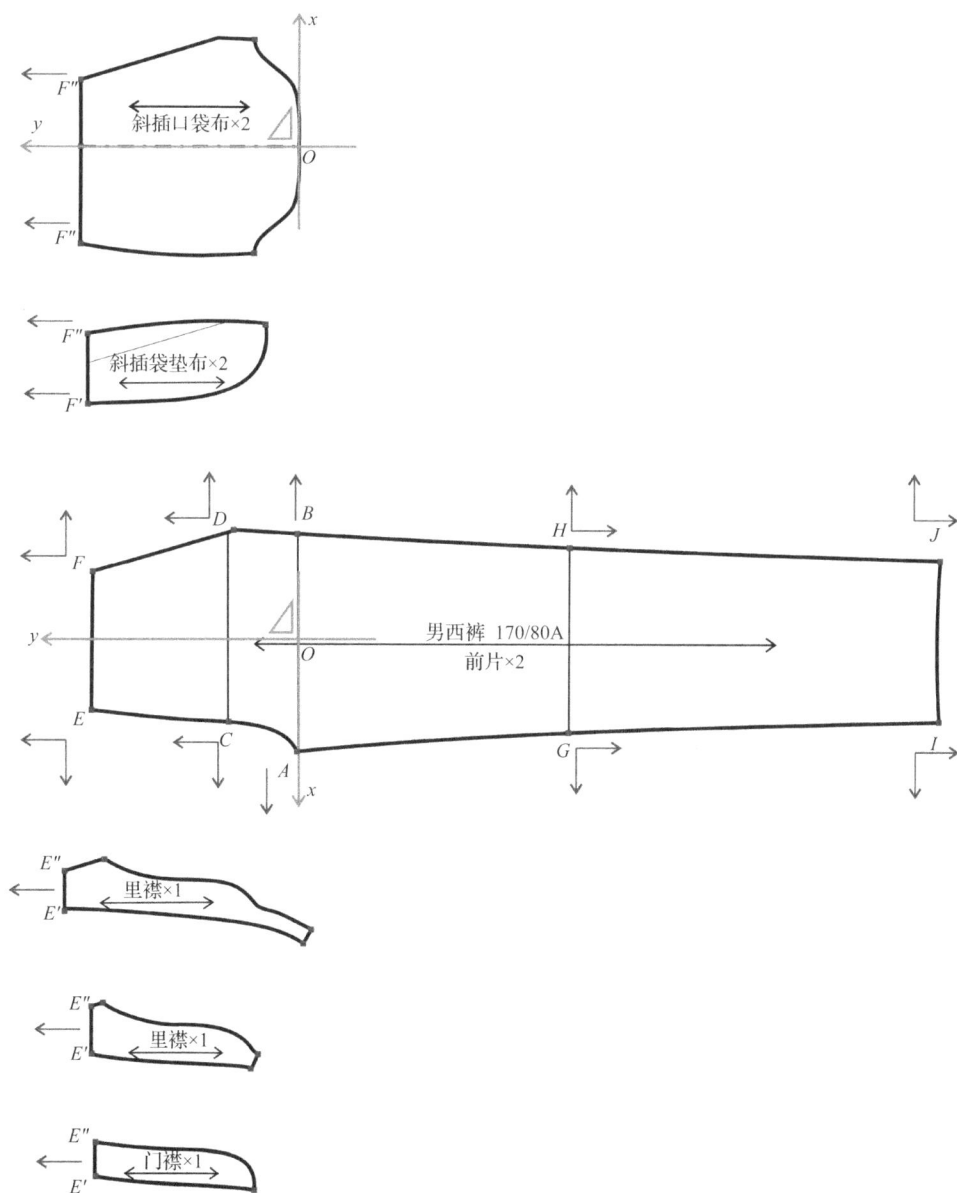

图 7-2-18　前片及相关部件放码位移方向

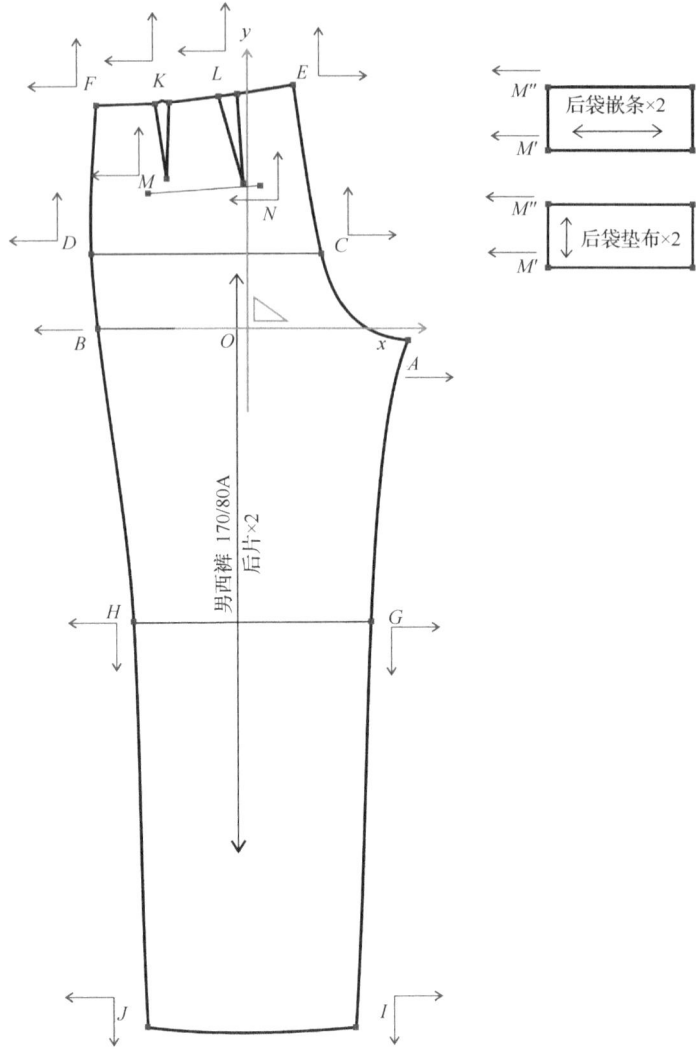

图 7-2-19　后片及相关部件放码位移方向

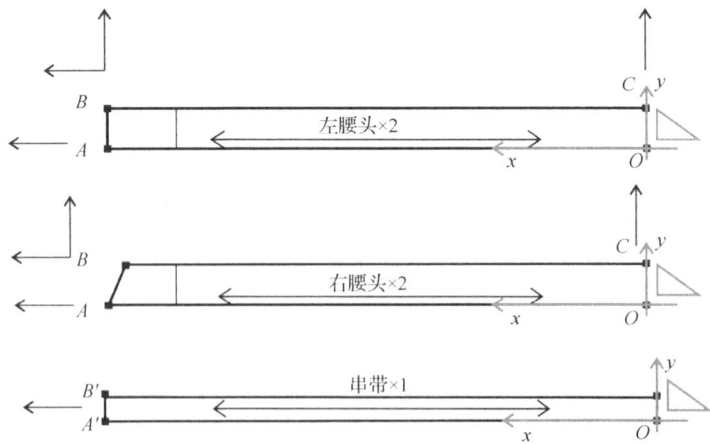

图 7-2-20　左右腰头及串带放码位移方向

计算出各男西裤衣片放码数据如下。

（1）男西裤前片及相关部件样板放缩数据

170/80A 男西裤前片样板放缩数据如表 7-2-6 所示。

表 7-2-6　170/80A 男西裤前片样板放缩数据　　　　　　　　单位：cm

放码关键点	横纵向放缩值计算方法			
	横向放缩	计算值	纵向放缩	计算值
A	(臀围档差/4+0.4×臀围档差/10)/2	0.5	落在 x 轴时纵向不偏移	0
B	(臀围档差/4+0.4×臀围档差/10)/2	0.5	落在 x 轴时纵向不偏移	0
C	(臀围档差/4)/2-0.05 调节量	0.3	上裆档差/2	0.25
D	(臀围档差/4)/2+0.05 调节量	0.4	上裆档差/2	0.25
E	(臀围档差/4)/2-0.05 调节量	0.3	上裆档差	0.5
F	腰围档差/4-E 点横向偏移量	0.7	上裆档差	0.5
G	裤口宽档差/2	0.35	(裤长档差-上裆档差)/2	0.75
H	裤口宽档差/2	0.35	(裤长档差-上裆档差)/2	0.75
I	裤口宽档差/2	0.35	裤长档差-上裆档差	1.5
J	裤口宽档差/2	0.35	裤长档差-上裆档差	1.5
D'	定宽	0	参照 D 点纵向偏移量	0.25
E'、E''	定宽	0	参照 E 点纵向偏移量	0.5
F'、F''	定宽	0	参照 F 点纵向偏移量	0.5

注：① 部位计算值采用四舍五入的方法。
② 省道的推画：省道大小不改变，位置的移动随着其在结构设计中的绘制方法来推画，长度的推画根据省道长度档差来确定。
③ 横向基准线上的点纵向不推画，纵向基准线上的点横向不推画。

前片及相关部件放码位移数据如图 7-2-21 所示。

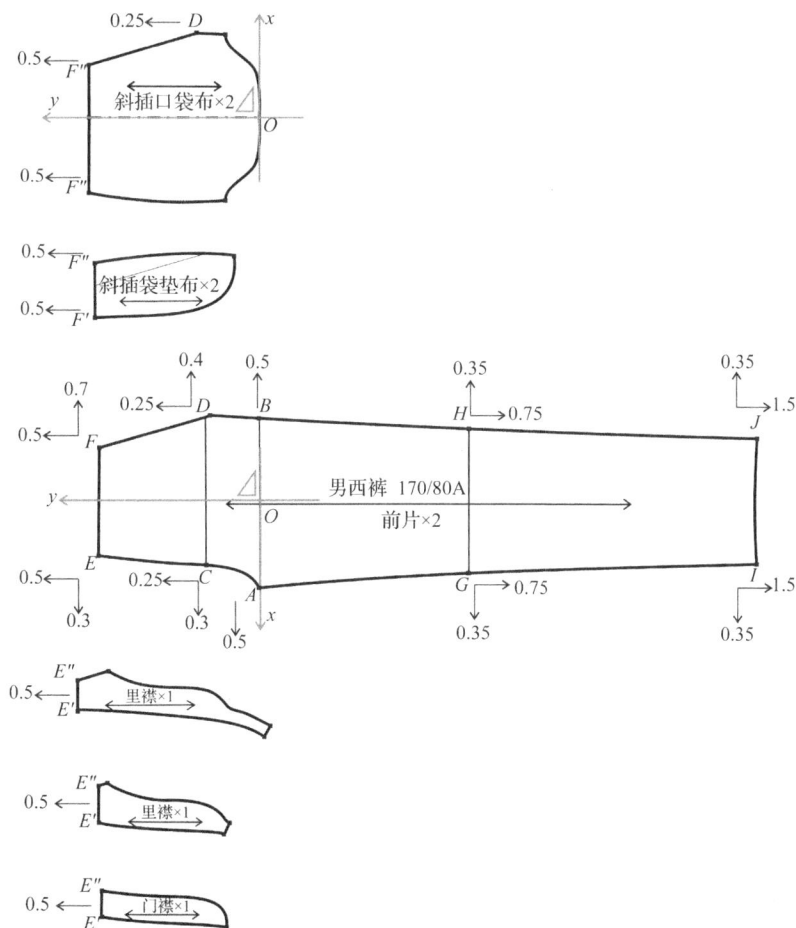

图 7-2-21　前片及相关部件放码位移数据

（2）男西裤后片及相关部件样板放缩数据

170/80A 男西裤后片及相关部件样板放缩数据如表 7-2-7 所示。

表 7-2-7　170/80A 男西裤后片及相关部件样板放缩数据　　　　单位：cm

放码关键点	横纵向放缩值计算方法			
	横向放缩	计算值	纵向放缩	计算值
A	(臀围档差/4+0.4×臀围档差/10)/2	0.5	落在 x 轴时纵向不偏移	0
B	(臀围档差/4+0.4×臀围档差/10)/2	0.5	落在 x 轴时纵向不偏移	0
C	(臀围档差/4)/2-0.05 调节量	0.3	上档档差/2	0.25
D	(臀围档差/4)/2+0.05 调节量	0.4	上档档差/2	0.25
E	(臀围档差/4)/2-0.05 调节量	0.3	上档档差	0.5
F	腰围档差/4-E 点横向偏移量	0.7	上档档差	0.5
G	裤口宽档差/2	0.35	(裤长档差-上档档差)/2	0.75
H	裤口宽档差/2	0.35	(裤长档差-上档档差)/2	0.75
I	裤口宽档差/2	0.35	裤长档差-上档档差	1.5
J	裤口宽档差/2	0.35	裤长档差-上档档差	1.5
K	同 M 点	0.6	上档档差	0.5
L	同 N 点	0.1	上档档差	0.5
M	根据口袋制图采用的 0.4H/10 的公式来推其移动量，或采用比例参考	0.6	上档档差	0.5
N	考虑口袋档差为 0.5，因 M 点偏移 0.6，则 N 点偏移量为 0.6-0.5=0.1	0.1	上档档差	0.5
M'、M''	口袋宽档差	0.5	定长	0

注：① 部位计算值采用四舍五入的方法。

② 省道的推画：省道大小不改变，位置的移动随着其在结构设计中的绘制方法来推画，长度的推画根据省道长度档差来确定。

③ 横向基准线上的点纵向不推画，纵向基准线上的点横向不推画。

后片及相关部件放码位移数据如图 7-2-22 所示。

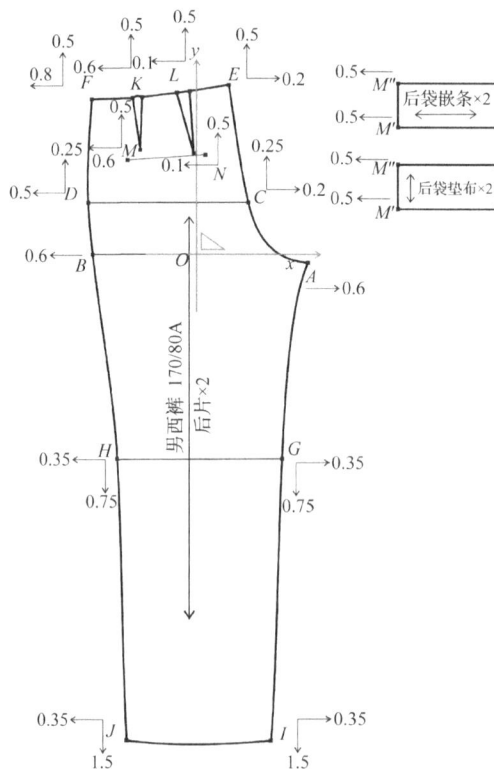

图 7-2-22　后片及相关部件放码位移数据

（3）男西裤左右腰头及串带样板放缩数据

170/80A 男西裤左右腰头及串带样板放缩数据如表 7-2-8 所示。

表 7-2-8 170/80A 男西裤左右腰头及串带样板放缩数据　　　　　　单位：cm

放码关键点	横纵向放缩值计算方法			
	横向放缩	计算值	纵向放缩	计算值
A	腰围档差/2	2	腰头宽档差	0.2
B	腰围档差/2	2	腰头宽档差	0.2
C	腰头宽档差	0.2	定宽	0

注：① 部位计算值采用四舍五入的方法。

② 省道的推画：省道大小不改变，位置的移动随着其在结构设计中的绘制方法来推画，长度的推画根据省道长度档差来确定。

③ 横向基准线上的点纵向不推画，纵向基准线上的点横向不推画。

左右腰头及串带放码位移数据如图 7-2-23 所示。

7. 运用放码方法进行尺码放缩操作

连接推放的放码关键点，形成新的系列号型，具体如图 7-2-24 所示。

8. 复核推画结果

按照推画放码图，把不同号型的所有样板拓印出来，并仔细核对尺寸、缝份、对位、剪口标记、纱向线、钻孔、款式名称、号型名称、纸样名称和裁片数量等内容是否正确、合理、齐全。

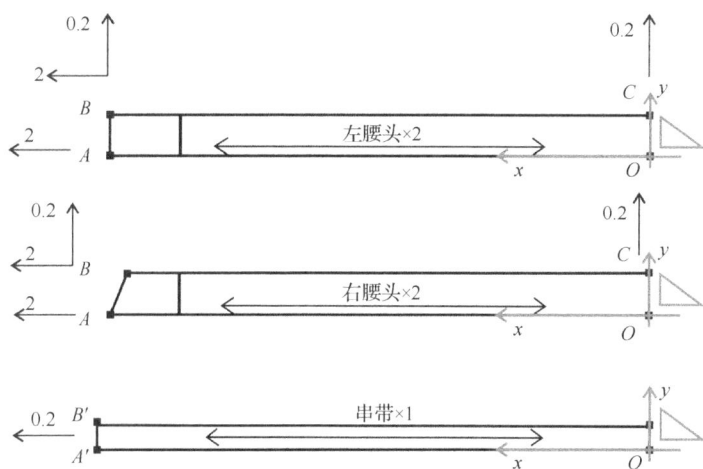

图 7-2-23 左右腰头及串带放码位移数据

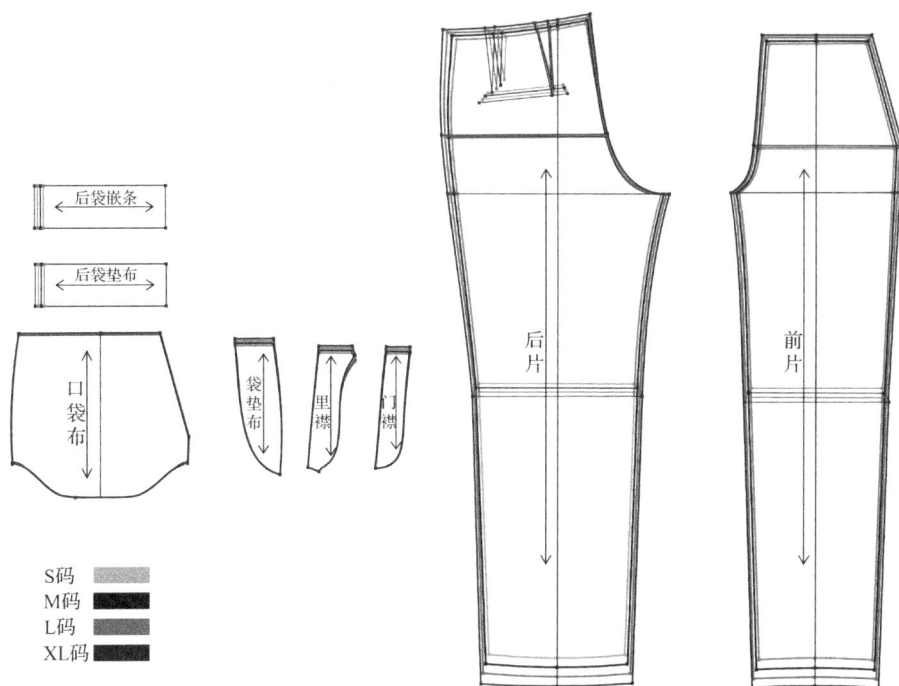

图 7-2-24 男西裤放码网状图

7.2.3　上装工业样板推档

上装推档制版通知单如图 7-2-25 所示。

××服装公司制版通知单

产品名称	女衬衫	客户			数量		
订单号		款号			交货日期		

		规格	XS	S	M	L	XL
		号型	150/58A	155/62A	160/66A	165/70A	170/74A
	衣长		54	56	58	60	62
	袖长		53	54.5	56	57.5	59
	胸围		84	88	92	96	100
	腰围		68	72	76	80	84
尺寸/cm	臀围		88	92	96	100	104
	腰节长		35.6	36.8	37	39.2	40.4
	领围		38	39	42	41	42
	肩宽		36	37	38	39	40
	袖口		20	21	22	23	24
	袖克夫		4	4	4	4	4

质量要求		面料小样
工艺要求	特殊要求	
1．缝线不起皱，松紧一致。针距 3cm 12～14 针，密度对称，回针牢固，撬边不暴针 2．领面、袖克夫、门襟等部位需粘衬。压衬注意温度、牢度，粘衬不反胶 3．省道顺直、绱领平服、左右对称 4．商标缝于后领居中，洗涤标缝于左里侧缝、底边向上 4cm 5．不允许烫极光，不能有污迹线头，钉纽牢固 6．规格正确。套装顺号码 10 件（条）一捆，配套生产包装	面料采用 96%棉；锁边线采用涤弹丝；辅料薄粘合衬、纽扣、商标、洗涤标由客户提供	

图 7-2-25　上装推档制版通知单

1. 选择和确定中间基准样板

根据制版通知单，选择 M 码（160/66A）为中间尺码，根据其号型规格设计绘制相应的中间基准样板（图 7-2-26）。

2. 样板检查

检查女衬衫中间基准样板的规格尺寸和各细节是否符合制作要求和来样要求，完成基础样板的相应检查。

3. 确定推档原点和公共坐标线

女衬衫的中间基准样板共 6 个样片，分别是前片、后片、领子、袖子、袖克夫、袖衩。其中，关键衣片具体推档原点和公共坐标线设置如图 7-2-27 所示。

1）前片，以胸围线为 x 轴，以前门襟线为 y 轴，其交点为原点 O 点。

2）后片，以胸围线为 x 轴，以后中线为 y 轴，其交点为原点 O 点。

3）袖子，以袖肥线为 x 轴，以袖中线为 y 轴，其交点为原点 O 点。

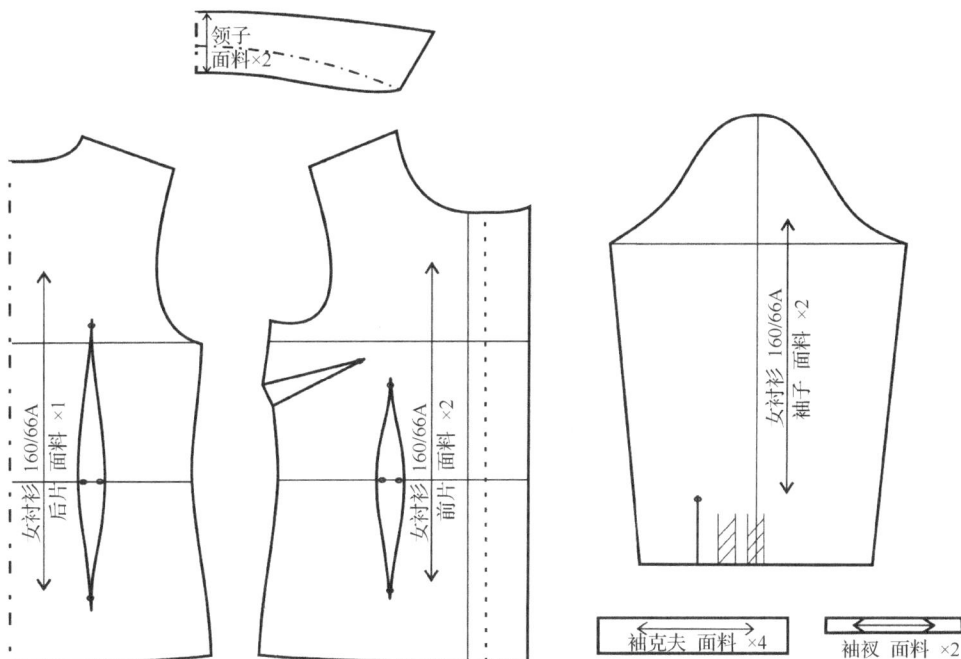

图 7-2-26　女衬衫中间基准样板

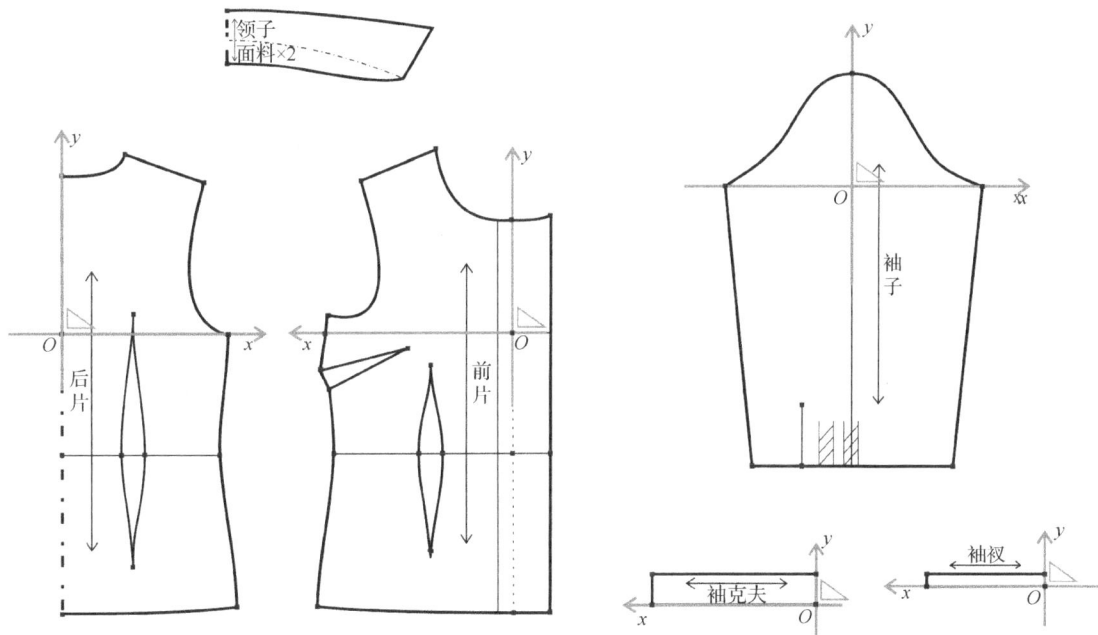

图 7-2-27　女衬衫推档原点与公共坐标线设置

4. 确定号型尺码档差

160/66A 女衬衫档差如表 7-2-9 所示。

表 7-2-9　160/66A 女衬衫档差 　　　　　　　　　　　　　　　　　单位：cm

部位	衣长	袖长	胸围	腰围	臀围	腰节长	领围	肩宽	袖口	袖克夫
尺寸	2	1.5	4	4	4	1.2	1	1	1	0

5. 确定衣片放码关键点

女衬衫的放码关键点主要为男西裤结构轮廓线的拐点、落在档差所处部位与轮廓线的交点及细部结构，如腰省、腋下省、袖衩等部位，如图 7-2-28～图 7-2-30 所示。

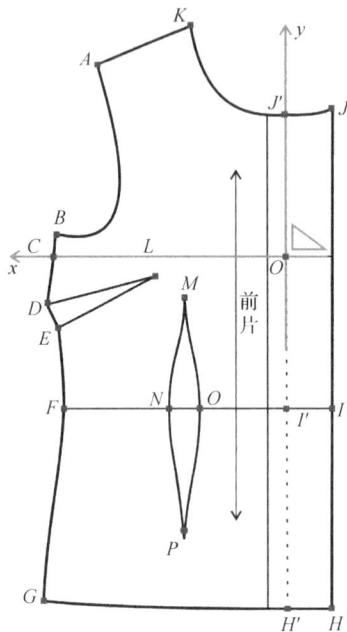

图 7-2-28　女衬衫前片放码关键点

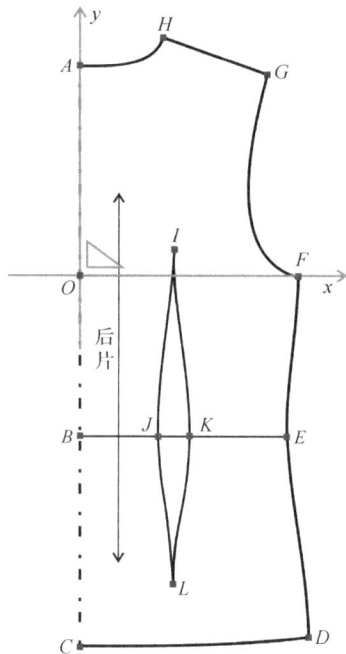

图 7-2-29　女衬衫后片放码关键点

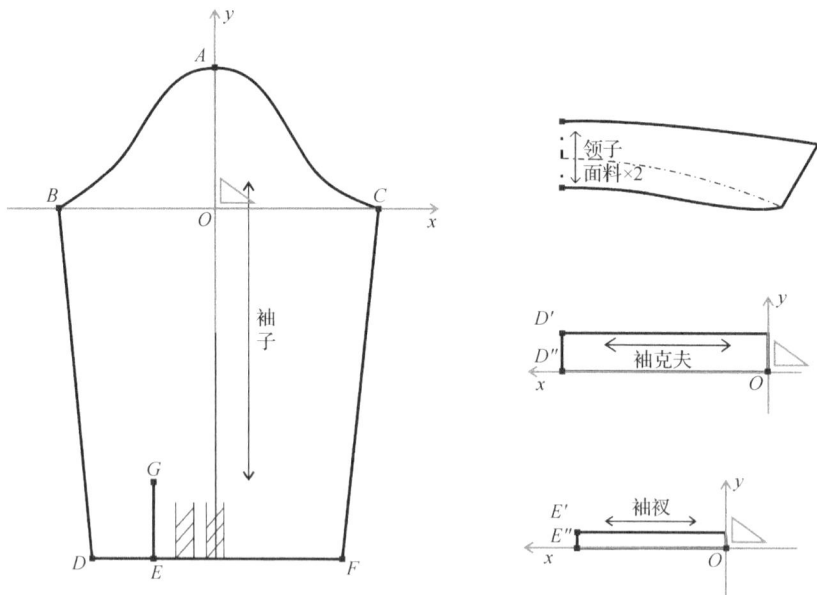

图 7-2-30　女衬衫袖子、领子放码关键点

6. 确定衣片放码关键点的位移方向和位移大小

确定衣片放码关键点的位移方向和位移大小，如图 7-2-31～图 7-2-33 所示。

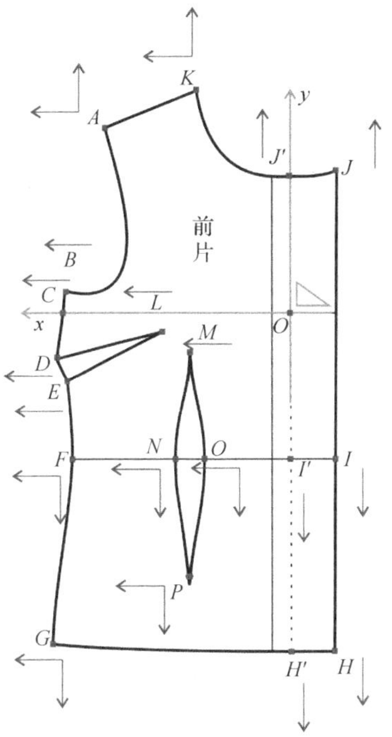

图 7-2-31　女衬衫前片放码位移方向

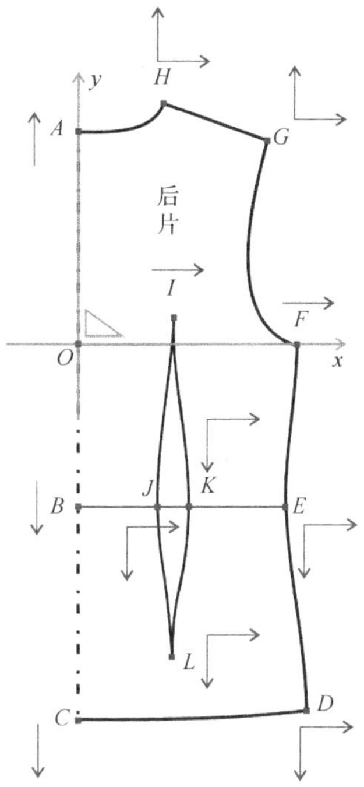

图 7-2-32　女衬衫后片放码位移方向

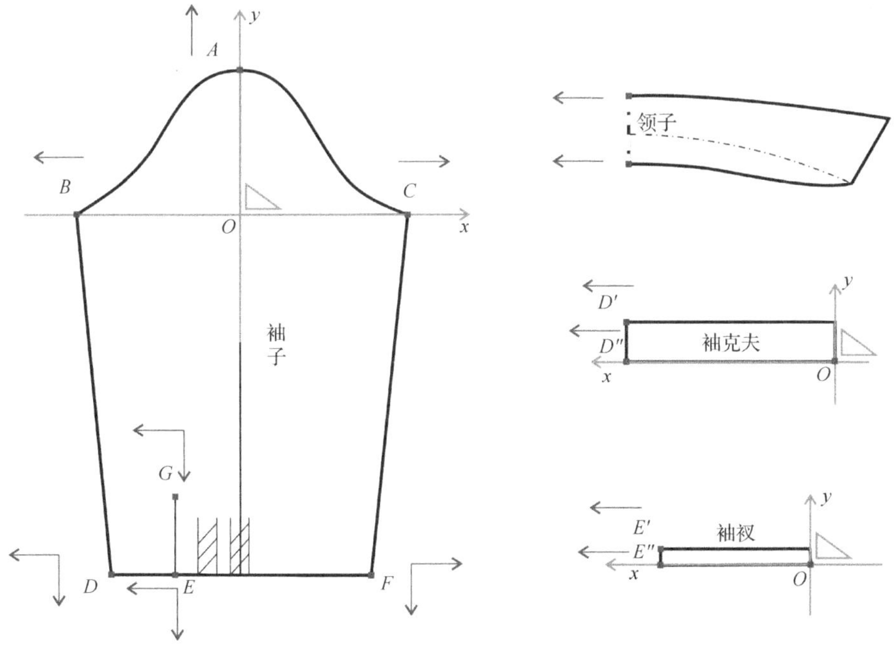

图 7-2-33　女衬衫袖子、领子放码位移方向

　　根据女衬衫各部位的档差，计算相应的放码关键点在 x 轴和 y 轴的档差偏移数据。在计算时注意把握两条规律：一是落在档差部位基础线上的放码关键点，如胸围线、腰围线、臀围线的放码点偏移量可以代入该衣片部位的计算公式；二是落在非档差部位基础线上的放码关键点，如腰省、腋下省、袖衩等放码点，可以在档差部位数据的基础上，计算其落在 x 轴与 y 轴的相对应比例大小。

　　计算出各女衬衫衣片放码数据如下。

（1）女衬衫前片样板放缩数据

160/66A 女衬衫前片样板放缩数据如表 7-2-10 所示。

表 7-2-10　160/66A 女衬衫前片样板放缩数据　　　　　单位：cm

放码关键点	横纵向放缩值计算方法			
	横向放缩	计算值	纵向放缩	计算值
A	肩宽档差/2	0.5	袖窿省档差=△B/6	0.7
B	胸围档差/4	1	落在 x 轴附近纵向不偏移	0
C	胸围档差/4	1	落在 x 轴附近纵向不偏移	0
D	胸围档差/4	1	落在 x 轴附近纵向不偏移	0
E	胸围档差/4	1	落在 x 轴附近纵向不偏移	0
F	腰围档差/4	1	腰节长档差-袖窿深档差	0.5
G	臀围档差/4	1	衣长档差-袖窿深档差	1.3
H、H'	落在 y 轴附近横向不偏移	0	衣长档差-袖窿深档差	1.3
I、I'	落在 y 轴附近横向不偏移	0	腰节长档差-袖窿深档差	0.5
J、J'	落在 y 轴附近横向不偏移	0	袖窿深档差-领围档差/5	0.5
K	领围档差/5	0.2	袖窿深档差	0.7
L	袖窿深档差/2	0.35	落在 x 轴附近纵向不偏移	0
M	袖窿深档差/2	0.35	落在 x 轴附近纵向不偏移	0
N	袖窿深档差/2	0.35	腰节长档差-袖窿深档差	0.5
O	袖窿深档差/2	0.35	腰节长档差-袖窿深档差	0.5
P	袖窿深档差/2	0.35	(腰节长档差-袖窿深档差)±省道长度档差（0.2）	0.5

注：① 部位计算值采用四舍五入的方法。

　　② 省道的推画：省道大小不改变，位置的移动随着其在结构设计中的绘制方法来推画，长度的推画根据省道长度档差来确定。

　　③ 横向基准线上的点纵向不推画，纵向基准线上的点横向不推画。

女衬衫前片放码位移数据如图 7-2-34 所示。

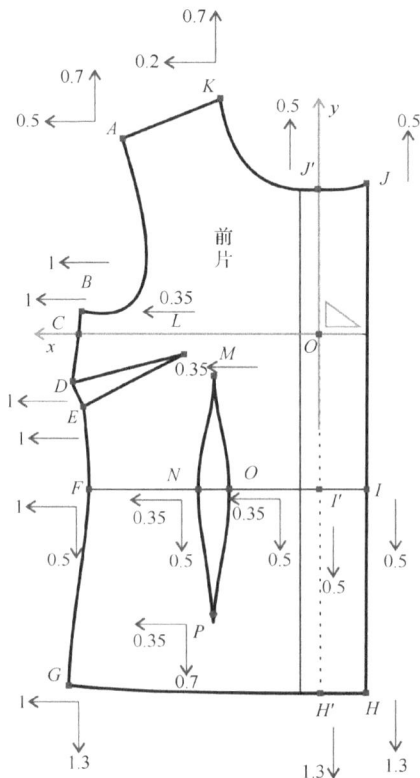

图 7-2-34　女衬衫前片放码位移数据

（2）女衬衫后片样板放缩数据

160/66A 女衬衫后片样板放缩数据如表 7-2-11 所示。

表 7-2-11　160/66A 女衬衫后片样板放缩数据　　　　　　　　单位：cm

放码关键点	横纵向缩放值计算方法			
	横向放缩	计算值	纵向放缩	计算值
A	落在 y 轴附近横向不偏移	0	袖窿省档差=△B/6	0.7
B	落在 y 轴附近横向不偏移	0	腰节长档差-袖窿深档差	0.5
C	落在 y 轴附近横向不偏移	0	衣长档差-袖窿深档差	1.3
D	臀围档差/4	1	衣长档差-袖窿深档差	1.3
E	腰围档差/4	1	腰节长档差-袖窿深档差	0.5
F	胸围档差/4	1	落在 x 轴附近纵向不偏移	0
G	肩宽档差/4	1	袖窿省档差=△B/6	0.7
H'	领围档差/5	0.2	袖窿省档差=△B/6	0.7
I	(胸围档差/4)/2	0.5	落在 x 轴附近纵向不偏移	0
J	(胸围档差/4)/2	0.5	袖窿深档差-领围档差/5	0.5
K	(胸围档差/4)/2	0.5	袖窿深档差-领围档差/5	0.5
L	(胸围档差/4)/2	0.5	(腰节长档差-袖窿深档差)±省道长度档差(0.2)	0.7

注：① 部位计算值采用四舍五入的方法。
　　② 省道的推画：省道大小不改变，位置的移动随着其在结构设计中的绘制方法来推画，长度的推画根据省道长度档差来确定。
　　③ 横向基准线上的点纵向不推画，纵向基准线上的点横向不推画。

女衬衫后片放码位移数据如图 7-2-35 所示。

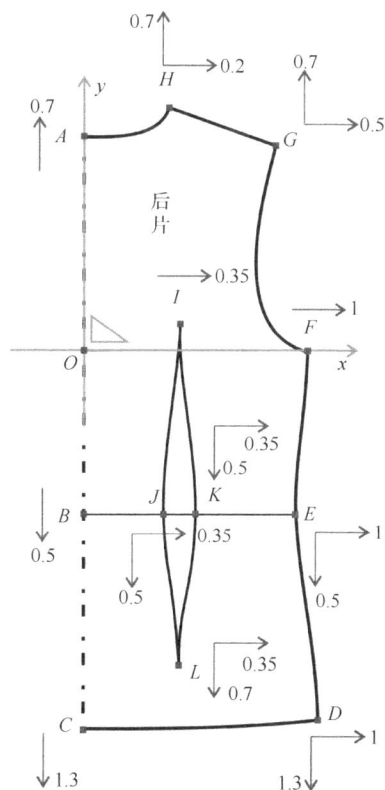

图 7-2-35　女衬衫后片放码位移数据

（3）女衬衫袖子、领子样板放缩数据

160/66A 女衬衫袖子、领子样板放缩数据如表 7-2-12 所示。

表 7-2-12　160/66A 女衬衫袖子、领子样板放缩数据　　　　　　　　单位：cm

放码关键点	横纵向放缩值计算方法			
	横向放缩	计算值	纵向放缩	计算值
A	落在 y 轴附近横向不偏移	0	袖山高档差	0.5
B	胸围档差/10	0.4	落在 x 轴附近纵向不偏移	0
C	胸围档差/10	0.4	落在 x 轴附近纵向不偏移	0
D	袖口档差/2	0.5	袖长档差-袖山高档差	1
E	袖口档差/4	0.25	袖长档差-袖山高档差	1
F	袖口档差/2	0.5	袖长档差-袖山高档差	1
G	袖口档差/4	0.25	袖长档差-袖山高档差	1
D′、D″	袖口档差	1	定宽	0
E′、E″	参照 E 点	1	定宽	0
后领中	领围档差/2	0.5	定宽	0

注：① 部位计算值采用四舍五入的方法。

　　② 省道的推画：省道大小不改变，位置的移动随着其在结构设计中的绘制方法来推画，长度的推画根据省道长度档差来确定。

　　③ 横向基准线上的点纵向不推画，纵向基准线上的点横向不推画。

女衬衫袖子、领子放码位移数据如图 7-2-36 所示。

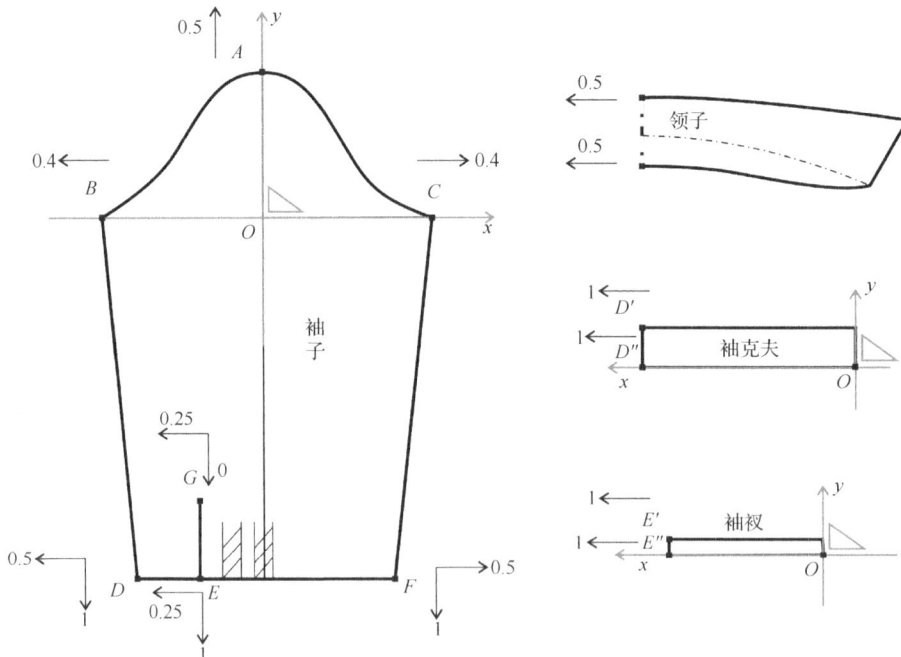

图 7-2-36　女衬衫袖子、领子放码位移数据

7. 运用放码方法进行尺码放缩操作

连接推放的放码关键点，形成新的系列号型，具体如图 7-2-37 所示。

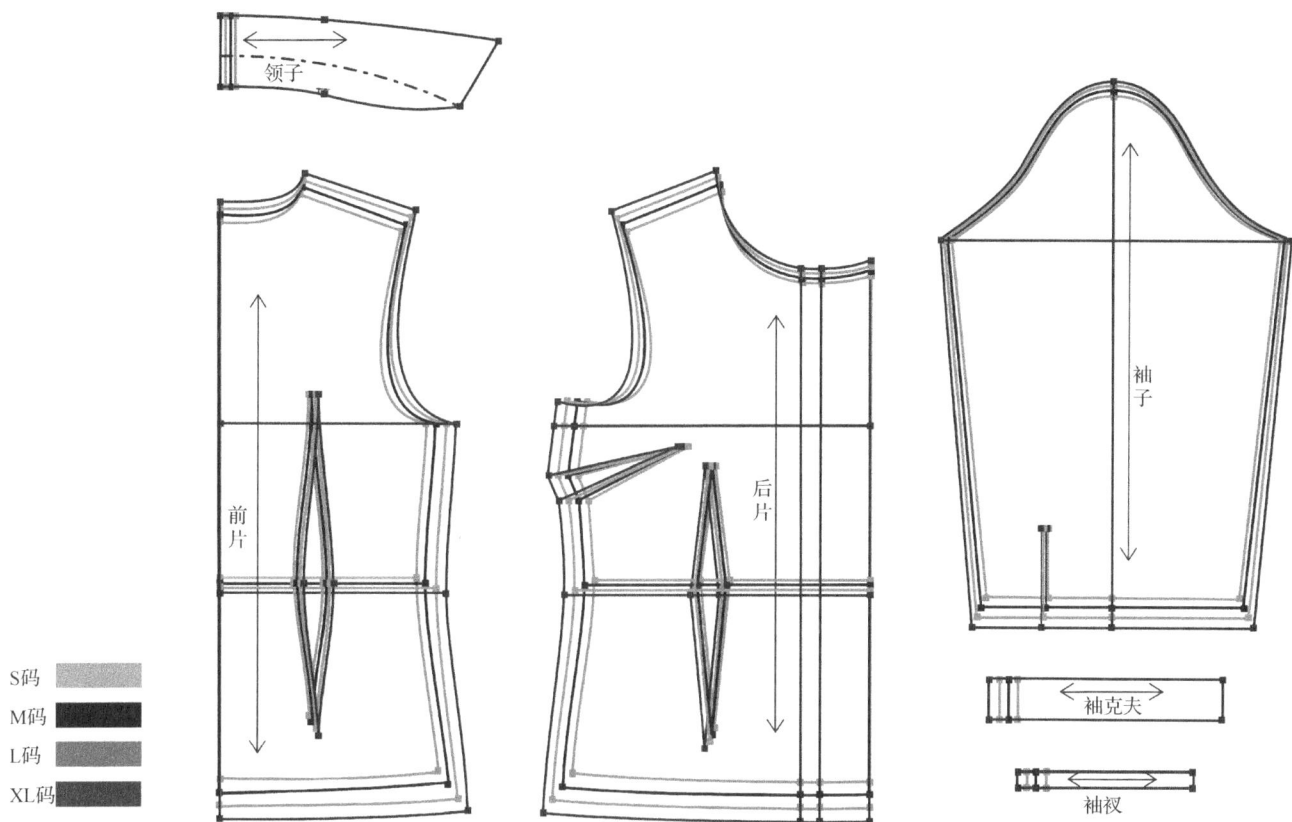

图 7-2-37　女衬衫放码网状图

8. 复核推画结果

按照推画放码图，把不同号型的所有样板拓印出来，并仔细核对尺寸、缝份、对位、剪口标记、纱向线、钻孔、款式名称、号型名称、纸样名称和裁片数量等内容是否正确、合理、齐全。

拓展训练：变化款式拓展工业样板推档

【任务情境一】

近期公司接到一批牛仔裙生产订单，请你根据公司发送至样板房的牛仔裙制版通知单的信息，进行各号型的工业样板制作。

【任务要求一】

请仔细分析牛仔裙制版任务单，完成下列任务。

1）选择和确定中间基准样板，完成样板检查。

2）确定推档原点和公共坐标线。

3）确定号型尺码档差。

4）确定衣片放码关键点。

5）确定衣片放码关键点的位移方向和位移大小。

6）运用放码方法进行尺码放缩操作，并复核推画结果。

【任务制单一】

牛仔裙制版通知单如训练图 7-1-1 所示。

××服装公司制版通知单

产品名称	牛仔裙	客户		数量	
订单号		款号		交货日期	

	规格	XS	S	M	L	XL
	号型	150/58A	155/62A	160/66A	165/70A	170/74A
尺寸/cm	裙长	56	58	60	62	64
	腰围	58	62	66	70	74
	臀围	80	84	88	92	96
	腰宽	3	3	3	3	3
	臀长	17	17.5	18	18.5	19

质量要求		面料小样
工艺要求	特殊要求	
1. 缝线不起皱，松紧一致。针距 3cm 12～14 针，密度对称，回针牢固，撬边不暴针 2. 裙摆锁边再双层折边。商标缝于腰头后中下，洗涤标缝于左侧缝向前 2cm，腰下口平缝 3. 压衬注意温度、牢度，粘衬不反胶 4. 不允许烫极光，不能有污迹线头，钉纽牢固 5. 拉链先预缩，封口扎实 6. 规格正确。套装顺号码 10 件（条）一捆，配套生产包装	面料采用涤棉混纺；锁边线采用涤弹丝；商标、洗涤标由客户提供，拉链采用 YKK 等	

训练图 7-1-1 牛仔裙制版通知单

【任务情境二】

近期公司接到一批女短裤生产订单，请你根据公司发送至样板房的春夏女短裤制版通知单的信息，进行各号型的工业样板制作。

【任务要求二】

请仔细分析春夏女短裤制版通知单，完成下列任务。

1）选择和确定中间基准样板，完成样板检查。

2）确定推档原点和公共坐标线。

3）确定号型尺码档差。

4）确定衣片放码关键点。

5）确定衣片放码关键点的位移方向和位移大小。

6）运用放码方法进行尺码放缩操作，并复核推画结果。

【任务制单二】

春夏女短裤制版通知单如训练图 7-1-2 所示。

××服装公司制版通知单

产品名称	春夏女短裤		客户			数量			
订单号			款号			交货日期			

		规格	S	M	L	XL	XXL
		号型	155/62A	160/66A	165/70A	170/74A	175/78A
	尺寸/cm	裤长	40	42	44	46	48
		腰围	64	68	72	76	80
		臀围	88	92	96	100	104
		上裆长	29.5	30	30.5	31	31.5
		裤口宽	33.7	34	34.3	34.6	34.9

质量要求		面料小样
工艺要求	特殊要求	
1. 符合成品规格，外观美观，内外无线头 2. 缉省、褶：按纸样画出省、褶裥的位置，沿刀口起缉缝顺直、缉尖，左右对称，丝缕顺直，反压褶裥和省 3. 侧缝斜插袋：袋布和袋口平服，高低一致，袋口无豁开、袋布无外露，封口平齐 4. 门、里襟：长短一致，封口无起吊 5. 做、装腰贴边：腰头顺直，明缉线宽窄一致，面里平服，不起绺、不皱、不反吐	1. 裁剪要求：裁剪时，丝缕按样板上标注 2. 用衬要求：门襟衬×1，斜插袋口、后裤口粘牵条衬 3. 缝线要求：缝线针距 14～15 针/3cm 4. 整烫要求：熨烫温度为 160～170℃，整烫符合人体体型，归拔熨烫侧缝、下裆缝和挺缝线，整烫平挺、无焦、无黄、无极光、无污渍	

训练图 7-1-2　春夏女短裤制版通知单

【任务情境三】

近期公司接到一批男衬衫生产订单，请你根据公司发送至样板房的男衬衫制版通知单的信息，进行各号型的工业样板制作。

【任务要求三】

请仔细分析男衬衫制版通知单，完成下列任务。

1）选择和确定中间基准样板，完成样板检查。

2）确定推档原点和公共坐标线。

3）确定号型尺码档差。

4）确定衣片放码关键点。

5）确定衣片放码关键点的位移方向和位移大小。

6）运用放码方法进行尺码放缩操作，并复核推画结果。

【任务制单三】

男衬衫制版通知单如训练图 7-1-3 所示。

××服装公司制版通知单

产品名称	男衬衫	客户			数量		
订单号		款号			交货日期		

规格		XS	S	M	L	XL
号型		160/80A	165/84A	170/88A	175/92A	180/96A
尺寸/cm	衣长	69	71	73	75	77
	袖长	56	57.5	59	60.5	62
	胸围	104	108	112	116	120
	腰围	100	104	108	112	116
	腰节长	40.1	41.3	42.5	43.7	44.9
	领围	37	38	39	40	41
	肩宽	44	45	46	47	48
	袖口	22	23	24	25	26
	袖克夫	6	6	6	6	6

质量要求

工艺要求	特殊要求	面料小样
1. 缝线不起皱、松紧一致。针距 3cm12～14 针，密度对称，回针牢固。撬边不暴针 2. 翻领领面、座领领面、袖克夫、门襟、袖衩等部位需粘衬。压衬注意温度、牢度，粘衬不反胶 3. 褶皱自然、绱领平服、左右对称 4. 商标缝于后领居中背中线，洗涤标缝于左里侧缝、底边向上 20cm 5. 不允许烫极光，不能有污边线头，钉纽牢固 6. 规格正确。套装顺号码 10 件（条）一捆，配套生产包装	面料采用 96%棉；锁边线采用涤弹丝；辅料薄粘合衬、纽扣；商标、洗涤标由客户提供	

训练图 7-1-3 男衬衫制版通知单

参 考 文 献

李正，王巧，周鹤，2015. 服装工业制版[M]. 上海：东华大学出版社.

廖军，2009. 成衣工业样板与服装缝制工艺[M]. 苏州：苏州大学出版社.

吴国华，2017. 服装工业样板[M]. 长沙：湖南大学出版社.

徐雅琴，朱卫华，惠洁，2014. 服装工业样板设计[M]. 上海：东华大学出版社.

阎玉秀，2009. 成衣工业样板设计[M]. 杭州：浙江科学技术出版社.